气候变化与建筑节能

李明财　田　喆　曹经福 等　著

内容简介

本书从建筑运行及设计对气象的需求入手，系统介绍了气候变化对建筑能耗、节能设计气象参数及建筑气候区划等多方面影响，指出要充分考虑其影响，提出和制订适应气候变化的建筑节能对策。本书可供气象、建筑热环境及暖通空调等专业人员开展建筑节能工作参考使用。

图书在版编目(CIP)数据

气候变化与建筑节能 / 李明财等著. — 北京 ：气象出版社，2019.9

ISBN 978-7-5029-7003-1

Ⅰ.①气… Ⅱ.①李… Ⅲ.①气候变化-关系-建筑-节能 Ⅳ.①P467②TU111.4

中国版本图书馆 CIP 数据核字(2019)第 150100 号

Qihou Bianhua Yu Jianzhu Jieneng

气候变化与建筑节能

出版发行：气象出版社

地　　址：北京市海淀区中关村南大街 46 号　　邮政编码：100081

电　　话：010-68407112(总编室)　010-68408042(发行部)

网　　址：http://www.qxcbs.com　　E-mail：qxcbs@cma.gov.cn

责任编辑：陈　红　　终　　审：吴晓鹏

责任校对：王丽梅　　责任技编：赵相宁

封面设计：博雅思企划

印　　刷：三河市君旺印务有限公司

开　　本：787 mm×1092 mm　1/16　　印　　张：11.5

字　　数：288 千字

版　　次：2019 年 9 月第 1 版　　印　　次：2019 年 9 月第 1 次印刷

定　　价：65.00 元

《气候变化与建筑节能》编写人员

（按姓氏拼音排序）

曹经福 陈跃浩 程善俊 郭　军

李明财 梁苏洁 孟凡超 史　珺

孙玫玲 田　喆 王　敏 王朋岭

向　操 熊明明 杨艳娟 张瑞雪

序

建筑作为人类文明的产物，在其建造和使用过程中都要消耗大量的能源和资源。据统计，全世界建筑领域的能源消耗约占能源总量的30%以上。我国现有房屋建筑数量巨大，建筑规模甚至超过发达国家。令人担忧的是，大部分都属于高能耗建筑，加剧了我国能源资源供应与经济社会发展的矛盾，并将导致全社会的能源短缺。降低建筑能耗、实现建筑节能减排，对于促进全社会能源资源节约和合理利用、实现建筑的可持续发展，有着举足轻重的作用，也是保障国家资源安全、保护环境、提高人民群众生活质量、切实推进生态文明建设的一项重要举措。

建筑在设计、建造及使用过程中，与周围自然环境的变化息息相关。国务院在关于加快推进生态文明建设的意见中提出“要尊重自然格局，依托现有山水脉络、气象条件等，合理布局城镇各类空间，尽可能减少对自然的干扰和损害”，在这其中气候条件发挥着至关重要的作用。我国幅员辽阔，气候类型多种多样，每个气候区的建筑设计要遵循相应的标准，充分利用气候资源，使建筑与室外气候条件相匹配。当前，气候变暖已是不争的事实，党和国家高度重视应对气候变化工作并制定了详细周密的工作方案。开展建筑节能减排工作，对于适应和减缓气候变化有着十分重要的意义。为此，住房和城乡建设部采取了一系列措施来积极应对气候变化，其中就提到了要“突出抓好建筑节能”。国家发展和改革委员会、住房和城乡建设部联合发布的《城市适应气候变化行动方案中》也指出“在建筑设计、建造以及运行过程中充分考虑气候变化的影响，在新建建筑设计中充分考虑未来气候条件”。这就要求，做好前瞻性布局，提高城市适应气候变化能力。

伴随着经济的迅速发展和人民生活水平的日益提高，居民对于室内环境舒适度的需求也日益提高，从而使建筑能耗快速增长。在这种形势下，开展气候变化与建筑节能相关研究与服务工作，对于推进我国建筑节能，促进我国气候资源的开发利用以及保证国家经济持续发展，都具有十分重要的意义。编纂此书正是在这样的背景下经过长期酝酿而付诸实践的。本书在介绍了我国气候资源分布的基础上，详细阐述了气候变化对建筑节能诸多方面的可能影响，并针对当前建筑节能设计中存在的不合理问题给出了对策建议。

本书是一本全面、详细介绍气候/气候变化在建筑节能应用方面的专著，编者们用多年来的实践和潜心研究，为广大读者呈上气候/气候变化与建筑节能相关研究成果，并以此为建筑节能提供更好的气象服务，也为生态文明建设提供强有力的支撑。

丁一汇

2019年7月22日

前　言

建筑能耗一般指建筑使用的能耗，包括供暖、空调、热水供应、炊事、照明及家用电器等。建筑能耗在社会需求中占据较大的比重，我国建筑能耗占社会终端能源总消耗的30%左右，而且随着城市化水平的提高，建筑能耗所占比例将进一步增加，至2020年将达到35%左右。建筑节能是国家节能减排三大重点领域之一，推进建筑节能减排，发展绿色建筑，是新时期生态文明建设的重要举措，近年来得到了前所未有的重视，“十二五”和“十三五”规划中都有明确的规定。气象与建筑耗能（尤其是供暖制冷耗能）之间关系密切，一栋建筑从设计到使用是否节能气象都起着关键性作用。比如，建筑设计阶段，设计气象参数的确定、节能设计标准（如围护结构、供暖空调系统容量以及设备的选型等）以及典型气象年逐时气象参数等都是建筑节能设计的基础和建筑建成后运行是否节能的依据。气象条件是室内负荷计算和暖通空调设备容量计算的初始条件。建筑建成后运行阶段，气象是建筑用能精细化动态调控和复合能源系统优化调配技术的基础。在经济高速发展和居民对室内环境舒适度要求不断提升的背景下，建筑能耗的降低可以从精确的节能设计和用能的高效管理得以实现，而这些都必须有精确的节能设计气象参数、设计标准以及运控措施作为技术支撑。

我国政府历来重视建筑节能工作，多次制定和修订建筑节能的相关规范。但从目前来看，与发达国家相比，我国建筑节能工作还有很大的差距，单位面积能耗明显高于同气候条件下的发达国家。能耗的持续增加一方面受经济发展和人民生活水平不断提高的影响，室内环境舒适度要求不断提升对能耗增加产生直接影响；另一方面，与建筑节能工作没有充分考虑气候变化影响有直接关系，适应气候变化的建筑节能技术也非常有限，没有适应气候变化的建筑节能设计与运行对策，使得建筑不能充分利用气候资源。

在全球气候变暖的大背景下，最近100年，我国经历了显著的升温，平均地表温度升高0.5～0.8℃，升温幅度明显高于全球平均，而且升温趋势将一直持续。大城市由于受城市热岛效应的影响，气温升高更为明显，这些将对建筑能耗产生明显影响。另外，建筑一旦建成后将使用50年（普通建筑）～100年及以上（重点建筑），如何使这些建筑适应未来气候特征，必须准确把握未来气候条件下建筑适应对策。我国每年新增建筑面积18亿～20亿平方米，且每年有近亿平方米既有建筑节能改造任务，如何使新建建筑建设和既有建筑的改造更加节能，其中非常重要的一点就是要准确地把握建筑所在地的气候特征及其变化趋势，做好前瞻性布局，促进建筑节能减排。

在建筑能耗中，供暖制冷能耗占60%～70%，气候变化改变了室外的气候条件，从而影响到供暖制冷能源的使用。国外早在1952年就有学者采用度日分析法来研究气候变化与建筑能耗的关系，试图进一步阐述平均温度、基础温度和度日数三者之间存在的关系。而近年来，随着计算机技术的飞速发展，学术界开始借助于能耗模拟软件，引入建筑信息、室内人员活动状况、室内热源等参数，通过输入任意时段的逐小时气象要素，可以得到建筑室内逐时动态负荷，从而更为精细准确地描述气候背景下建筑能耗的变化情况，目前已被广泛应用于建筑设计、能源管理和科研教学等各个领域。在政府层面，各国也十分重视建筑节能工作的开展。其中，欧洲国家和美国等发达国家一直非常重视建筑能效的提升，尤其是充分考虑气候变化的影响，及时修订建筑节能设计气象参数相关标准。比如，美国规定《新建多层住宅建筑节能设计标准》大约 5 年修订一次。日本也在不断完善节能设计标准，并于 2008 年提出了面向 2050 年的中长期规划，提出节能设计要充分考虑气候变化的影响。新西兰 20 世纪 90 年代开始探讨气候变化及极端气候事件对建筑性能、设计和标准产生的影响，提出适应措施。挪威从 2000 年起研究气候变化对建筑环境的影响，提出修订施工标准和规范的技术依据。与发达国家相比，我国建筑能效依然很低，很大程度上源于未能充分考虑气候变化对建筑节能设计气象参数及设计能耗产生的影响。不仅如此，气候变化和极端气候事件发生频率和强度在中国不同建筑气候区表现明显不同，必然导致气象参数对气候变化的响应在空间上也存在明显的差异。所以，新建建筑节能设计和既有建筑节能改造中使用的气象参数不仅需要充分考虑气候变化的影响，更要准确把握我国不同建筑气候区气象参数对气候变化的响应特征，从而为精准计算建筑暖通空调系统设备容量，降低供暖制冷能耗和系统运行安全风险提供数据支撑和科学依据。

因此，针对我国建筑高耗能的突出问题以及建筑运行和设计对气象的巨大需求，结合长期以来在气候变化与建筑节能领域开展的研究工作编纂本书。本书系统详细地介绍了气候变化对建筑供暖制冷能耗、设计气象参数、典型气象年以及建筑气候区划等多方面的影响，并结合实际情况给出相应节能对策，希望能为建筑节能设计提供可靠依据，保证新建建筑节能设计和既有建筑节能改造过程中节能措施的合理性和科学性。

全书共分为 9 章。第 1 章介绍了我国不同建筑气候区各代表城市气候变化特征；第 2 章和第 3 章分别介绍了气候变化对不同类型建筑和不同建筑气候区建筑供暖制冷能耗的影响；第 4 章介绍了气候变化对建筑节能设计气象参数的影响；第 5 章评估了利用供暖/制冷度日分析建筑能耗变化的适用性；第 6 章介绍了气候变化背景下气象参数统计时长的确定方法；第 7 章和第 8 章分别介绍了气候变化对典型气象年和建筑气候区划的影响；第 9 章以天津为例，分析了城市热岛对建筑节能设计气象参数的影响。书中内容以作者多年来在相关领域的研究成果为基础，期望能为相关部门开展建筑节能工作提供参考，提高政府应对气候变化能力，也为同行今后的研究工作提供技术和方法借鉴。

全书由李明财、田喆和曹经福主持编写。图表制作：曹经福、孟凡超；校稿、统稿、排版：曹经福、杨艳娟；定稿：李明财、田喆、曹经福；技术把关：郭军。

各章执笔如下：

前言：陈跃浩；第 1 章：杨艳娟、王朋岭；第 2 章：李明财、田喆、陈跃浩、张瑞雪；第 3 章：李明财、陈跃浩、张瑞雪；第 4 章：曹经福、田喆、王敏；第 5 章：李明财、孙玫玲、曹经福；第 6 章：田喆、梁苏洁、向操；第 7 章：史珺、李明财、熊明明；第 8 章：程善俊、郭军；第 9 章：李明财、曹经福、孟凡超。

本书承蒙我国著名气候学家、中国工程院院士丁一汇先生在百忙中拨冗赐序，在本书出版之际谨向丁一汇院士表示衷心感谢。在编写过程中，主要引用了本书作者的研究成果，同时参考了相关领域的国内外文献，在此，向文献作者们致以真诚的谢意。

由于本书所涉及内容受研究范围、研究时间和作者水平所限，全书虽经仔细核对，但难免有不详与错误之处，诚请读者批评指正。

作者

2019 年 7 月

目　录

第 1 章　我国不同建筑气候区各代表城市气候变化特征

气候变暖已是不争的事实。第三次《气候变化国家评估报告》指出，近百年来（1909—2011 年）中国陆地区域平均增温 0.9～1.5 ℃，近十五年来气温上升趋缓，但仍然处在近百年来气温最高的阶段。虽然气温总体上呈增加趋势，但存在着明显的空间差异。总体来看，北方地区增温较南方地区显著。其中，东北地区的增温大于西北和华北地区（郭志梅等，2005）；华东地区年平均气温上升速率低于全国同期平均升温速率；而西南地区地形复杂，气候变化与全球变化存在非同步性，尤其是在 20 世纪后 40 年，青藏高原、川西高原、云贵高原气温上升、降水增加、湿度增大，而在四川盆地东北部和西南部的气温则存在下降趋势（马振锋 等，2006）。不同季节、不同区域气温的多年变化特征并不完全相同，具有各自的特殊性（郭志梅 等，2005）。日最低气温的上升比平均气温和日最高气温更加显著；冬季增温比夏季显著。除气温外，其他气象要素的变化也存在一定差异。日照、水面蒸发量、近地面风速、总云量均呈显著减少趋势，其中风速减少最显著的地区在中国西北，日照减小最明显的地区是中国东部，特别是华北和华东地区（丁一汇，2006）。气候变化对农业、城市、交通、基础设施等均有一定的影响，在建筑节能研究中，建筑能耗与室外气象条件密切相关，室外气象条件直接决定着建筑供暖空调设计负荷以及能源消耗量的多少。因此，气候变化对不同区域气象要素产生的影响不同，导致不同区域建筑能耗的变化将有所不同，进而影响建筑设计和运行节能。

本章概括了我国气候变化的整体情况，给出了 1961 年以来五大建筑气候区各代表城市影响建筑供暖制冷能耗关键气候要素（气温、相对湿度、风速和日照）的变化特征。

1.1　数据和方法

1.1.1　数据

根据《民用建筑热工设计规范》(GB 50176—2016)区划规定，将我国分为五大建筑气候区，包括严寒地区、寒冷地区、夏热冬冷地区、夏热冬暖地区、温和地区（图 1-1）。每个气候区选择两个城市作为代表，分别为：哈尔滨和乌鲁木齐（严寒地区），北京和天津（寒冷地区），上海和南昌（夏热冬冷地区），昆明和贵阳（温和地区），广州和南宁（夏热冬暖地区）。选取 10 个代表城市 1961—2017 年制冷期和供暖期平均气温、最高气温、最低气温、相对湿度、日照时数、风速等气象要素，分析其变化特征。为了便于各城市之间的比较，统一选取 6—9 月为制冷期，11 月至翌年 3 月为供暖期。

全国气候变化概况数据及图表均来自中国气象局气候变化中心编制的《2018 年中国气候

变化蓝皮书》。本书所用气象数据来源于国家气象信息中心。

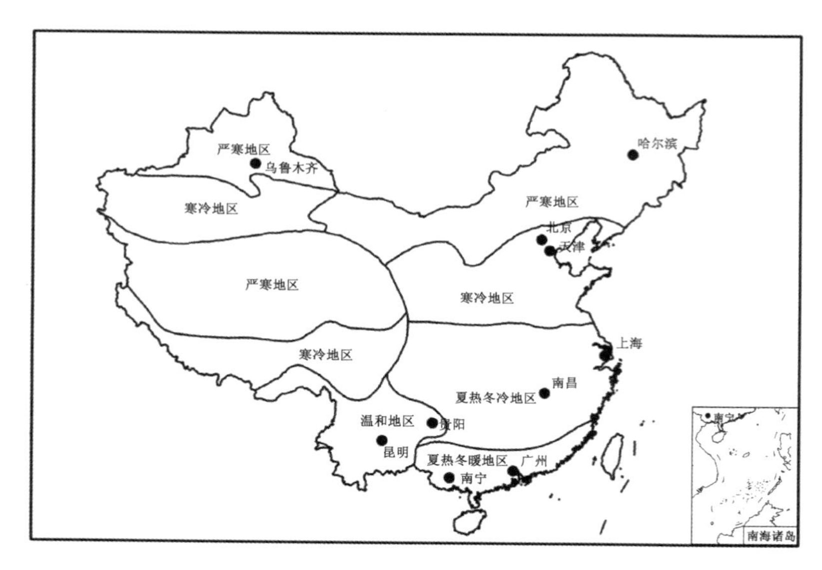

图 1-1 中国不同建筑气候区区划及所选代表城市分布

1.1.2 研究方法

采用趋势分析、蒙特卡洛检验、M-K 检验等统计方法，分析制冷期、供暖期各气象要素的变化趋势和突变情况，并加以检验。此外，部分气象台站由于迁站导致气象观测数据存在不均一的情况，针对该气象观测数据，采用差值法进行均一化订正。

1.2 全国气候变化概况

1.2.1 地表气温

1901—2017 年，中国地表年平均气温呈显著上升趋势，并伴随明显的年代际波动，期间中国地表年平均气温上升了 1.21 ℃(图 1-2)。1951—2017 年，中国地表年平均气温呈显著上升趋势，增温速率为 0.24 ℃/10a；近 20 年是 20 世纪初以来的最暖时期。

1951—2017 年，中国地表年平均最高气温呈上升趋势，平均每 10 年升高 0.17 ℃，低于年平均气温的升高速率(图 1-3a)。20 世纪 90 年代之前，中国年平均最高气温变化相对稳定，之后呈明显上升趋势。1951—2017 年，中国地表年平均最低气温呈显著上升趋势，平均每 10 年升高 0.32 ℃，高于年平均气温和最高气温的上升速率(图 1-3b)。1987 年之前，最低气温上升缓慢，之后升温明显加快。

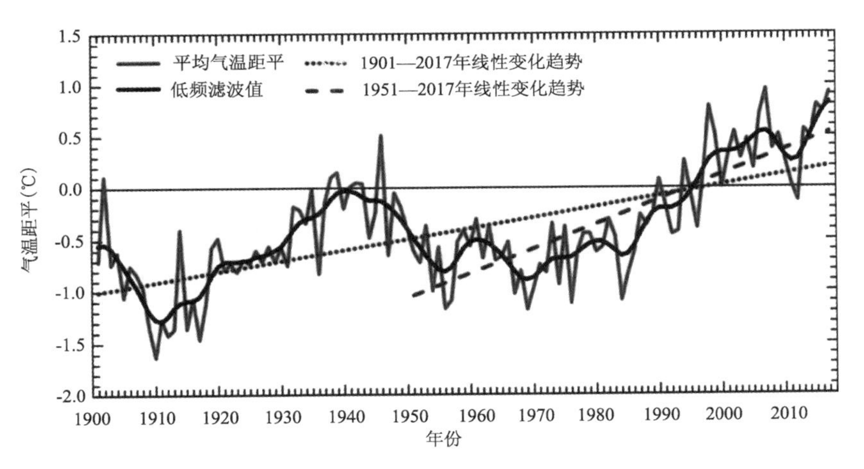

图 1-2　1901—2017 年中国地表年平均气温距平
（引自《2018 年中国气候变化蓝皮书》）

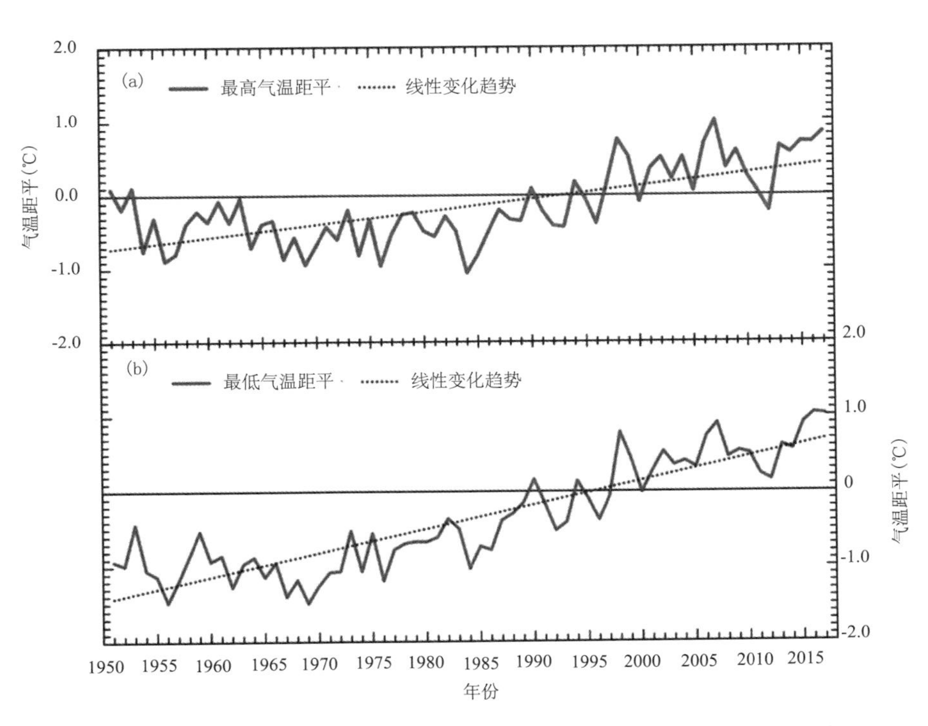

图 1-3　1951—2017 年中国地表年平均最高气温(a)和最低气温(b)距平
（引自《2018 年中国气候变化蓝皮书》）

1.2.2　降水

1961—2017 年，中国平均年降水量无明显的增减趋势，但年际变化明显，其中，2016 年、1998 年和 1973 年是排名前三位的降水高值年，2011 年、1986 年和 2009 年是降水最少的三个年份。20 世纪 90 年代中国平均年降水量以偏多为主，21 世纪最初十年总体偏少，2012 年以来降水量持续偏多(图 1-4)。

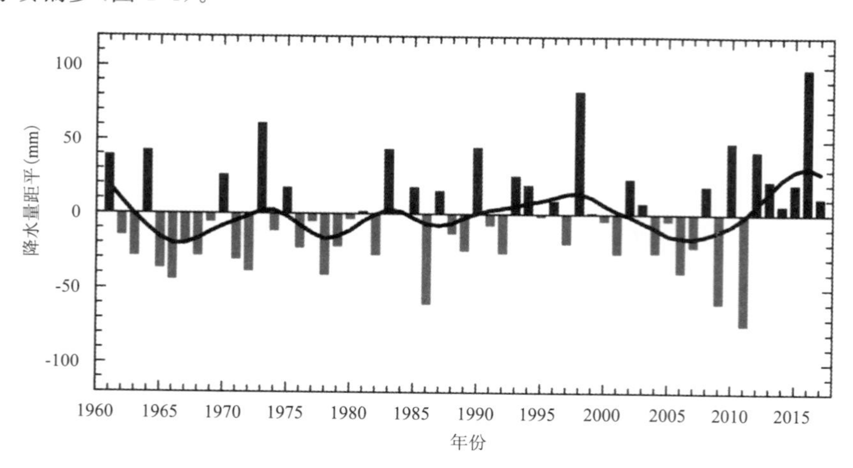

图 1-4 1961—2017 年中国平均年降水量距平
(引自《2018 年中国气候变化蓝皮书》)

1.2.3 相对湿度

1961—2017 年,中国平均相对湿度总体无明显增减趋势,但存在阶段性变化特征:20 世纪 60 年代中期至 80 年代中期相对湿度偏低,1989—2003 年以偏高为主,2004—2014 年总体偏低,2015 年以来转为偏高(图 1-5)。

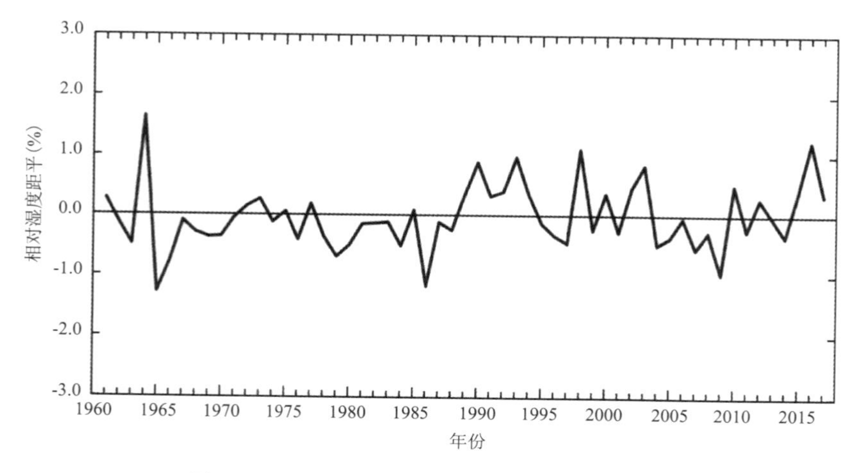

图 1-5 1961—2017 年中国平均相对湿度距平
(引自《2018 年中国气候变化蓝皮书》)

1.2.4 平均风速

1961—2017 年,中国平均风速总体呈减小趋势,平均每 10 年减少 0.13 m/s。20 世纪 60 年代至 90 年代初期为持续正距平,之后转为负距平(图 1-6)。

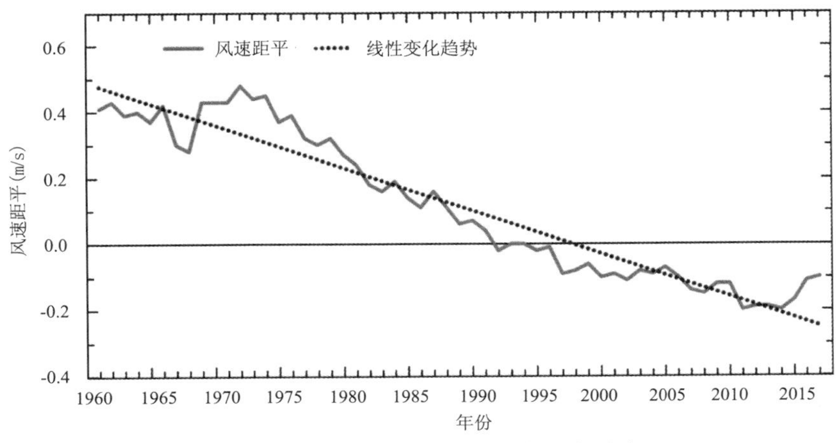

图 1-6　1961—2017 年中国平均风速距平
（引自《2018 年中国气候变化蓝皮书》）

1.2.5　日照时数

1961—2017 年，中国平均年日照时数呈现显著减少趋势，平均每 10 年减少 33.9 h。1990 年之后，日照时数的变化趋势总体较稳定（图 1-7）。

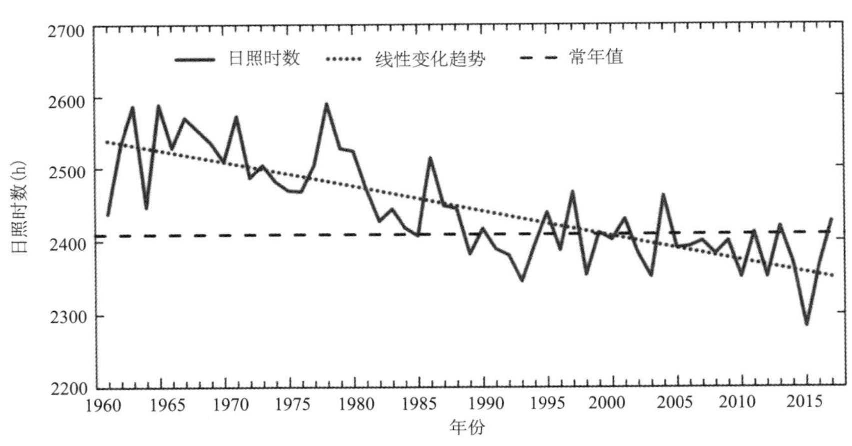

图 1-7　1961—2017 年中国平均年日照时数
（引自《2018 年中国气候变化蓝皮书》）

1.3　不同建筑气候区各代表城市制冷期气象要素变化特征

1.3.1　气温

1.3.1.1　平均气温

表 1-1 给出了不同建筑气候区各代表城市制冷期平均气温的多年平均值。总体来看，6—9 月，严寒地区、寒冷地区和温和地区平均气温相对较低，夏热冬冷和夏热冬暖地区平均气温

较高。各地多年平均气温为 19.5～28.0 ℃，昆明最低，广州最高。

从各月的气温变化可以看出，严寒地区和寒冷地区 6—9 月气温变幅较大，夏热冬冷、夏热冬暖和温和地区气温变幅较小。各城市均为 7 月(昆明除外)最高，南昌达 29.5 ℃；9 月最低(上海除外)。

表 1-1　1961—2017 年不同建筑气候区各代表城市制冷期各月平均气温(℃)

建筑气候区划	城市	6 月	7 月	8 月	9 月	6—9 月
严寒地区	哈尔滨	20.7	23.1	21.4	14.9	20.0
	乌鲁木齐	22.4	24.4	23.0	17.1	21.7
寒冷地区	北京	24.6	26.5	25.3	20.3	24.2
	天津	24.9	27.0	26.2	21.5	24.9
夏热冬冷地区	上海	24.0	28.4	28.2	24.3	26.2
	南昌	25.8	29.5	29.1	25.1	27.4
夏热冬暖地区	广州	27.6	28.7	28.5	27.2	28.0
	南宁	27.7	28.3	28.0	26.7	27.7
温和地区	贵阳	21.7	23.7	23.3	20.5	22.3
	昆明	20.1	20.0	19.6	18.1	19.5

从不同建筑气候区各代表城市平均气温的历年变化来看(图 1-8)，各代表城市均为上升趋势，除南宁和贵阳外，均可通过显著性检验(表 1-2)。从气温的增幅来看，哈尔滨、北京、天津、上海和昆明的气温增幅较大，超过 0.3 ℃/10a，乌鲁木齐、南昌和广州增幅超过 0.1 ℃/10a。M-K 突变检验的结果表明(表 1-2)，除南宁和贵阳外，其他城市均出现了突变点，广州在 20 世纪 70 年代出现突变，哈尔滨、北京、天津、上海、昆明在 20 世纪 90 年代出现突变，乌鲁木齐和南昌在 2000 年后出现突变。

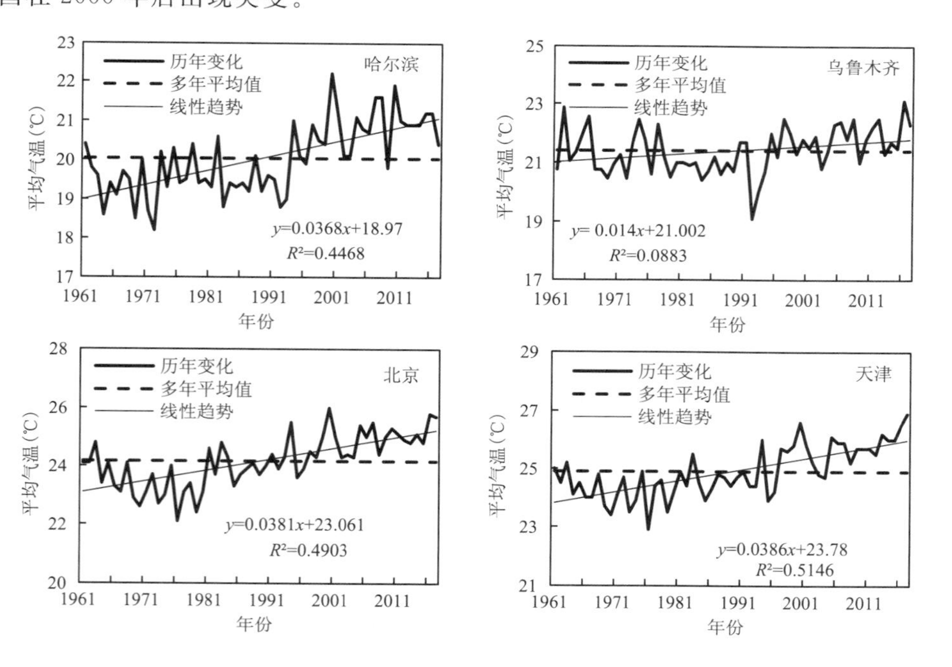

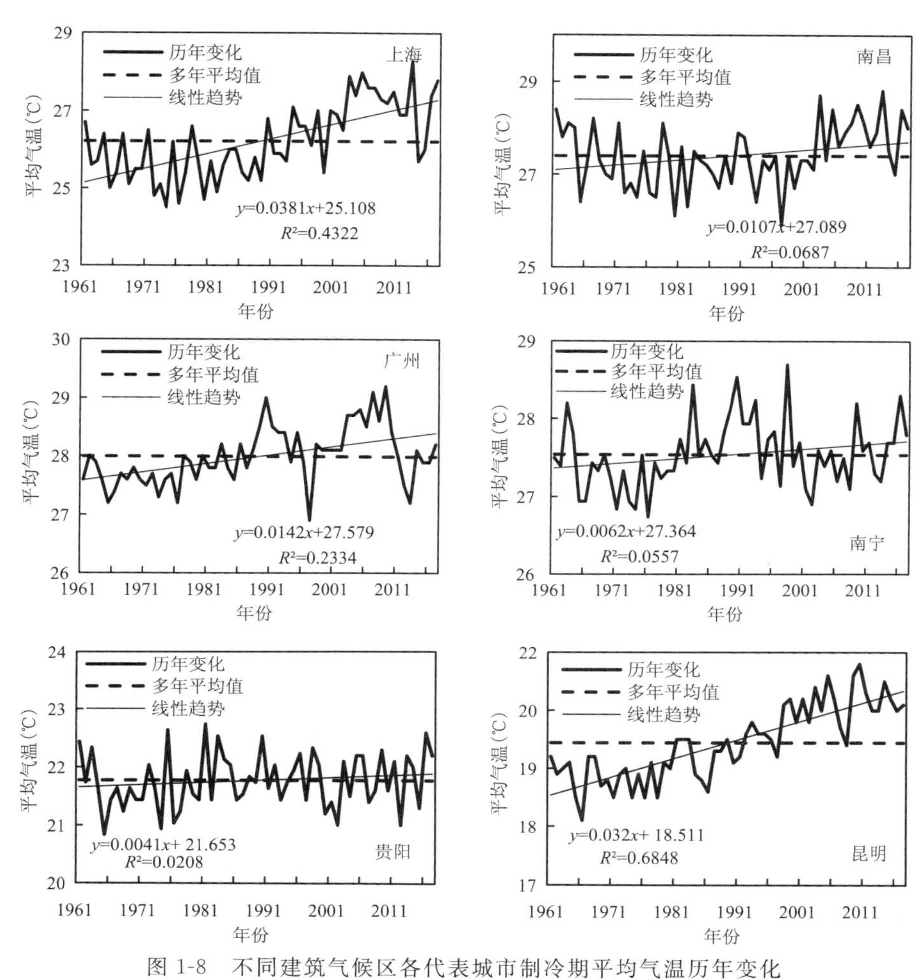

图 1-8　不同建筑气候区各代表城市制冷期平均气温历年变化

表 1-2　不同建筑气候区各代表城市制冷期平均气温变化趋势及突变年

建筑气候区划	城市	趋势系数	突变检验
严寒地区	哈尔滨	0.700***	1997
	乌鲁木齐	0.281*	2003
寒冷地区	北京	0.717***	1993
	天津	0.740***	1998
夏热冬冷地区	上海	0.693***	1994
	南昌	0.322*	2004
夏热冬暖地区	广州	0.474***	1979
	南宁	0.239ns	/
温和地区	贵阳	0.196ns	/
	昆明	0.839***	1990

注：*** 表示通过 0.001 的显著性检验，** 表示通过 0.01 的显著性检验，* 表示通过 0.05 的显著性检验，ns 表示没有通过显著性检验(下同)。

1.3.1.2　平均最高气温

表 1-3 给出了不同建筑气候区各代表城市制冷期平均最高气温的多年平均值。总体来看，6—9 月，各地多年平均最高气温为 24.1～32.4 ℃，昆明最低，南宁最高，其中夏热冬冷和夏热冬暖地区平均最高气温较高，均超过 30 ℃。

从各月的变化可以看出，严寒地区和寒冷地区 6—9 月平均最高气温变幅较大，夏热冬冷、夏热冬暖和温和地区平均最高气温变幅较小。除温和地区外，各城市平均最高气温均为 7 月最高，9 月最低（上海、广州除外）。

表 1-3　1961—2017 年不同建筑气候区各代表城市制冷期各月平均最高气温(℃)

建筑气候区划	城市	6 月	7 月	8 月	9 月	6—9 月
严寒地区	哈尔滨	26.3	27.9	26.5	21.0	25.4
	乌鲁木齐	28.5	30.6	29.5	23.4	28.0
寒冷地区	北京	30.5	31.3	30.1	26.1	29.5
	天津	30.2	31.3	30.5	26.5	29.6
夏热冬冷地区	上海	27.8	32.5	31.9	27.9	30.0
	南昌	29.5	33.8	33.4	29.2	31.5
夏热冬暖地区	广州	31.6	33.0	32.9	31.7	32.3
	南宁	32.1	32.9	32.8	31.7	32.4
温和地区	贵阳	26.0	28.1	28.2	25.2	26.9
	昆明	24.5	24.3	24.4	23.0	24.1

从不同建筑气候区各代表城市平均最高气温的历年变化来看（图 1-9），除南宁外，其他城市均为上升趋势，并且哈尔滨、北京、天津、上海、广州和昆明可通过显著性检验（表 1-4），说明这几个城市的增温趋势比较显著。从平均最高气温的增幅来看，天津、上海和昆明的气温增幅较大，超过 0.3 ℃/10a。M-K 突变检验的结果表明（表 1-4），除乌鲁木齐、南宁和贵阳外，其他城市

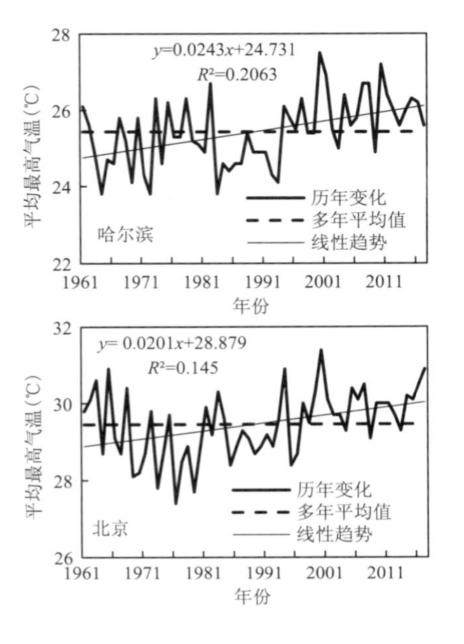

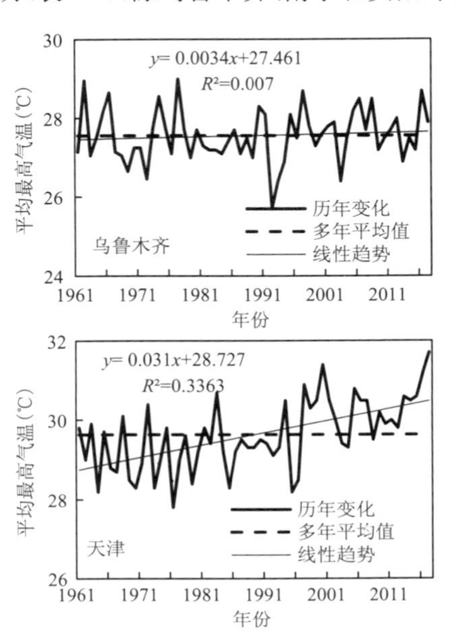

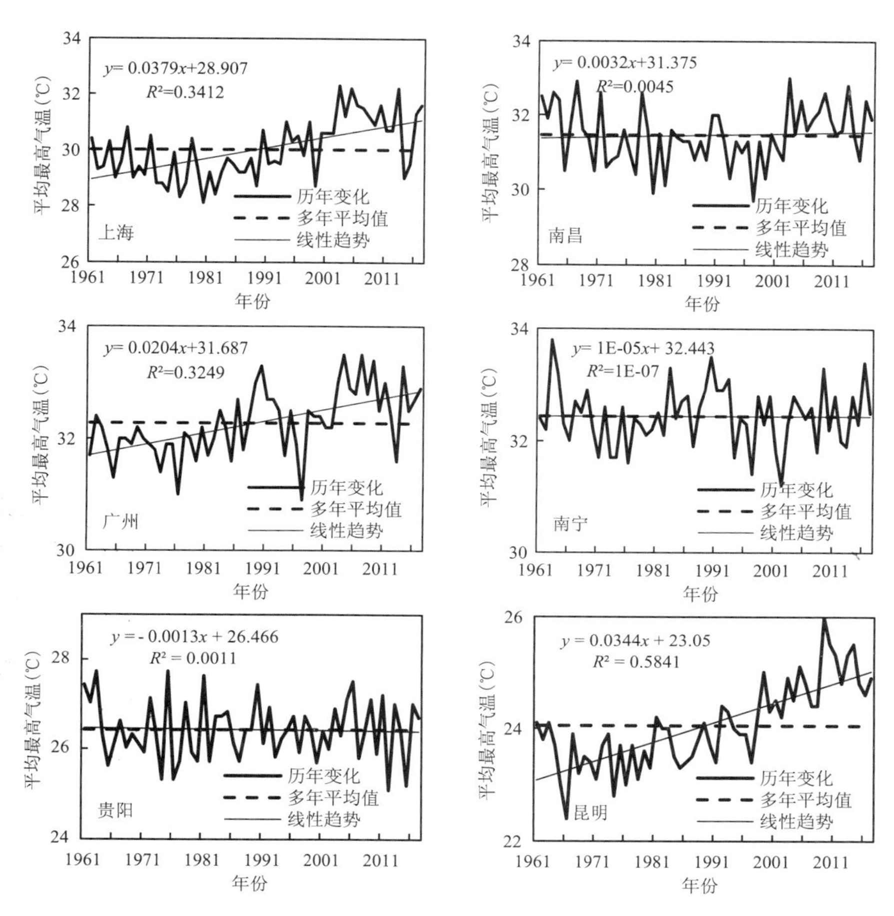

图 1-9　不同建筑气候区各代表城市制冷期平均最高气温历年变化

均出现了突变点，广州在 20 世纪 80 年代出现突变，哈尔滨、北京、天津、上海、昆明在 20 世纪 90 年代出现突变，南昌在 2000 年后出现突变。

表 1-4　不同建筑气候区各代表城市制冷期平均最高气温变化趋势及突变年

建筑气候区划	城市	趋势系数	突变检验
严寒地区	哈尔滨	0.493***	1995
	乌鲁木齐	0.067ns	/
寒冷地区	北京	0.404**	1997
	天津	0.602***	1993
夏热冬冷地区	上海	0.612***	1995
	南昌	0.112ns	2006
夏热冬暖地区	广州	0.56***	1985
	南宁	−0.002ns	/
温和地区	贵阳	0.014ns	/
	昆明	0.787***	1997

注：见表 1-2。

1.3.1.3 平均最低气温

表 1-5 给出了不同建筑气候区各代表城市制冷期平均最低气温的多年平均值。总体来看,6—9 月,严寒地区、寒冷地区和温和地区平均最低气温相对较低,夏热冬冷和夏热冬暖地区平均最低气温较高。各地多年平均最低气温为 14.9～25.0 ℃,哈尔滨最低,广州最高。从各月的变化可以看出,严寒地区和寒冷地区 6—9 月最低气温变幅较大,夏热冬冷、夏热冬暖和温和地区最低气温变幅较小。各城市均为 7 月最高;9 月最低(上海除外)。

表 1-5 1961—2017 年不同建筑气候区各代表城市制冷期各月平均最低气温(℃)

建筑气候区划	城市	6 月	7 月	8 月	9 月	6—9 月
严寒地区	哈尔滨	15.0	18.5	16.7	9.2	14.9
	乌鲁木齐	17.1	19.2	17.7	12.0	16.5
寒冷地区	北京	19.0	22.2	21.1	15.2	19.4
	天津	20.3	23.4	22.6	17.3	20.9
夏热冬冷地区	上海	21.1	25.5	25.4	21.4	23.4
	南昌	23.0	26.2	25.9	22.1	24.3
夏热冬暖地区	广州	24.8	25.5	25.4	24.1	25.0
	南宁	24.7	25.2	24.9	23.4	24.6
温和地区	贵阳	18.7	20.5	19.9	17.3	19.1
	昆明	16.7	17.1	16.5	14.9	16.3

从不同建筑气候区各代表城市平均最低气温的历年变化来看(图 1-10),各代表城市均为上升趋势,并均可通过显著性检验(表 1-6),说明各代表城市最低气温的增温趋势比较显著。平均最低气温的增幅大于平均气温和平均最高气温,其中哈尔滨、北京、天津、上海和昆明的平均最低气温增幅超过 0.4 ℃/10a。M-K 突变检验的结果表明(表 1-6),除贵阳外,其他城市均

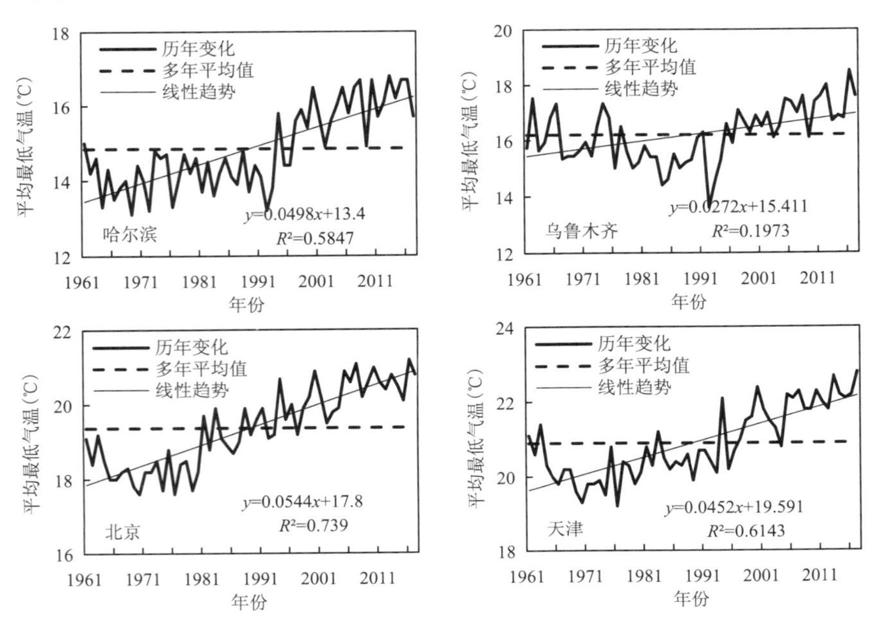

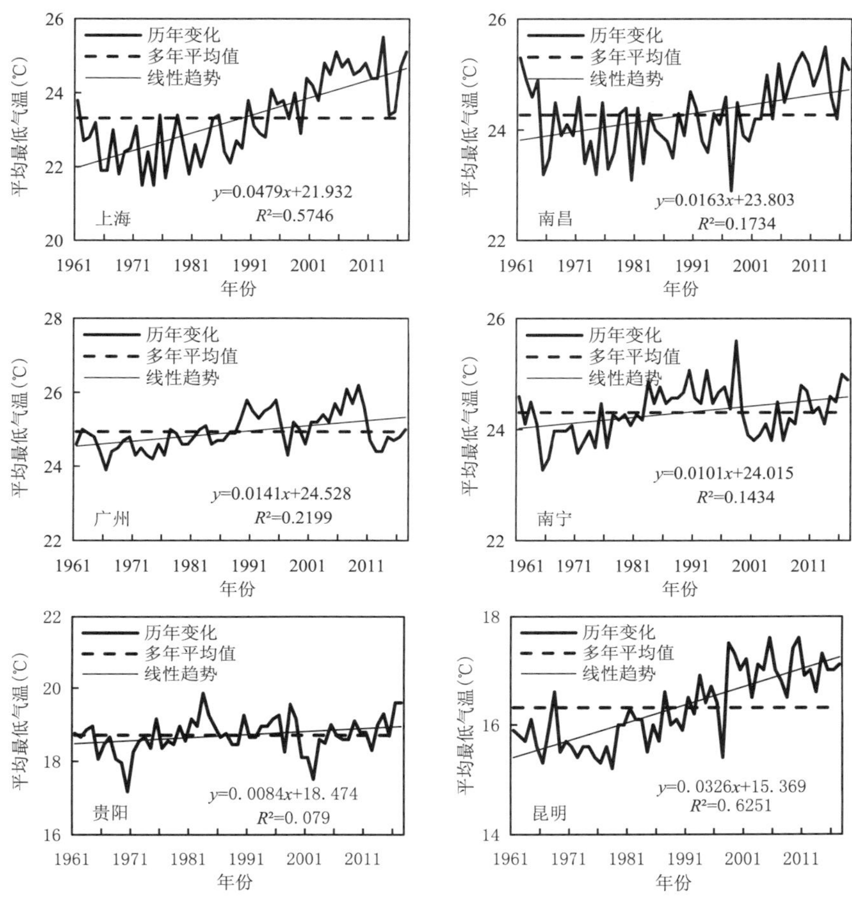

图 1-10　不同建筑气候区各代表城市制冷期平均最低气温历年变化

出现了突变点，广州、南宁在 20 世纪 70 年代末和 80 年代初出现突变，哈尔滨、北京、天津、上海、昆明在 20 世纪 90 年代出现突变，乌鲁木齐和南昌在 2000 年后出现突变。

表 1-6　不同建筑气候区各代表城市制冷期平均最低气温变化趋势及突变年

建筑气候区划	城市	趋势系数	突变检验
严寒地区	哈尔滨	0.790***	1997
	乌鲁木齐	0.443***	2005
寒冷地区	北京	0.875***	1990
	天津	0.812***	1997
夏热冬冷地区	上海	0.794***	1995
	南昌	0.489***	2005
夏热冬暖地区	广州	0.462***	1980
	南宁	0.411***	1978
温和地区	贵阳	0.291*	/
	昆明	0.795***	1990

注：见表 1-2。

1.3.2　相对湿度

表 1-7 给出了不同建筑气候区各代表城市制冷期平均相对湿度的多年平均值。总体来看，6—9 月，处于严寒地区和寒冷地区的城市相对湿度总体较低，其中乌鲁木齐相对湿度最低，仅为 41.7%，哈尔滨、北京、天津相对湿度在 70%左右。夏热冬冷、夏热冬暖和温和地区相对湿度较高，其中广州、南宁和昆明超过 80%，其他城市在 75%～80%。从各月的变化可以看出，严寒地区的哈尔滨和寒冷地区相对湿度变幅较大，6 月和 9 月相对湿度较小，在 60%左右，7 月和 8 月相对湿度较大，达到 70%以上。严寒地区的乌鲁木齐、夏热冬冷、夏热冬暖和温和地区变幅较小，其中乌鲁木齐 6—9 月的相对湿度在 40.5%～43.1%，而其他城市 6—9 月的相对湿度基本在 75%以上。

表 1-7　1961—2017 年不同建筑气候区各代表城市制冷期各月平均相对湿度(%)

建筑气候区划	城市	6 月	7 月	8 月	9 月	6—9 月
严寒地区	哈尔滨	63.8	76.2	77.4	69.2	71.7
	乌鲁木齐	41.4	41.7	40.5	43.1	41.7
寒冷地区	北京	59.8	73.1	75.1	67.3	68.8
	天津	61.9	73.8	73.8	66.0	68.9
夏热冬冷地区	上海	80.8	79.1	79.1	77.2	79.1
	南昌	82.4	75.4	75.2	74.7	76.9
夏热冬暖地区	广州	83.6	80.9	80.9	77.6	80.8
	南宁	81.8	81.5	82.0	78.7	81.0
温和地区	贵阳	79.0	77.5	76.8	76.2	77.4
	昆明	76.8	81.5	81.4	80.8	80.1

从不同建筑气候区各代表城市平均相对湿度的历年变化来看(图 1-11)，各代表城市均呈减小趋势，其中北京、天津、上海、广州、南昌和昆明可通过显著性检验(表 1-8)，说明这些城市

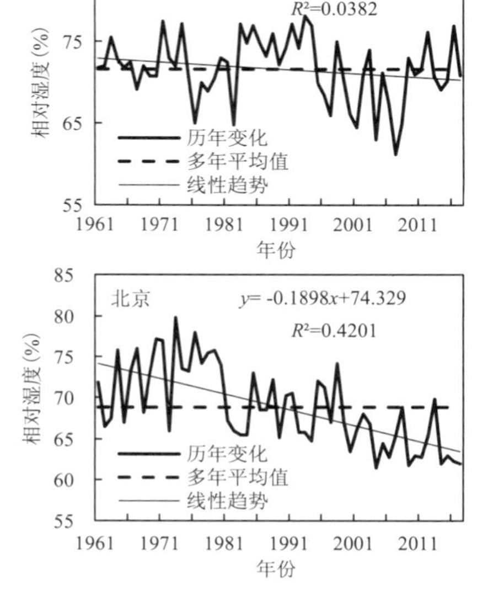

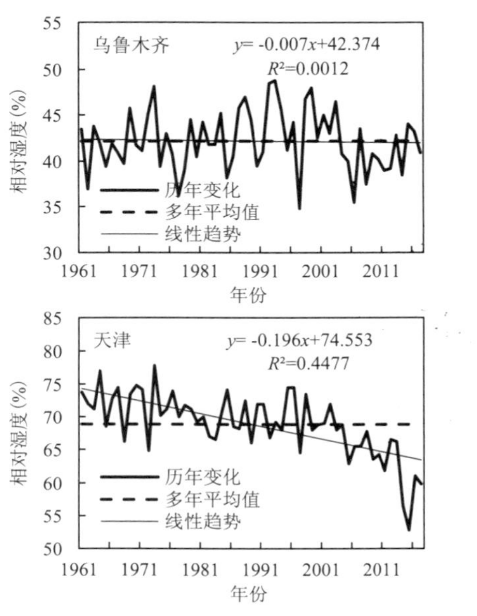

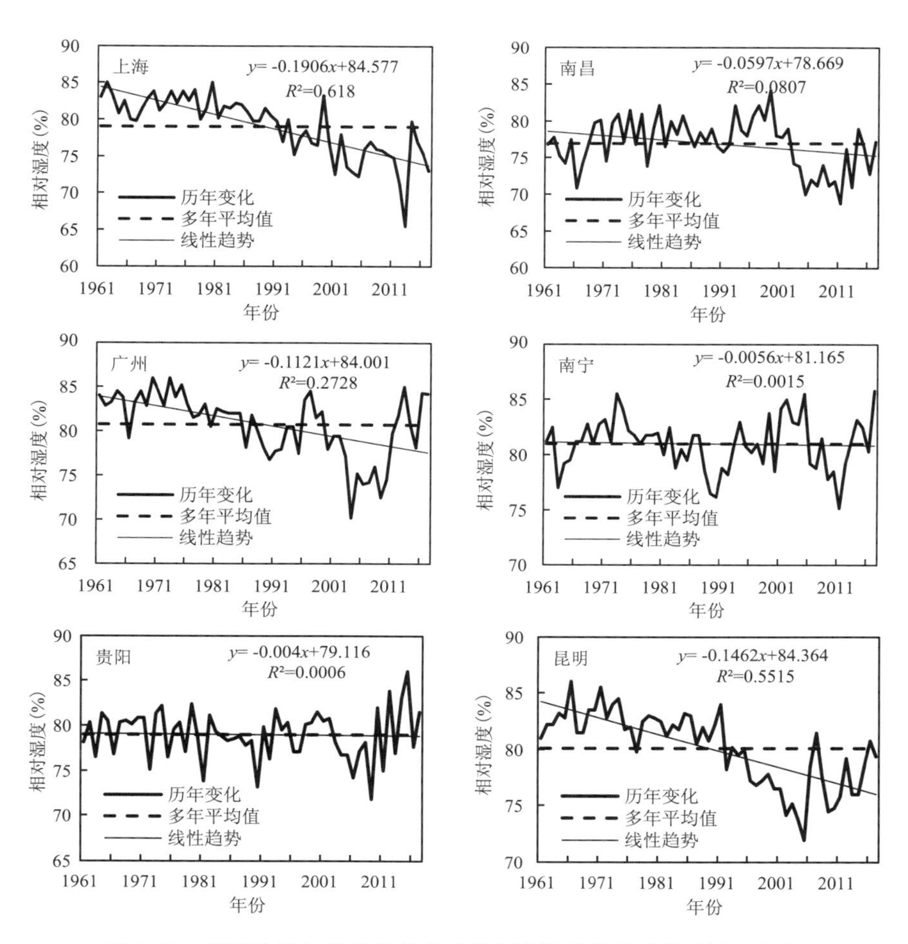

图1-11　不同建筑气候区各代表城市制冷期平均相对湿度历年变化

表1-8　不同建筑气候区各代表城市制冷期平均相对湿度变化趋势及突变年

建筑气候区划	城市	趋势系数	突变检验
严寒地区	哈尔滨	-0.200^{ns}	/
	乌鲁木齐	-0.024^{ns}	/
寒冷地区	北京	-0.649^{***}	1998
	天津	-0.661^{***}	2004
夏热冬冷地区	上海	-0.783^{***}	1992
	南昌	-0.293^{*}	2004
夏热冬暖地区	广州	-0.511^{***}	1981
	南宁	-0.038^{ns}	/
温和地区	贵阳	-0.035^{ns}	/
	昆明	-0.755^{***}	1991

注:见表1-2。

相对湿度的减小趋势比较显著。北京、天津、上海和昆明相对湿度的减小幅度较大,每十年减小超过1.5%。M-K突变检验的结果表明(表1-8),相对湿度减小趋势明显的地区均出现了突变点，广州在 20 世纪 80 年代初出现突变，北京、上海和昆明在 20 世纪 90 年代出现突变，天津和南昌在 2000 年后出现突变。

1.3.3　平均风速

表 1-9 给出了不同建筑气候区各代表城市制冷期平均风速的多年平均值。总体来看，6—9 月，处于严寒地区的哈尔滨和乌鲁木齐平均风速较大，分别为 3.0 m/s 和 2.9 m/s。处于寒冷地区和夏热冬冷地区的 4 个城市及处于温和地区的贵阳平均风速在 2.0～2.5 m/s，处于夏热冬暖地区的广州、南宁和处于温和地区的昆明平均风速较小，为 1.6～1.8 m/s。从各月来看，严寒地区和寒冷地区及处于温和地区的昆明 6 月风速最大，夏热冬暖地区的广州、南宁和温和地区的贵阳 7 月风速大，夏热冬冷地区的上海 8 月最大，夏热冬冷地区的南昌 9 月最大。

表 1-9　1961—2017 年不同建筑气候区各代表城市制冷期各月平均风速(m/s)

建筑气候区划	城市	6 月	7 月	8 月	9 月	6—9 月
严寒地区	哈尔滨	3.3	2.9	2.7	3.0	3.0
	乌鲁木齐	3.0	2.9	2.9	2.8	2.9
寒冷地区	北京	2.4	2.0	1.8	1.9	2.0
	天津	2.3	2.0	1.7	1.8	2.0
夏热冬冷地区	上海	2.4	2.5	2.6	2.3	2.5
	南昌	2.0	2.2	2.2	2.8	2.3
夏热冬暖地区	广州	1.8	1.9	1.6	1.7	1.8
	南宁	1.7	1.8	1.4	1.3	1.6
温和地区	贵阳	2.1	2.3	2.0	2.1	2.1
	昆明	2.1	1.8	1.5	1.6	1.8

从不同建筑气候区各代表城市平均风速的历年变化来看(图 1-12)，除北京、广州、贵阳和昆明外，其余城市均呈减小趋势，且均可通过显著性检验(表 1-10)，说明这些城市平均风速的

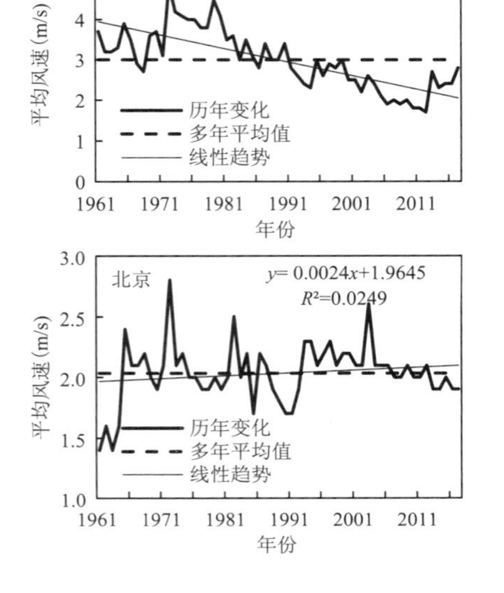

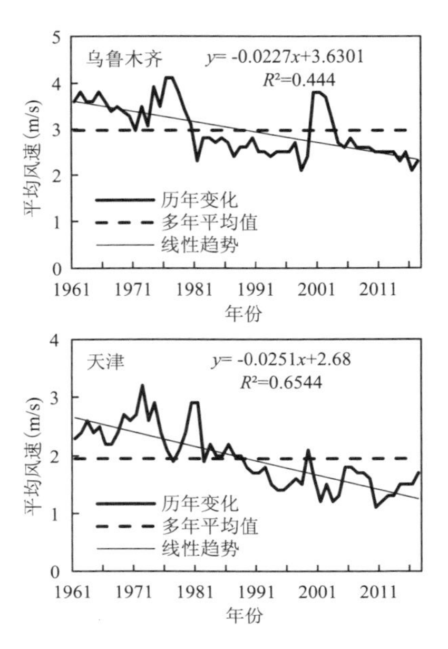

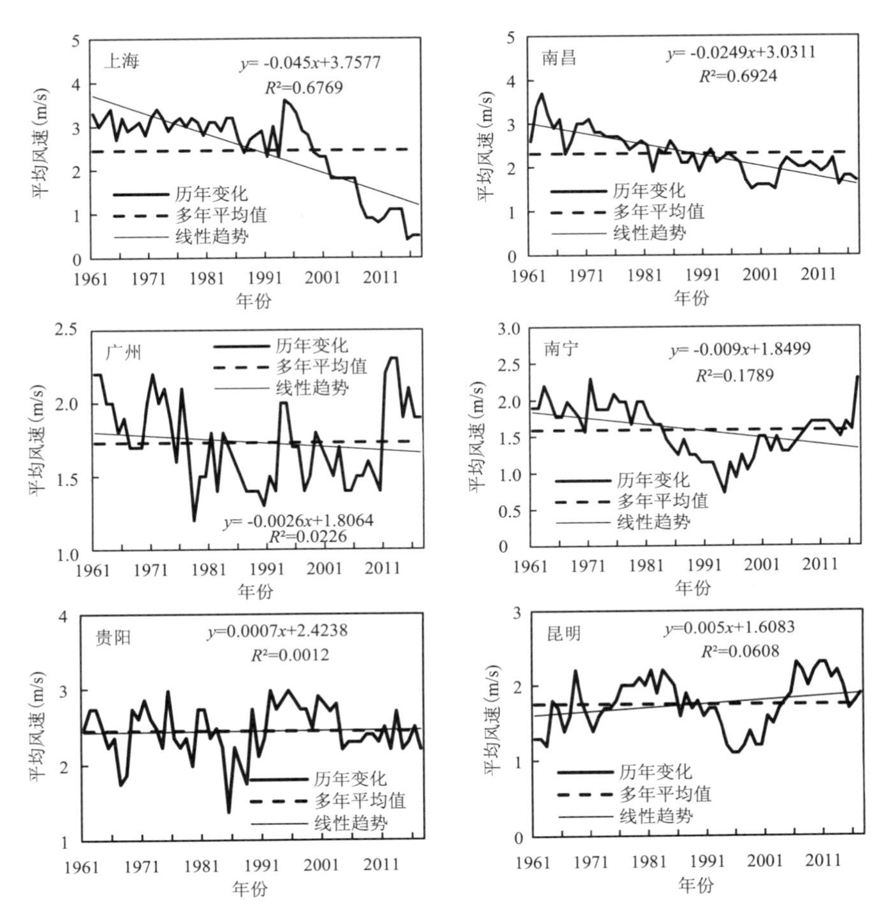

图 1-12　不同建筑气候区各代表城市制冷期平均风速历年变化

表 1-10　不同建筑气候区各代表城市制冷期平均风速变化趋势及突变年

建筑气候区划	城市	趋势系数	突变检验
严寒地区	哈尔滨	−0.754***	1995
	乌鲁木齐	−0.657***	/
寒冷地区	北京	0.087ns	/
	天津	−0.813***	1989
夏热冬冷地区	上海	−0.822***	2004
	南昌	−0.839***	1985
夏热冬暖地区	广州	−0.105ns	/
	南宁	−0.409***	1977
温和地区	贵阳	0.039ns	/
	昆明	0.214ns	/

注：见表 1-2。

减小趋势比较显著。从平均风速的减小幅度来看，哈尔滨、上海较大，每十年平均风速减小超过 0.3 m/s，乌鲁木齐和天津超过 0.2 m/s。M-K 突变检验的结果表明(表 1-10)，哈尔滨、天津、上海、南昌和南宁出现了突变点，南宁在 20 世纪 70 年代出现突变，天津和南昌在 20 世纪 80 年代初出现突变，哈尔滨在 20 世纪 90 年代出现突变，上海在 2000 年后出现突变。

1.3.4 日照时数

表 1-11 给出了不同建筑气候区各代表城市制冷期日照时数的多年平均值。总体来看，6—9 月，严寒地区和寒冷地区日照时数较大，在 850～1200 h，其中乌鲁木齐日照时数最大，达到 1176.7 h；夏热冬冷和夏热冬暖地区次之，日照时数在 700～850 h；温和地区日照时数最小，日照时数均不足 600 h，贵阳最小，仅为 538.0 h。从各月来看，处于不同建筑气候区的各代表城市日照时数分布差别较大。处于寒冷地区的北京和天津 6 月日照时数最大，7 月和 8 月因降水较多，日照时数有所减少，而夏热冬冷地区和夏热冬暖地区则相反，6 月日照时数小，7 月和 8 月日照时数大。处于严寒地区的哈尔滨 6 月日照时数较多，9 月较少，乌鲁木齐 7 月和 8 月较多，9 月较少。处于温和地区的两个城市中，贵阳 6 月日照时数较少，不足 100 h，7 月和 8 月较多，昆明各月日照时数相差不大。

表 1-11　1961—2017 年不同建筑气候区各代表城市制冷期各月日照时数(h)

建筑气候区划	城市	6 月	7 月	8 月	9 月	6—9 月
严寒地区	哈尔滨	251.1	234.8	232.4	227.7	946.0
	乌鲁木齐	294.7	309.4	303.4	269.2	1176.7
寒冷地区	北京	248.9	208.7	218.2	223.1	898.9
	天津	245.4	211.2	212.7	222.9	892.2
夏热冬冷地区	上海	138.5	210.5	210.7	152.1	711.8
	南昌	153.7	253.2	244.8	192.7	844.4
夏热冬暖地区	广州	138.3	200.4	182.4	175.7	696.8
	南宁	159.3	199.0	192.1	187.7	738.1
温和地区	贵阳	98.0	154.7	162.6	122.7	538.0
	昆明	141.5	129.4	148.5	131.2	550.6

从不同建筑气候区各代表城市日照时数的历年变化来看(图 1-13)，除乌鲁木齐外，其余 9 个城市均呈减小趋势，并可通过显著性检验(表 1-12)，说明这些城市日照时数的减小趋势比较显著。从日照时数的减小幅度来看，北京、天津、上海和贵阳每十年减少 50 h 以上，哈尔滨、广州、南宁每十年减少 30 h 以上，南昌和昆明每十年减少 20 h 以上。M-K 突变检验的结果表明(表 1-12)，除南昌外，减小趋势显著的城市均出现了突变点，昆明在 20 世纪 60 年代末出现突变，上海、广州和南宁在 20 世纪 70 年代出现突变，贵阳在 20 世纪 80 年代初出现突变，北京和天津在 20 世纪 90 年代出现突变，哈尔滨在 2000 年后出现突变。

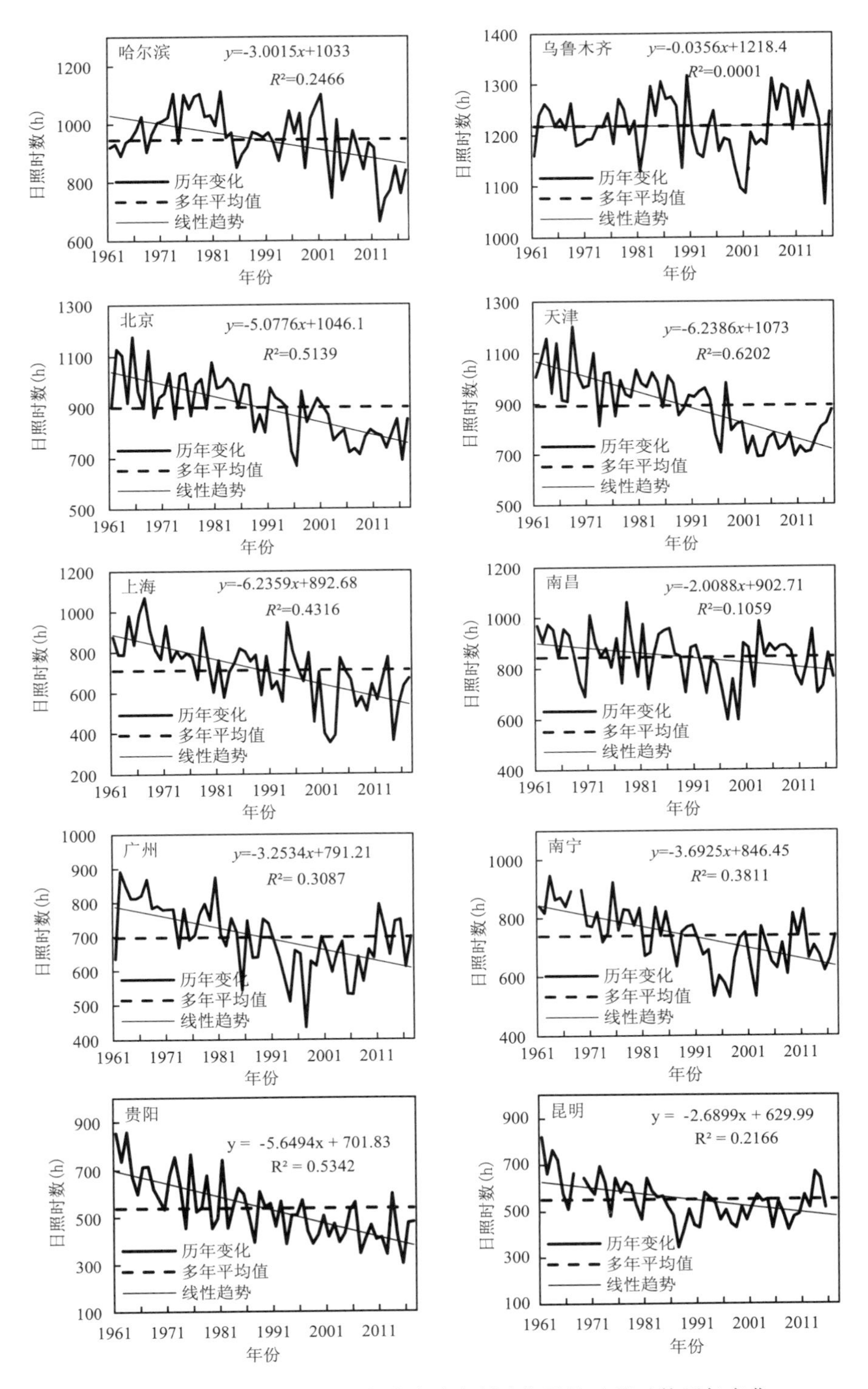

图 1-13　不同建筑气候区各代表城市制冷期平均日照时数历年变化

表 1-12 不同建筑气候区各代表城市制冷期日照时数变化趋势及突变年

建筑气候区划	城市	趋势系数	突变检验
严寒地区	哈尔滨	−0.518***	2008
	乌鲁木齐	−0.043ns	/
寒冷地区	北京	−0.734***	1992
	天津	−0.787***	1990
夏热冬冷地区	上海	−0.648***	1979
	南昌	−0.300*	/
夏热冬暖地区	广州	−0.592***	1974
	南宁	−0.604***	1978
温和地区	贵阳	−0.713***	1982
	昆明	−0.415***	1969

注：见表 1-2。

1.4 不同建筑气候区各代表城市供暖期气象要素变化特征

1.4.1 气温

1.4.1.1 平均气温

表 1-13 给出了不同建筑气候区各代表城市供暖期平均气温的多年平均值。总体来看，在供暖期（11 月至翌年 3 月），严寒地区平均气温最低，哈尔滨和乌鲁木齐平均气温分别为−11.1 和−7.1 ℃；寒冷地区的北京和天津平均气温为 1.0 ℃和 1.8 ℃；夏热冬冷地区和温和地区平均气温较为接近，各代表城市为 7.9～10.6 ℃；夏热冬暖地区平均气温最高，广州和南宁分别为 16.3 ℃和 15.6 ℃。各个建筑气候区均为 1 月气温最低，而平均气温最高的月份有所不同，严寒地区、寒冷地区及温和地区的昆明为 3 月最高，夏热冬冷地区、夏热冬暖地区及温和地区的贵阳为 11 月最高。

表 1-13 1961—2017 年不同建筑气候区各代表城市供暖期各月平均气温（℃）

建筑气候区划	城市	11 月	12 月	1 月	2 月	3 月	11—3 月
严寒地区	哈尔滨	−5.2	−15.0	−18.3	−13.6	−3.3	−11.1
	乌鲁木齐	−1.7	−10.0	−13.0	−10.3	−0.5	−7.1
寒冷地区	北京	4.7	−1.6	−3.6	−0.7	6.1	1.0
	天津	5.9	−0.6	−2.8	0.0	6.5	1.8
夏热冬冷地区	上海	13.2	6.9	4.4	5.7	9.4	7.9
	南昌	13.6	7.8	5.5	7.3	11.4	9.1
夏热冬暖地区	广州	19.8	15.2	13.5	14.8	18.0	16.3
	南宁	18.8	14.6	12.7	14.3	17.6	15.6
温和地区	贵阳	11.6	6.8	4.7	6.6	10.9	8.1
	昆明	11.8	8.6	8.4	10.4	13.7	10.6

从不同建筑气候区各代表城市平均气温的历年变化来看(图 1-14),各代表城市均为上升趋势,除南宁和贵阳外,均可通过显著性检验(表 1-14),从气温的增幅来看,哈尔滨、乌鲁木齐、北京、天津、上海和昆明的气温增幅较大,超过 0.5 ℃/10a,南昌增幅超过 0.3 ℃/10a,广州增幅超过 0.3 ℃/10a。M-K 突变检验的结果表明(表 1-14),除广州、南宁和贵阳外,其他城市均出现了突变点,哈尔滨、乌鲁木齐和北京在 20 世纪 80 年代出现突变,天津、上海、南昌和昆明在 20 世纪 90 年代出现突变。

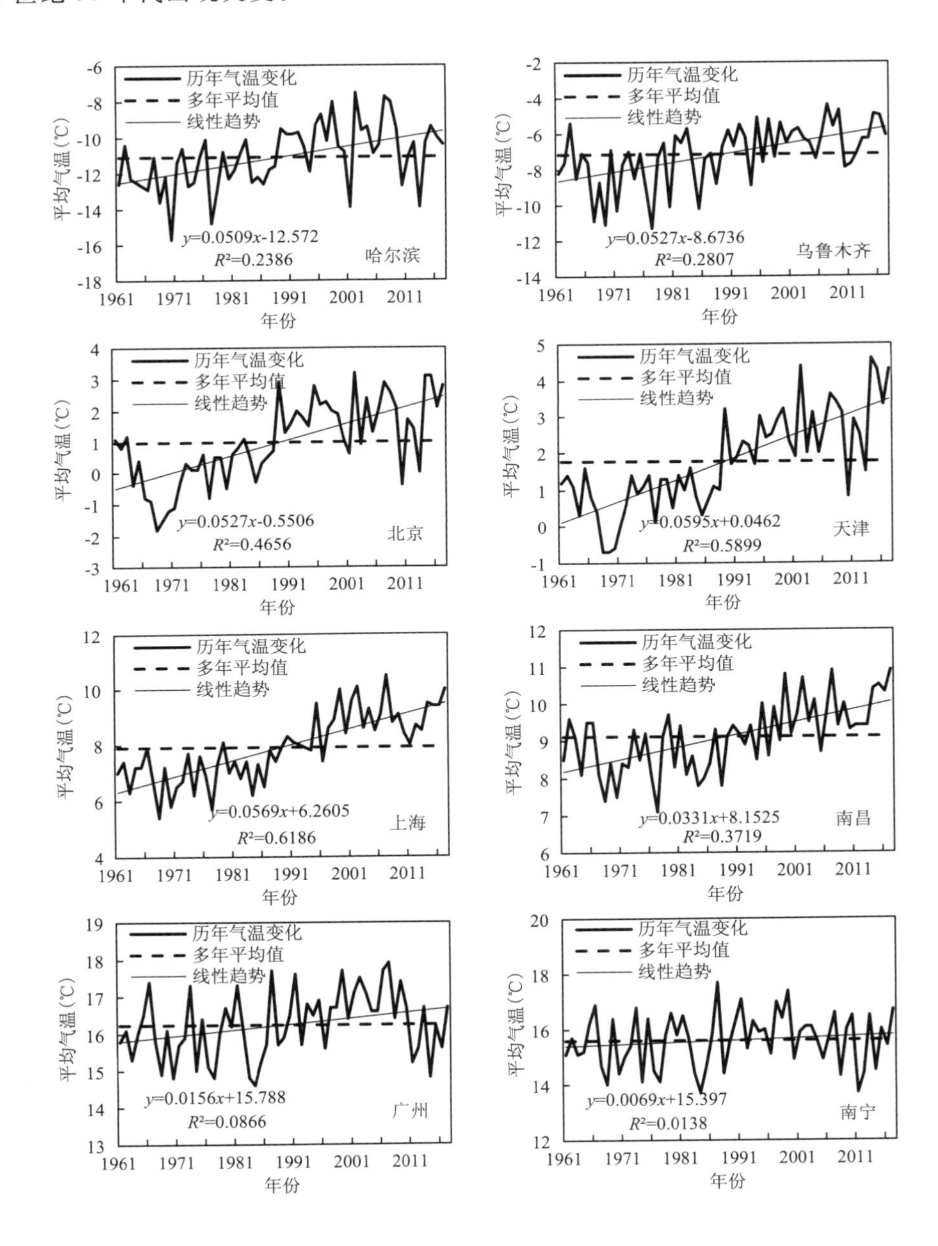

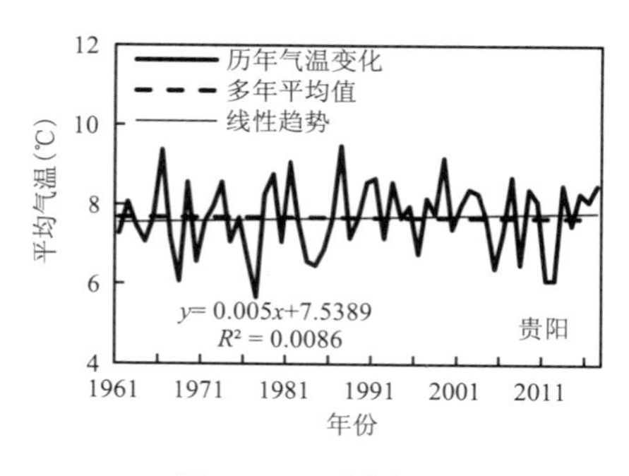

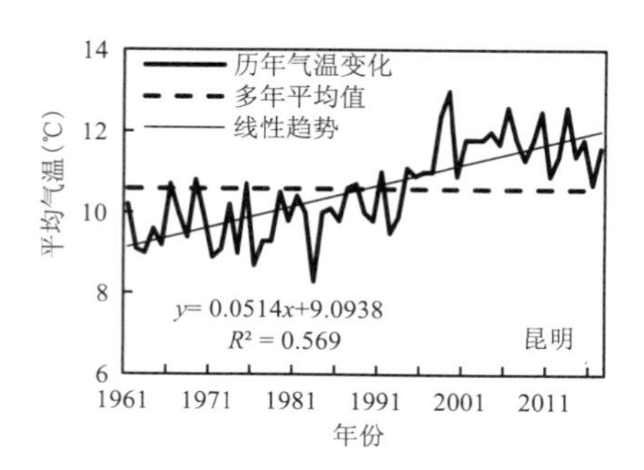

图 1-14　不同建筑气候区各代表城市供暖期平均气温历年变化

表 1-14　不同建筑气候区各代表城市供暖期平均气温变化趋势及突变年

建筑气候区划	城市	趋势系数	突变检验
严寒地区	哈尔滨	0.478***	1982
	乌鲁木齐	0.526***	1988
寒冷地区	北京	0.704***	1986
	天津	0.776***	1990
夏热冬冷地区	上海	0.788***	1990
	南昌	0.607***	1994
夏热冬暖地区	广州	0.287*	/
	南宁	0.105^{ns}	/
温和地区	贵阳	0.081^{ns}	/
	昆明	0.765***	1990

注:见表 1-2。

1.4.1.2　平均最高气温

表 1-15 给出了不同建筑气候区各代表城市供暖期平均最高气温的多年平均值。总体来看,在供暖期,严寒地区平均最高气温最低,哈尔滨和乌鲁木齐平均最高气温分别为−5.5 ℃和−2.4 ℃;寒冷地区的北京和天津平均最高气温为 6.5 ℃和 6.8 ℃;夏热冬冷地区的上海和南昌平均最高气温为 11.9 ℃和 13.0 ℃;温和地区的贵阳和昆明平均最高气温为 12.4 ℃和 17.5 ℃;夏热冬暖地区的广州和南京平均最高气温最高,分别为 20.9 ℃和 20.1 ℃。各个建筑气候区均为 1 月平均最高气温最低,而平均最高气温最高的月份有所不同,严寒地区、寒冷地区及温和地区为 3 月最高,夏热冬冷、夏热冬暖地区为 11 月最高。

表 1-15　1961—2017 年不同建筑气候区各代表城市供暖期各月平均最高气温(℃)

建筑气候区划	城市	11 月	12 月	1 月	2 月	3 月	11—3 月
严寒地区	哈尔滨	−0.2	−9.8	−12.5	−7.3	2.5	−5.5
	乌鲁木齐	2.7	−5.4	−7.9	−5.4	4.1	−2.4
寒冷地区	北京	10.1	3.5	1.9	5.0	12.1	6.5
	天津	10.7	3.8	2.0	5.1	12.2	6.8

续表

建筑气候区划	城市	11月	12月	1月	2月	3月	11—3月
夏热冬冷地区	上海	17.2	10.9	8.2	9.6	13.6	11.9
	南昌	17.8	11.8	9.0	10.9	15.3	13.0
夏热冬暖地区	广州	24.8	20.6	18.4	19.0	21.8	20.9
	南宁	24.1	19.7	17.0	18.3	21.6	20.1
温和地区	贵阳	15.8	10.9	8.5	10.9	16.0	12.4
	昆明	17.9	15.4	15.7	17.7	21.0	17.5

从不同建筑气候区各代表城市平均最高气温的历年变化来看(图 1-15)，除贵阳外，其余 9 个城市均为上升趋势，并均可通过显著性检验(表 1-16)(除南宁外)。乌鲁木齐、天津、上海和昆明的平均最高气温增幅较大，超过 0.3 ℃/10a，哈尔滨、北京、南昌增幅超过 0.2 ℃/10a，广州增幅超过 0.1 ℃/10a。M-K 突变检验的结果表明(表 1-16)，除南宁和贵阳外，其他城市均出现了突变点，哈尔滨、乌鲁木齐、北京、天津和上海在 20 世纪 80 年代出现突变，南昌、广州和昆明在 20 世纪 90 年代出现突变。

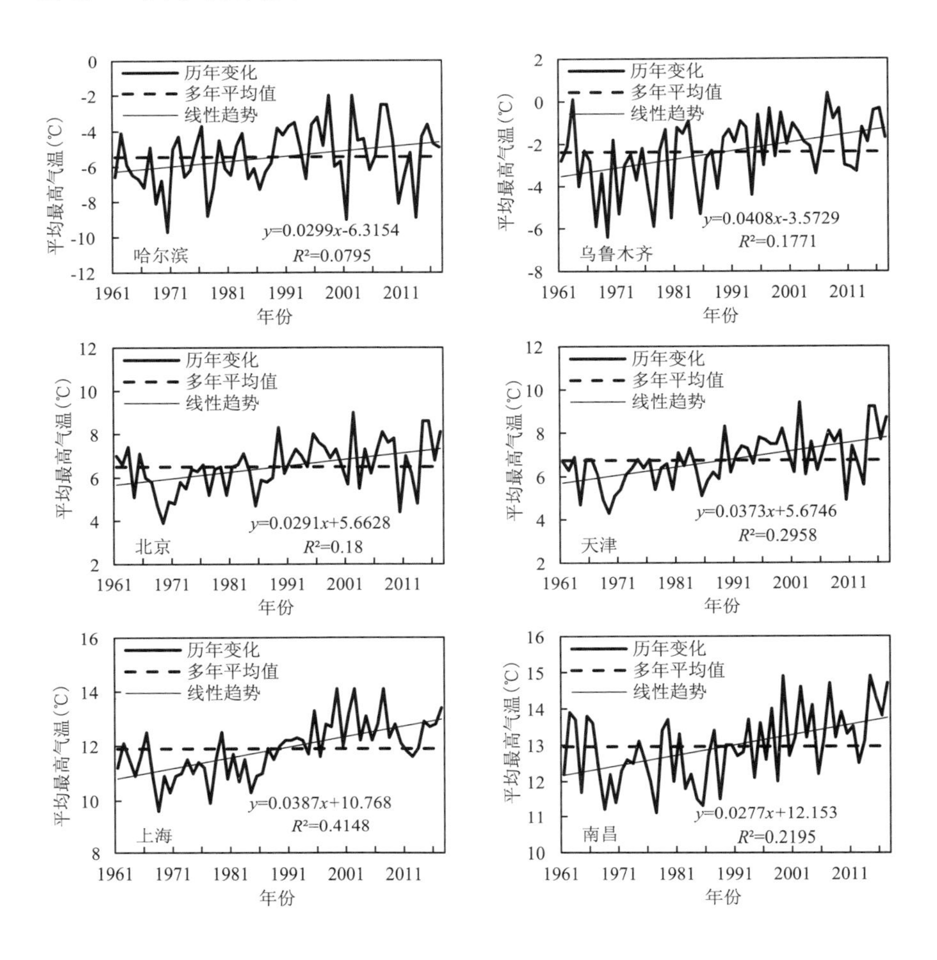

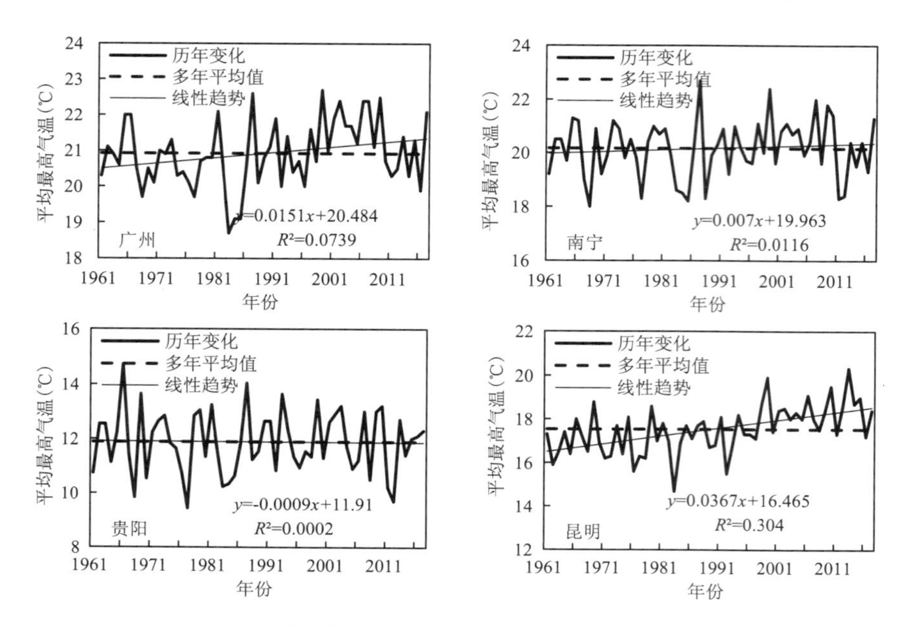

图 1-15　不同建筑气候区各代表城市供暖期平均最高气温历年变化

表 1-16　不同建筑气候区各代表城市供暖期平均最高气温变化趋势及突变年

建筑气候区划	城市	趋势系数	突变检验
严寒地区	哈尔滨	0.270*	1981
	乌鲁木齐	0.424***	1988
寒冷地区	北京	0.450***	1988
	天津	0.557***	1989
夏热冬冷地区	上海	0.642***	1988
	南昌	0.459***	1998
夏热冬暖地区	广州	0.259*	1990
	南宁	0.083ns	/
温和地区	贵阳	−0.045ns	/
	昆明	0.560***	1995

注：见表 1-2。

1.4.1.3　平均最低气温

表 1-17 给出了不同建筑气候区各代表城市供暖期平均最低气温的多年平均值。总体来看，平均最低气温的分布情况与平均气温基本一致，严寒地区平均最低气温最低，哈尔滨和乌鲁木齐平均最低气温分别为−16.4 ℃和−10.8 ℃；位于寒冷地区的北京和天津为−3.8 ℃和−2.1 ℃；夏热冬冷地区和温和地区平均最低气温较为接近，各代表城市为 4.8～6.3 ℃；夏热冬暖地区最高，广州和南宁分别为 13.0 ℃和 12.5 ℃。各个建筑气候区均为 1 月平均最低气温最低，而平均最低气温较高的月份有所不同，严寒地区、寒冷地区为 3 月最高，夏热冬冷、夏热冬暖地区及温和地区为 11 月最高。

表 1-17　1961—2017 年不同建筑气候区各代表城市供暖期各月平均最低气温(℃)

建筑气候区划	城市	11 月	12 月	1 月	2 月	3 月	11—3 月
严寒地区	哈尔滨	−9.8	−19.7	−23.6	−19.6	−9.2	−16.4
	乌鲁木齐	−5.0	−13.5	−16.9	−14.2	−4.3	−10.8
寒冷地区	北京	0.1	−5.9	−8.2	−5.6	0.6	−3.8
	天津	2.1	−4.1	−6.5	−4.0	2.1	−2.1
夏热冬冷地区	上海	9.8	3.7	1.5	2.7	6.2	4.8
	南昌	10.5	4.8	2.9	4.7	8.6	6.3
夏热冬暖地区	广州	16.2	11.5	10.1	11.9	15.1	13.0
	南宁	15.2	11.0	9.8	11.6	14.9	12.5
温和地区	贵阳	8.8	4.2	2.3	3.8	7.7	5.4
	昆明	7.5	3.6	2.7	4.3	7.1	5.0

从不同建筑气候区各代表城市平均最低气温的历年变化来看(图 1-16),各代表城市均呈上升趋势,除南宁和贵阳外,均可通过显著性检验(表 1-18),从气温的增幅来看,平均最低气温的增幅超过平均气温和平均最高气温,乌鲁木齐、天津、上海和昆明的气温增幅较大,超过 0.7 ℃/10a,哈尔滨、北京增幅超过 0.6 ℃/10a,广州和南昌增幅超过 0.2 ℃/10a。M-K 突变检

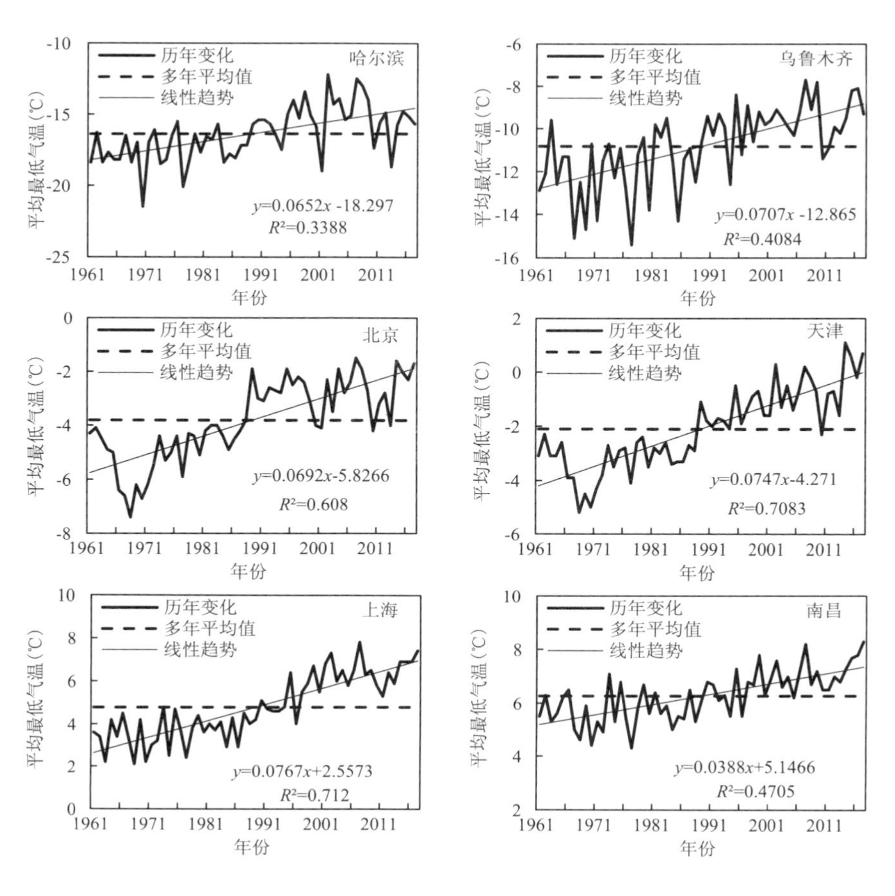

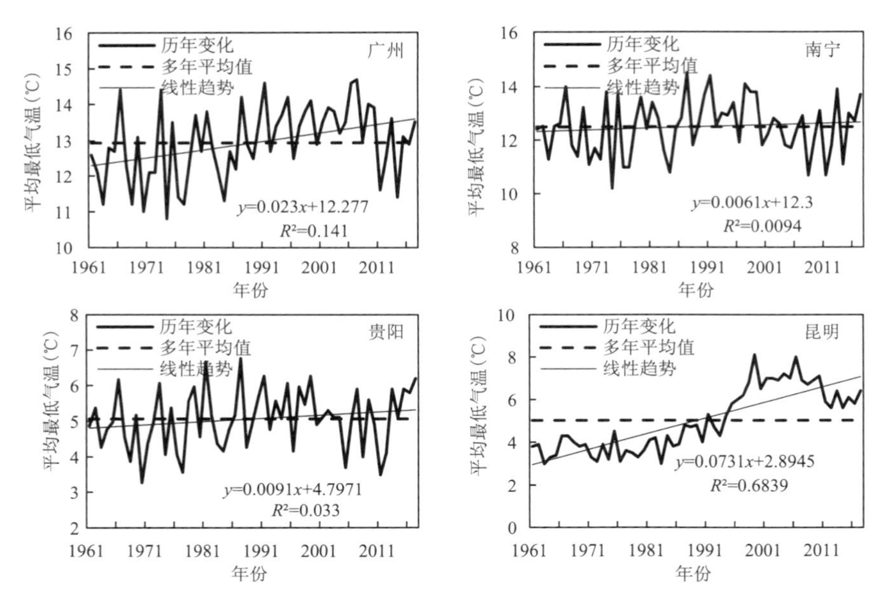

图 1-16　不同建筑气候区各代表城市供暖期平均最低气温历年变化

验的结果表明(表 1-18),除南宁和贵阳外,其他城市均出现了突变点,哈尔滨、乌鲁木齐、北京、广州和昆明在 20 世纪 80 年代出现突变,天津、上海和南昌在 20 世纪 90 年代出现突变。

表 1-18　不同建筑气候区各代表城市供暖期平均最低气温变化趋势及突变年

建筑气候区划	城市	趋势系数	突变检验
严寒地区	哈尔滨	0.570***	1986
	乌鲁木齐	0.628***	1988
寒冷地区	北京	0.791***	1985
	天津	0.846***	1991
夏热冬冷地区	上海	0.847***	1992
	南昌	0.683***	1994
夏热冬暖地区	广州	0.375**	1980
	南宁	0.097ns	/
温和地区	贵阳	0.179ns	/
	昆明	0.828***	1988

注:见表 1-2。

1.4.2　相对湿度

表 1-19 给出了不同建筑气候区各代表城市供暖期平均相对湿度的多年平均值。总体来看,在供暖期,处于寒冷地区的北京和天津相对湿度最低,为 50%左右,处于严寒地区的哈尔滨和温和地区的昆明为 66%左右,其他地区相对湿度相差不大,在 72.7%~78.1%。从各月来看,严寒地区的哈尔滨、寒冷地区的北京和天津、夏热冬暖地区的广州及温和地区的昆明相对湿度变幅较大,超过 10%,而其他地区变幅较小,相对湿度基本在 70%以上。

表 1-19 1961—2017 年不同建筑气候区各代表城市供暖期各月平均相对湿度(%)

建筑气候区划	城市	11 月	12 月	1 月	2 月	3 月	11—3 月
严寒地区	哈尔滨	65.5	71.1	71.7	67.1	56.2	66.3
	乌鲁木齐	73.1	78.4	77.7	76.7	69.8	75.1
寒冷地区	北京	56.2	48.1	43.6	44.7	44.6	47.4
	天津	59.1	54.8	52.2	51.9	49.6	53.5
夏热冬冷地区	上海	73.5	71.2	72.3	73.1	73.4	72.7
	南昌	72.5	70.5	74.5	76.8	79.6	74.8
夏热冬暖地区	广州	68.1	66.8	70.8	77.0	81.0	72.7
	南宁	75.7	74.6	77.1	80.2	81.8	77.9
温和地区	贵阳	78.1	77.7	79.9	78.3	76.3	78.1
	昆明	75.8	72.7	67.1	60.8	56.7	66.6

从不同建筑气候区各代表城市平均相对湿度的历年变化来看(图 1-17),各代表城市均呈减小趋势,其中北京、天津、上海、南昌和昆明可通过显著性检验(表 1-20),说明这些城市相对湿度的减小趋势比较显著。从相对湿度的减小幅度来看,天津和上海较大,每十年相对湿度减小超过 1.5%。M-K 突变检验的结果表明(表 1-20),相对湿度减小趋势显著的地区均出现了突变点,北京在 20 世纪 80 年代初出现突变,上海和昆明在 20 世纪 90 年代出现突变,天津和南昌在 2000 年后出现突变。

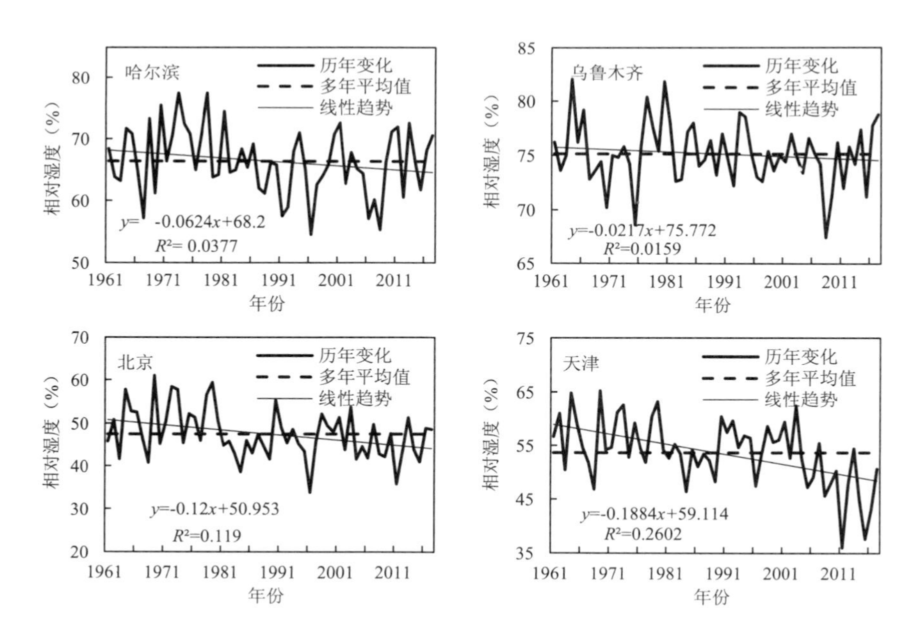

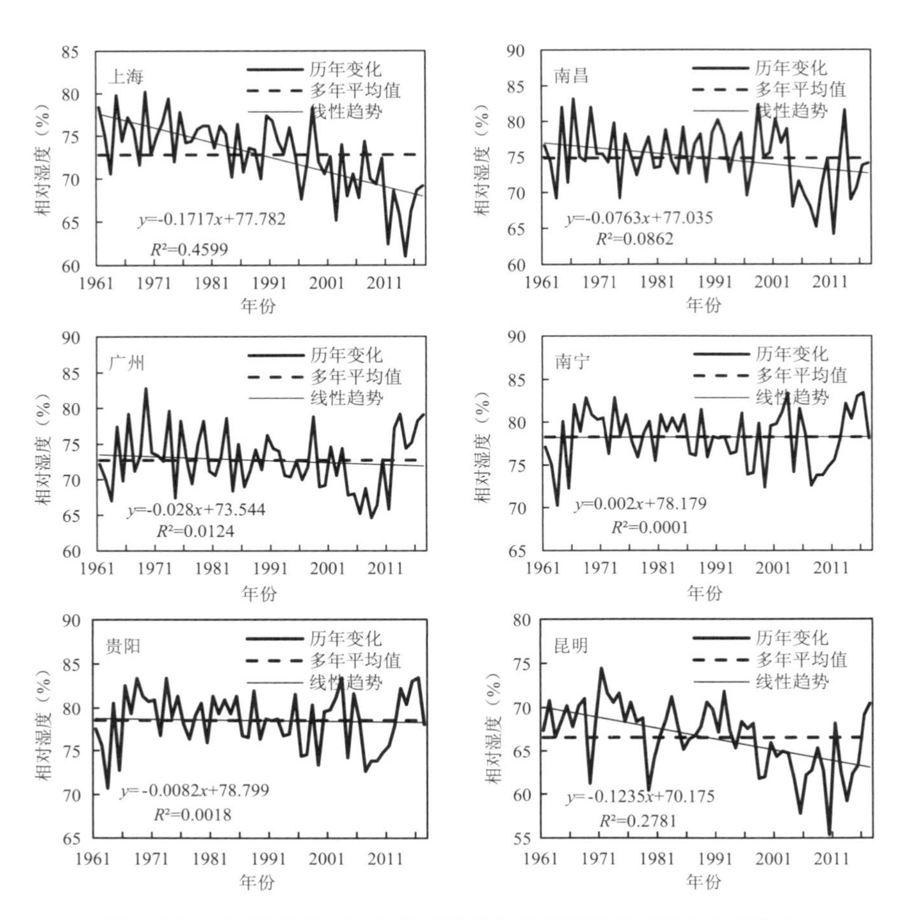

图 1-17　不同建筑气候区各代表城市供暖期平均相对湿度历年变化

表 1-20　不同建筑气候区各代表城市供暖期平均相对湿度变化趋势及突变年

建筑气候区划	城市	趋势系数	突变检验
严寒地区	哈尔滨	-0.188^{ns}	/
	乌鲁木齐	-0.118^{ns}	/
寒冷地区	北京	-0.364^{***}	1982
	天津	-0.51^{***}	2004
夏热冬冷地区	上海	-0.665^{***}	1999
	南昌	-0.289^{*}	2003
夏热冬暖地区	广州	-0.118^{ns}	/
	南宁	-0.001^{ns}	/
温和地区	贵阳	-0.054^{ns}	/
	昆明	-0.535^{***}	1993

注：见表 1-2。

1.4.3　平均风速

表 1-21 给出了不同建筑气候区各代表城市供暖期平均风速的多年平均值。总体来看，在供暖期，各地风速有所差别。其中，处于严寒地区的哈尔滨平均风速最大，为 3.2 m/s，寒冷地区、夏热冬冷地区和温和地区平均风速为 2.2～2.6 m/s，夏热冬暖地区和严寒地区的乌鲁木齐平均风速较小，均不足 2 m/s。从各月来看，除广州和南昌外，各城市均为 3 月平均风速最大，其中哈尔滨、北京和昆明超过 3.0 m/s。而广州和南昌这两个城市各月平均风速相差较小，最大月与最小月平均风速之差小于 0.2 m/s。

表 1-21　1961—2017 年不同建筑气候区各代表城市供暖期各月平均风速(m/s)

建筑气候区划	城市	11 月	12 月	1 月	2 月	3 月	11—3 月
严寒地区	哈尔滨	3.6	3.0	2.8	3.0	3.7	3.2
	乌鲁木齐	1.8	1.5	1.5	1.7	2.3	1.8
寒冷地区	北京	2.4	2.5	2.6	2.7	3.0	2.6
	天津	2.0	2.1	2.1	2.3	2.6	2.2
夏热冬冷地区	上海	2.2	2.1	2.3	2.4	2.6	2.3
	南昌	2.6	2.5	2.5	2.6	2.5	2.5
夏热冬暖地区	广州	2.0	1.9	2.0	1.9	1.8	1.9
	南宁	1.2	1.3	1.4	1.5	1.6	1.4
温和地区	贵阳	2.1	2.1	2.3	2.5	2.6	2.3
	昆明	1.8	1.9	2.3	2.8	3.0	2.4

从不同建筑气候区各代表城市平均风速的历年变化来看(图 1-18)，各代表城市均呈减小趋势，除广州、贵阳和昆明外，均可通过 0.001 信度的显著性检验(表 1-22)，说明这些城市平均风速的减小趋势比较显著。从平均风速的减小幅度来看，哈尔滨、天津、上海和南昌较大，每

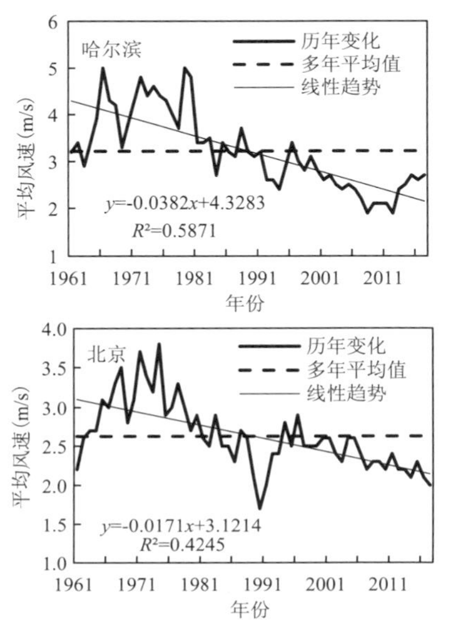

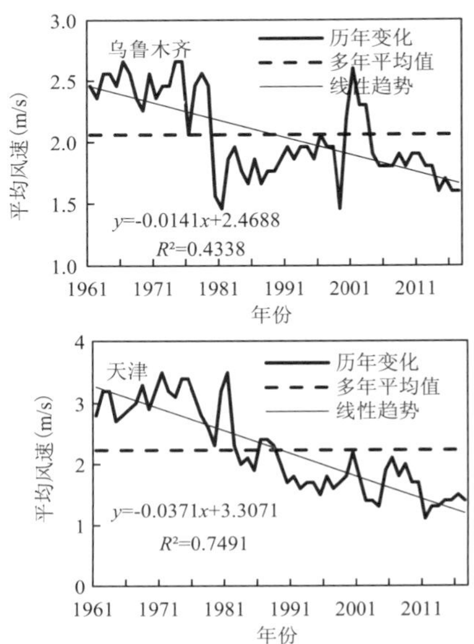

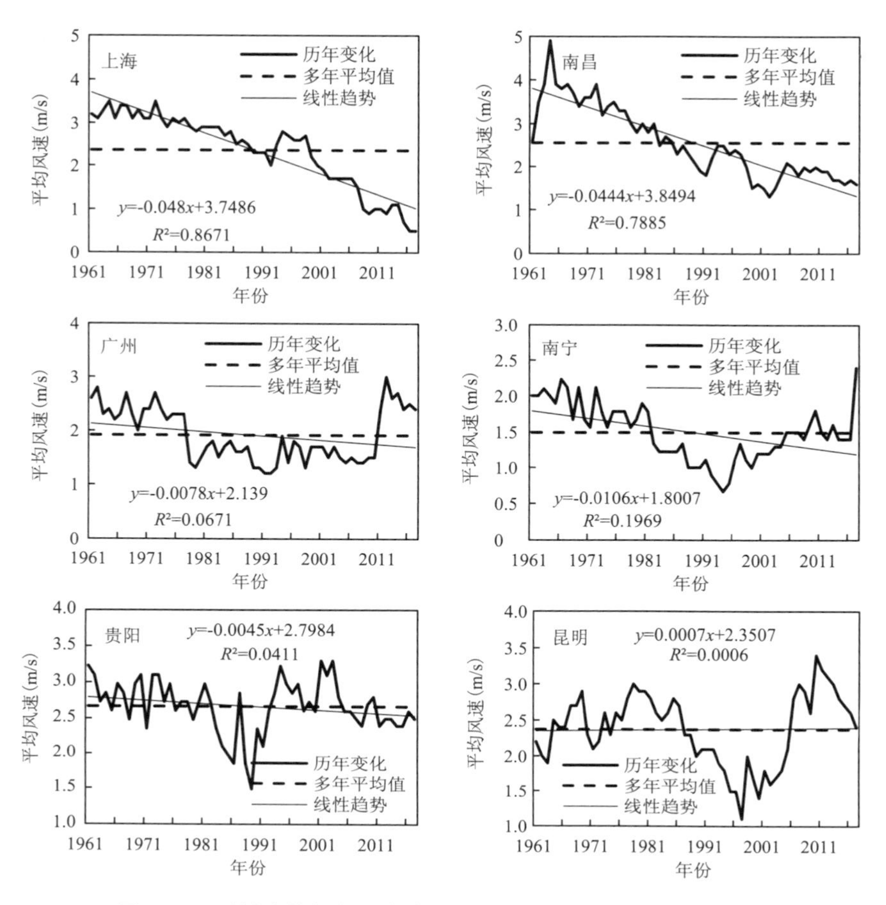

图 1-18　不同建筑气候区各代表城市供暖期平均风速历年变化

十年平均风速减小超过 0.3 m/s。M-K 突变检验的结果表明(表 1-22),广州和南宁在 20 世纪 70 年代出现突变,天津和南昌在 20 世纪 80 年代初出现突变,哈尔滨和上海在 20 世纪 90 年代出现突变,北京在 2000 年后出现突变。

表 1-22　不同建筑气候区各代表城市供暖期平均风速变化趋势及突变年

建筑气候区划	城市	趋势系数	突变检验
严寒地区	哈尔滨	−0.788***	1996
	乌鲁木齐	−0.649***	/
寒冷地区	北京	−0.706***	2004
	天津	−0.869***	1989
夏热冬冷地区	上海	−0.934***	1996
	南昌	−0.910***	1985
夏热冬暖地区	广州	−0.226ns	1973
	南宁	−0.535***	1972
温和地区	贵阳	−0.164ns	/
	昆明	0.014ns	/

注:见表 1-2。

1.4.4　日照时数

表 1-23 给出了不同建筑气候区各代表城市供暖期日照时数的多年平均值。总体来看，在供暖期，各地日照时数相差较大。其中，处于温和地区的昆明日照时数最大，为 219.2 h，其次为严寒地区的哈尔滨、乌鲁木齐和寒冷地区的北京、天津，日照时数在 141.0～197.1 h，夏热冬冷地区的上海、南昌和夏热冬暖地区的广州日照时数较少，为 111.4～120.0 h，南宁和贵阳日照时数最少，整个供暖季不足 100 h。从各月来看，除夏热冬冷地区的南昌和夏热冬暖地区的广州、南宁外，其他城市均为 3 月日照时数最多，其中哈尔滨、乌鲁木齐、北京、天津和昆明 3 月日照时数均超过 200 h。

表 1-23　1961—2017 年不同建筑气候区各代表城市供暖期各月日照时数(h)

建筑气候区划	城市	11 月	12 月	1 月	2 月	3 月	11—3 月
严寒地区	哈尔滨	156.6	129.8	145.2	175.9	224.5	166.4
	乌鲁木齐	143.2	97.8	120.2	142.4	201.2	141.0
寒冷地区	北京	183.4	181.5	194.2	191.3	235.3	197.1
	天津	169.9	167.8	180.2	178.7	222.5	183.8
夏热冬冷地区	上海	124.1	120.5	112.4	110.6	132.4	120.0
	南昌	141.7	134.1	96.9	87.2	97.0	111.4
夏热冬暖地区	广州	166.7	161.7	124.6	75.4	66.9	119.1
	南宁	138.7	118.7	77.3	58.8	61.3	91.0
温和地区	贵阳	71.7	57.2	42.6	51.2	81.9	60.9
	昆明	185.0	200.7	226.7	226.4	257.2	219.2

从不同建筑气候区各代表城市日照时数的历年变化来看(图 1-19)，各代表城市均呈减小趋势，除南昌和昆明外，均可通过显著性检验(表 1-24)，说明这些城市日照时数的减小趋势比

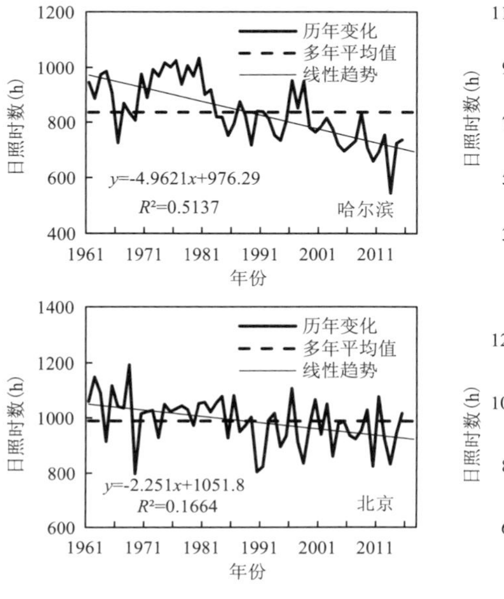

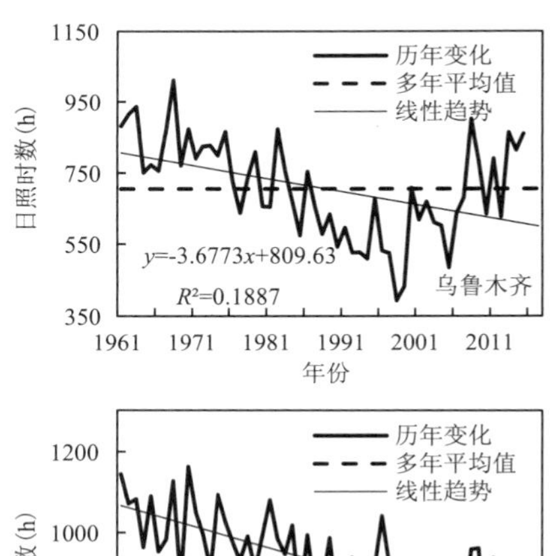

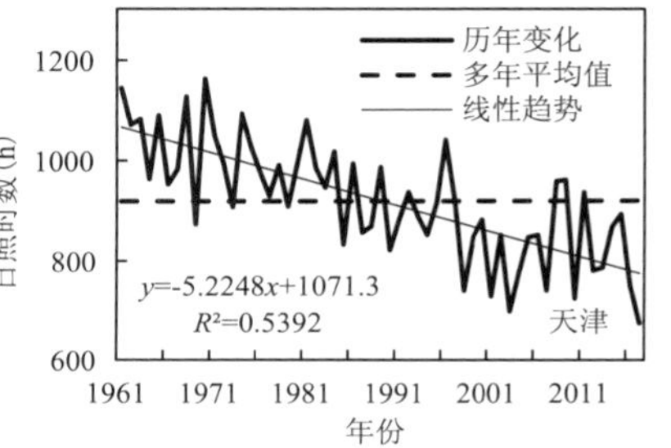

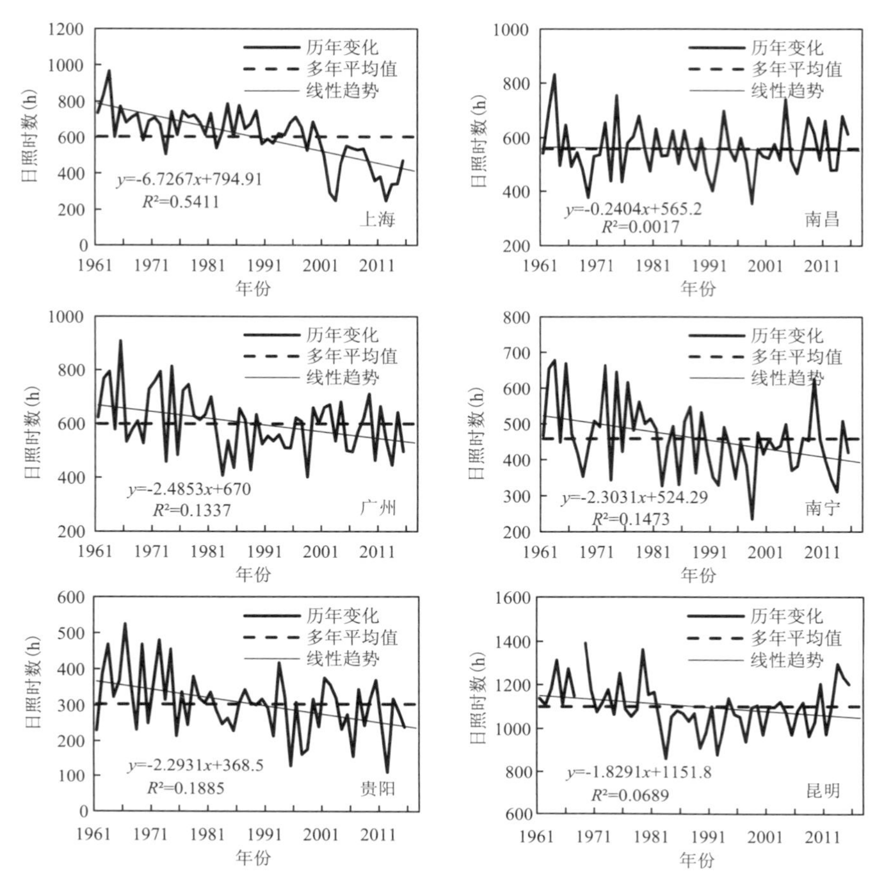

图 1-19 不同建筑气候区各代表城市供暖期日照时数历年变化

较显著。从日照时数的减小幅度来看，天津和上海较大，每十年日照时数减小超过 50 h。M-K 突变检验的结果表明(表 1-24)，乌鲁木齐、广州、贵阳和昆明在 20 世纪 70 年代出现突变，北京、天津和南宁在 20 世纪 80 年代初出现突变，哈尔滨和上海在 20 世纪 90 年代出现突变。

表 1-24 不同建筑气候区各代表城市供暖期日照时数变化趋势及突变年

建筑气候区划	城市	趋势系数	突变检验
严寒地区	哈尔滨	−0.711***	1998
	乌鲁木齐	−0.412***	1975
寒冷地区	北京	−0.396**	1982
	天津	−0.718***	1986
夏热冬冷地区	上海	−0.733***	1997
	南昌	-0.048^{ns}	/
夏热冬暖地区	广州	−0.369**	1977
	南宁	−0.392***	1980
温和地区	贵阳	−0.476***	1979
	昆明	-0.256^{ns}	1972

注：见表 1-2。

第 2 章　气候变化对不同类型建筑能耗的影响

近百年来，地球气候正经历一次以变暖为主要特征的变化。能源与气象密切相关：一方面，能源消费受到室外气象条件的影响；另一方面，化石能源燃烧排放物反过来又影响到气候的变化。国外较早开展气候变化与建筑能耗定量研究，20 世纪 50 年代初，Thom（1952）首次用度日法探讨了美国能源消费和温度的关系，有专家通过计算澳大利亚墨尔本的供暖度日数，发现供暖季温度每降低 0.5 ℃或 1.0 ℃，供暖需求将增加 9.6％和 19.6％（O'Brien，1970）。之后，基于度日数，全球开展了大量的相关研究。基于度日数评估气候变化对供暖制冷能耗的影响，仅是考虑了气温影响，没有考虑其他要素，比如湿度、风速、太阳辐射等要素对能耗的影响；同时，也没有考虑不同类型建筑能耗对气候/气候变化的响应。最近几年，有研究基于能耗模拟，通过输入建筑相关参数以及多个气象要素，模拟得到建筑供暖制冷能耗，广泛应用于气候/气候变化对建筑能耗的影响评估。

随着经济的不断发展，社会对建筑能耗的需求呈逐年上升趋势，这就要求预测未来建筑能耗需求变化。2016 年住建部和发改委联合发布了《城市适应气候变化行动方案》，也指出“做好前瞻性布局，在建筑设计、建造以及运行过程中充分考虑气候变化的影响，在新建建筑设计中充分考虑未来气候条件”。通常，普通建筑设计寿命为 50 年，而重点建筑超过 100 年，建筑建成后是未来使用，而设计时使用的是过去的气象条件，从而使得建筑难以适应未来气象条件，造成供暖制冷能耗与建筑需求不符，所以有必要研究未来气候条件下建筑能耗。

本章选择我国北方特大城市——天津，选择办公建筑、商场建筑以及居住建筑，分析了气候/气候变化对不同类型建筑供暖制冷能耗的影响。同时结合未来气候条件的预估，定量评估了未来气候条件下建筑供暖制冷能耗。

2.1　数据和方法

2.1.1　建筑类型

建筑物按不同的用途可以分为两大类，民用建筑和工业建筑。民用建筑又分为居住建筑和公共建筑，居住建筑（以天津为例）由于不同时期节能标准不同又分为一步、二步、三步和四步节能居住建筑，部分城市已经开始编制五步节能标准。公共建筑又可以分为办公、商场、酒店、图书馆、影剧院等。本章居住建筑选择一步、二步和三步节能建筑（就三步节能建筑来看，在 1980—1981 年住宅通用设计的基础上节能 65％，使建筑总能耗指标大概下降到每平方米 14.4 W（赵春政，2008；吕建，2007）），公共建筑选择办公和商场建筑。各类型建筑的设定参数参考了《严寒和寒冷地区居住建筑节能设计标准》（JGJ 26—2010）和《公共建筑节能设计标准》（GB 50189—2015）。

2.1.2 数据

气象观测数据包括天津城市气候监测站1961—2010年制冷期、供暖期逐日平均气温、最高气温、最低气温、相对湿度、降水、太阳辐射(西青站)、日照时数、风速、风向等,其他气象要素(如气温日较差、湿球温度等)通过以上数据进行相应的计算获得。逐时数据包括气温、相对湿度、风速、风向以及太阳辐射数据。其中风速和风向数据直接从地面风自记记录数据文件中读取,为实测值。2005年之后,所需的气象要素有逐时观测值。2005年之前,气温、相对湿度只有一日四次定时观测以及日极值数据,通过插补的方法来获得逐时气象数据。逐时太阳辐射数据是通过天文辐射的计算结合观测的逐日太阳辐射数据获得。为了验证逐小时数据的可靠性,任意选取了某时段的观测和插值数据进行对比。结果表明,气温、相对湿度以及太阳辐射逐时计算值和观测值回归分析的决定系数均在0.9以上,均通过0.001的显著性水平检验,认为获得的逐小时数据是可靠的。

气候预估数据来自日本CCSR/NIES/FRCGC气候模式MIROC3.2(高分辨率版的大气模式分辨率为T106 L56),要素包括近地面气温、比湿和总辐射,均为逐月平均值。

2.1.3 研究方法

采用瞬时系统模拟程序(Transient System Simulation Program,TRNSYS)软件进行供暖空调负荷(也即维持建筑室内热环境稳定的理论能耗)模拟。该软件由美国威斯康星大学建筑技术与太阳能利用研究所的研究人员开发,并在欧洲一些研究所的共同努力下逐步完善,到今天版本已达到17.0。该系统最大的特色在于其模块化的分析方式。所谓模块分析,即认为所有热传输系统均由若干个细小的系统(即模块)组成,一个模块实现一种特定的功能,如建筑模块,单温度场分析模块、太阳辐射分析模块、输出模块等。因此,只要调用实现这些特定功能的模块,给定输入条件,这些模块程序就可以对某种特定热传输现象进行模拟,最后汇总就可对整个系统进行瞬时模拟分析。比如,在分析建筑能耗的时候,可以用到单温度场的分析模块(Single-zone analysis module,TYPE19)或多温度场的分析模块(Multi-zone analysis module,TYPE56),前者假定室内各处的空气温度是相等的,主要用于对室内热环境以及建筑的能耗作相对简单的分析;而后者则考虑到房间温度分布的不均匀性,因此,分析的结果更为精确。除此之外,要对某建筑进行能耗分析,还需要气象数据处理模块、各朝向太阳辐射计算模块、数据处理模块以及输出模块等。这些模块在对其他热传输系统的分析中同样还要用到,但无须再单独编制程序来实现这些功能,只要调用这些模块,给予其特定的输入条件即可,由此可以看出该分析系统的优越之处。TRNSYS中的控制部件,模拟的时候模拟步长可以很小甚至0.001分钟,模拟结果更加真实,较其他软件更为精准,尤其是17.0版本的TRNSYS多区域分析模块可以精确地完成建筑能耗动态模拟。根据美国供暖制冷与空调工程师学会2004年制定的建筑能耗分析计算程序检验标准,该软件的精确度和可靠性均能满足要求。由于受经济水平和居民生活习惯的影响,模拟能耗与实际能耗相比,有一定的差异,但在研究气候变化对能耗的影响方面被认为是非常可靠的。

具体模拟的方法如下:

(1)居住建筑连接图

在居住建筑负荷模拟中主要用到了气象模块、太阳辐射模块、焓湿图、有效温度、建筑模块

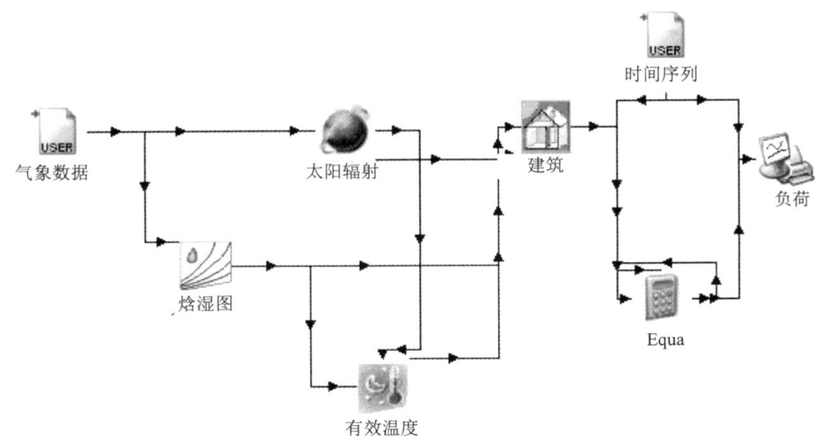

图 2-1　居住建筑一步、二步、三步节能能耗模拟连接图

和输出模块(图 2-1)。气象参数通过自定义的气象模块(Data Readers TYPE9a)导入,主要包括 3 个最重要的气象参数:干球温度、湿球温度、太阳辐射,且此 3 要素均未插值。然后将气象模块中的太阳辐射输出到太阳辐射模块(Radiation ProcessorTYPE16a)中,可以设定不同墙体的方位角和坡度,通过模块内部的计算,计算出不同朝向的总太阳辐射量、直射量、散射量以及入射角;气象模块中的温湿度可以连接到焓湿图模块(Thermodynamic Properties TYPE33c)中,同样可以通过其内部计算得到其他的参数,比如相对湿度、露点温度等。输入到建筑模块中的主要气象参数有:干球温度、相对湿度、天空有效温度和各面墙的辐射量和入射角,建筑模块里面设置建筑的详细参数,如墙体的材料、墙体的传热系数、遮阳系数、通风、渗透、运行时间表、空调或供暖的设定温度等。

(2)公共建筑连接图

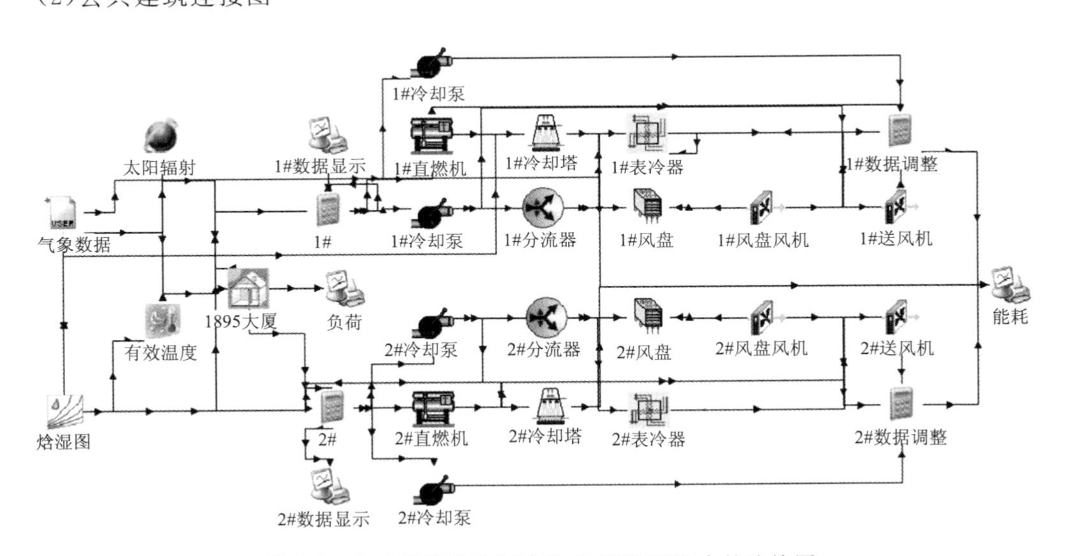

图 2-2　办公建筑及商场建筑在 TRNSYS 中的连接图

与居住建筑不同的是办公及商场建筑增加了很多系统的模块,其中最为核心的是直燃机模块。此模块输入的主要参数是直燃机额定参数,冷冻水进出口的温度和流量、冷却水的入口

温度和流量，以及流体的物性参数。除此之外，用户还需要给模块提供一个制冷性能数据文件，包含不同的冷冻水出口温度和冷却水的进口温度以及部分负荷率条件下燃气消耗系数。办公建筑采用的直燃负荷特性，制成了直燃机模块所需要提供的外部性能数据文件(图 2-2)。

2.2 气候变化对不同类型建筑供暖能耗的影响

2.2.1 办公建筑

由图 2-3 可以看出，1961—2009 年供暖期办公建筑热负荷总体呈显著下降趋势，降幅为 2×10^8 kJ/10a。供暖能耗有明显的年代际变化特征，20 世纪 60 年代初呈上升趋势，自 70 年代开始至 90 年代末，热负荷明显下降，之后变化趋势不明显，近 4 年又有所上升。其中，年供暖期热负荷最大值达到 5.14×10^9 kJ(1967 年)，最小值为 3.2×10^9 kJ(2001 年)。

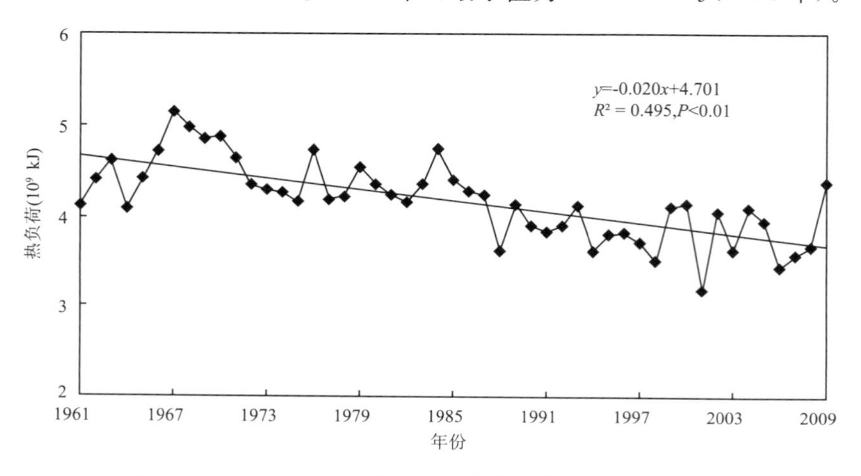

图 2-3 1961—2009 年供暖期办公建筑热负荷的逐年变化

用 M-K 检验法对供暖期办公建筑热负荷进行突变检验，从图 2-4 中的 UF 曲线可以看出：供暖期办公建筑负荷自 20 世纪 60 年代末期到 70 年代初有一小幅上升趋势，60 年代末期甚至超过 0.05 临界线($u_{0.05\%}=\pm1.96$)，上升趋势显著。70 年代中期开始存在明显下降趋势，80 年代末期开始这种下降趋势达到 0.05 临界线，90 年代初甚至超过极显著水平 0.01 临界线($u_{0.01\%}=\pm2.56$)，表明下降趋势十分显著。根据 UF 和 UB 曲线交叉点的位置，确定供暖期办公建筑热负荷升高是一突变现象，具体时间是 1987 年。

利用多元线性回归分析了能耗与气象要素的关系，选择的气象要素包括：平均气温、最高气温、最低气温、湿球温度、太阳辐射、日照时数和风速。多元线性逐步回归分析表明，平均气温是影响供暖期办公建筑热负荷的主要气象因子(表 2-1)。除平均气温外，气象要素包括最高气温、太阳辐射、日照时数、最低气温和风速对供暖期不同月份热负荷的时间序列变化均有一定的影响，但不同月份进入回归模型的要素明显不同，2 月和 11 月仅有 3 个变量进入模型，而 12 月有 5 个变量进入模型。但从模型修正的决定系数 R^2 来看，仅包含平均气温的模型各月 R^2 均在 0.98 以上，供暖期各月平均气温可以解释热负荷变化的 98%以上，也即热负荷主要受平均气温的影响。

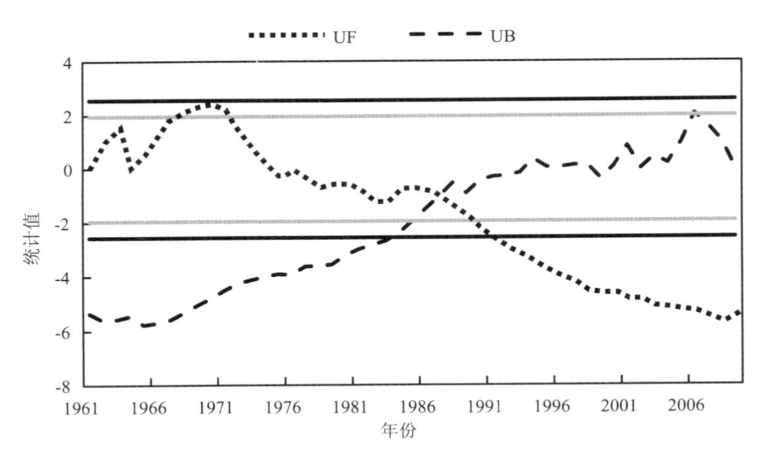

图 2-4　1961—2009 年供暖期办公建筑热负荷 M-K 检验

表 2-1　影响办公建筑热负荷气象要素的多元线性逐步回归分析结果(n=49)

月份	模型 1	模型 2	模型 3	模型 4	模型 5
1 月	−2958440×*MET*	−2719482×*MET*	−2469986×*MET*	−2598984×*MET*	
		−254967×*MAT*	−492739×*MAT*	−377165×*MAT*	
			2696.588×*SR*	2841.794×*SR*	
				−91706.3×*SD*	
常数	3.4×10^7	3.5×10^7	3.4×10^7	3.4×10^7	
R^2	0.993***	0.994***	0.998***	0.998***	
2 月	−2871598×*MET*	−2857889×*MET*	−2870120×*MET*		
		1239.843×*SR*	2333.546×*SR*		
			−208224×*SD*		
常数	3.4×10^7	3.3×10^7	3.3×10^7		
R^2	0.996***	0.997***	0.997***		
3 月	−2600312×*MET*	−2629562×*MET*	−2179884×*MET*	−775477×*MET*	
		1125.690×*SR*	1822.314×*SR*	1114.545×*SR*	
			−404821×*MAT*	−912404×*MAT*	
				−917756×*MIT*	
常数	3.4×10^7	3.3×10^7	3.4×10^7	3.4×10^7	
R^2	0.988***	0.989***	0.990***	0.992***	
11 月	−2857198×*MET*	−2857889×*MET*	−2870120×*MET*		
		1239.843×*SR*	2333.546×*SR*		
			−208224×*SD*		
常数	3.4×10^7	3.3×10^7	3.3×10^7		
R^2	0.996***	0.970***	0.997***		
12 月	−2913020×*MET*	−2692205×*MET*	−2445846×*MET*	−1605161×*MET*	−1463254×*MET*

续表

月份	模型 1	模型 2	模型 3	模型 4	模型 5
		$-268712\times MAT$	$-447639\times MAT$	$-755670\times MAT$	$-814122\times MAT$
			$2779.151\times SR$	$2417.526\times SR$	$1901.189\times SR$
				$-569689\times MIT$	$-572789\times MIT$
					$291536.7\times WS$
常数	3.4×10^7	3.6×10^7	3.4×10^7	3.4×10^7	3.4×10^7
R^2	0.986***	0.988***	0.992***	0.993***	0.994***

注：R^2 为修正的决定系数；*** 为 0.001%的显著性水平；*MET* 为平均温度；*MAT* 为最高温度；*MIT* 为最低温度；*WBT* 为湿球温度；*SR* 为太阳辐射；*SD* 为日照时数；*WS* 为风速，下同。

2.2.2 商场建筑

由图 2-5 可以看出，1961—2009 年供暖期商场建筑热负荷总体呈极显著下降趋势，下降速率为 0.29×10^9 kJ/10a。不同年份间有明显的波动，20 世纪 60 年代略有上升，自 70 年代末开始热负荷明显下降，近 4 年又有所上升。其中，年供暖期热负荷最大值达到 5.02×10^9 kJ（1967 年），最小值为 2.41×10^9 kJ（2001 年）。

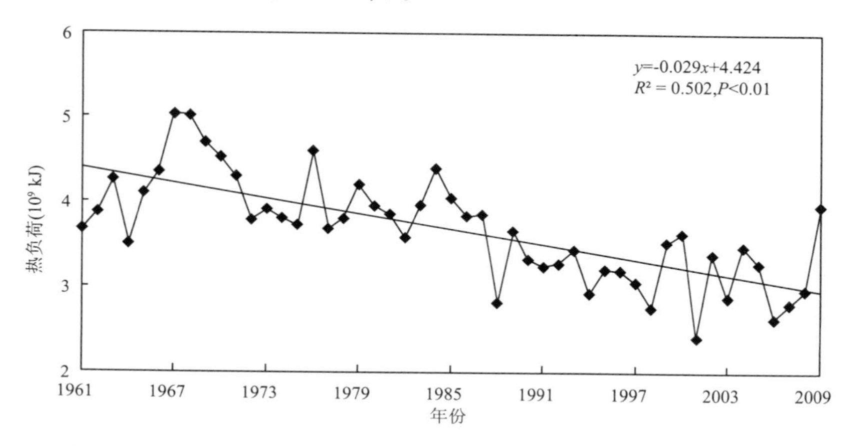

图 2-5　1961—2009 年供暖期商场建筑热负荷的逐年变化(引自 Li et al, 2018d)

用 M-K 检验法对供暖期商场建筑热负荷进行突变检验，从图 2-6 中的 UF 曲线可以看出：UF 曲线 20 世纪 60 年代末有一小段显著上升趋势之后，呈下降趋势，在 90 年代初达到 0.05 临界线，之后超过极显著水平 0.01 临界线（$u_{0.01\%}=\pm2.56$），表明下降趋势十分显著，根据 UF 和 UB 曲线交叉点的位置，确定供暖期商场建筑热负荷在 1986 年发生突变。

与办公建筑类似，多元线性逐步回归分析表明，平均气温是影响供暖期商场建筑热负荷的主要气象因子，平均气温可以解释热负荷变化的 93%以上（表 2-2，$R^2\geqslant0.930$）。除平均气温外，气象要素包括最高气温、太阳辐射、日照时数、最低气温和风速对供暖期不同月份热负荷的时间序列变化均有一定的影响，但是不同月份进入回归模型的要素明显不同，且对热负荷变化影响的贡献不大。

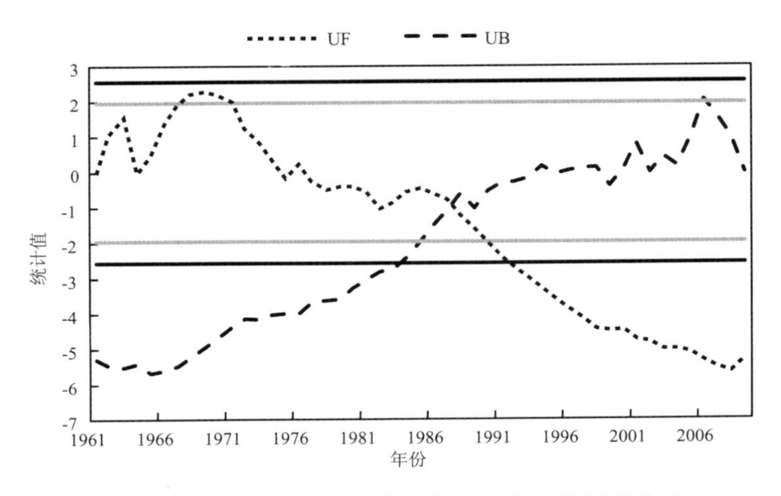

图 2-6　1961—2009 年制冷期商场建筑热负荷 M-K 检验

表 2-2　影响商场建筑热负荷气象要素的多元线性逐步回归分析结果(n=49)(引自 Li et al. ,2018d)

月份	模型 1	模型 2	模型 3	模型 4
1 月	−4406780×*MET*	−4453133×*MET* −192208×*SR*	−44044338×*MET* −254480×*SR* −484021×*WBT*	
常数	2.6×10^7	2.7×10^7	2.6×10^7	
R^2	0.997***	0.998***	0.998***	
2 月	−3761065×*MET*	−3762462×*MET* −2506.4×*SR*		
常数	2.8×10^7	2.6×10^7		
R^2	0.981***	0.983***		
3 月	−2734684×*MET*	−1818258×*MET* −1051983×*MIT*		
常数	2.7×10^7	2.3×10^7		
R^2	0.933***	0.939***		
11 月	−2788735×*MET*	−2069198×*MET* −760451×*MIT*	297742.2×*MET* −1979387×*MIT* −1136151×*MAT*	
常数	2.7×10^7	2.4×10^7	2.4×10^7	
R^2	0.927***	0.936***	0.953***	
12 月	−4030035×*MET*	−3713604×*MET* −385088×*MAT*	−3359158×*MET* −559265×*MAT* 564886.5×*WS*	−1980838×*MET* −1080462×*MAT* 535718.8×*WS* −911656×*MIT*
常数	2.8×10^7	2.9×10^7	2.9×10^7	2.8×10^7
R^2	0.975***	0.978***	0.980***	0.981***

注:见表 2-1。

2.2.3 居住建筑

从图 2-7 可以看出，1961—2009 年居住建筑热负荷总体均呈极显著下降趋势。一、二、三步节能的变化趋势基本相同，其中二步节能相对于一步节能热负荷减少 21.8%，三步节能又相对二步节能热负荷减少 25.3%，说明对居住建筑采取有效的节能措施可以有效地减少能源的消耗。

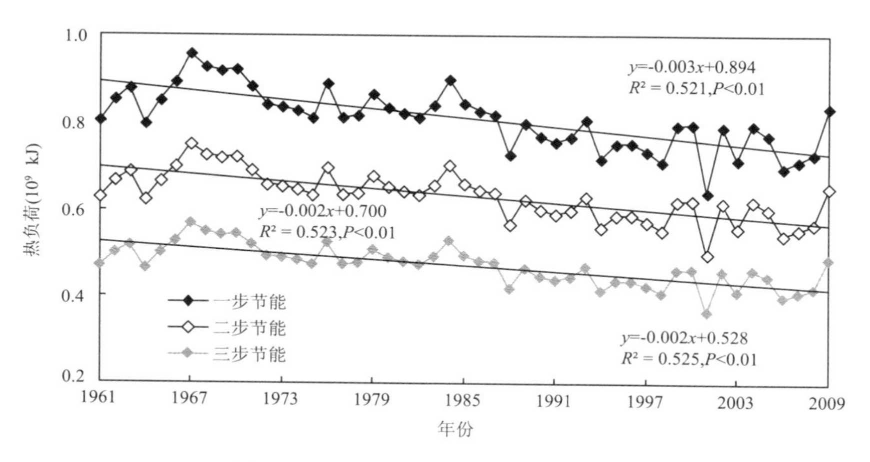

图 2-7 1961—2010 年供暖期居住建筑热负荷的逐年变化(引自 Li et al,2018d)

用 M-K 检验法对供暖期居住建筑热负荷进行突变检验，从图 2-8、图 2-9 以及图 2-10 中的 UF 曲线可以看出：UF 曲线同样是在 20 世纪 60 年代末期到 70 年代初有一小幅显著上升趋势，70 年代中期开始存在下降趋势，80 年代末期超过 0.05 临界线，90 年代初超过 0.01 临界线，表明下降趋势十分明显，根据 UF 和 UB 曲线交叉点的位置，确定一、二、三步节能居住建筑热负荷 1986 年存在突变现象。

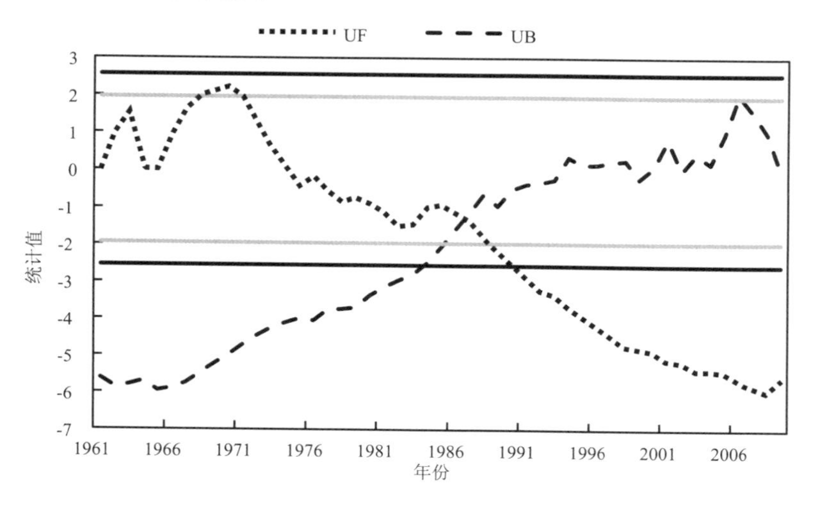

图 2-8 1961—2009 年供暖期一步节能居住建筑热负荷 M-K 检验

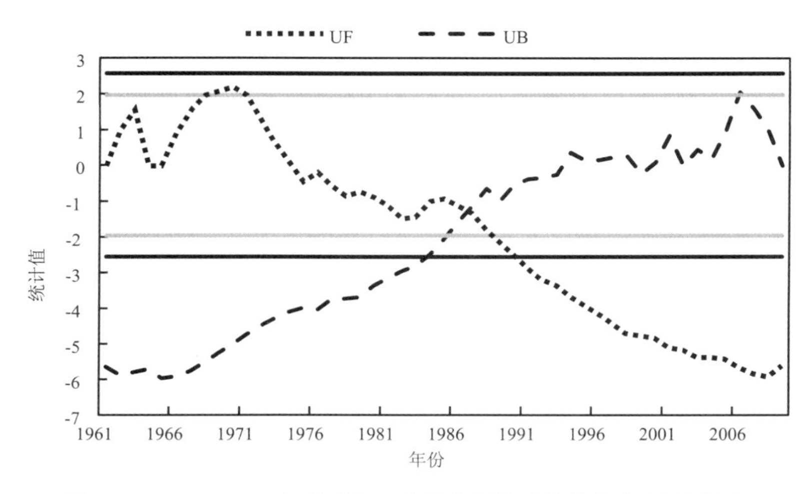

图 2-9　1961—2009 年供暖期二步节能居住建筑热负荷 M-K 检验

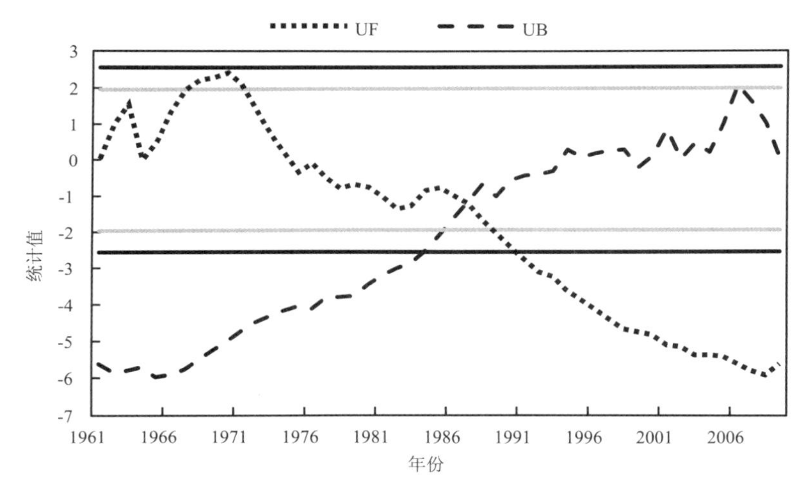

图 2-10　1961—2009 年供暖期三步节能居住建筑热负荷 M-K 检验

由表 2-3 的逐步回归分析结果可以看出，不同月份一、二、三步节能居住建筑引入模型气象要素有所不同，主要包括平均气温、太阳辐射、最高气温、日照时数、湿球温度、风速，但平均气温均为影响居住建筑热负荷的主要气象要素。仅包含平均气温的单一要素模型的 R^2 均高于 0.950，表明平均气温可以解释居住建筑热负荷变化的 95%以上。随着引入模型的气象要素增加，R^2 有所增加，但变化不大，表明除平均气温以外，其他气象要素对居住建筑热负荷变化影响的贡献不大。

2.3　气候变化对不同类型建筑制冷能耗的影响

2.3.1　办公建筑

由图 2-11 可以看出，1961—2009 年制冷期办公建筑冷负荷总体呈弱的上升趋势，但上升

表 2-3　影响居住建筑热负荷气象要素的多元线性逐步回归分析结果(n=49)(引自 Li et al, 2018 d)

月份	一步节能			二步节能			三步节能		
	模型 1	模型 2	模型 3	模型 1	模型 2	模型 3	模型 1	模型 2	模型 3
1 月	−446919×*MET*	−444445×*MET* 250.251×*SR*	−413985×*MET* 359.555×*SR* −31348×*MAT*	−355139×*MET*	−352925×*MET* 244.002×*SR*	−329504×*MET* 308.046×*SR* −24103.9×*MAT*	−294393×*MET*	−292607×*MET* 180.771×*SR*	−294449×*MET* 241.258×*SR* −10118.9×*SD*
常数	6589381	6398827	6463565	5137507	4966940	5016717	3820558	3682909	3683117
R^2	0.993***	0.995***	0.996***	0.993***	0.995***	0.996***	0.995***	0.997***	0.997***
2 月	−441524×*MET*	−441628×*MET* −186.849×*SR*		−441524×*MET*	−441628×*MET* −186.849×*SR*		−285761×*MET*	−285837×*MET* 136.319×*SR*	−286363×*MET* 183.350×*SR* −8953.986×*SD*
常数	6712861	6514870		6712861	6514870		3923501	3779053	3781459
R^2	0.997***	0.998***		0.997***	0.998***		0.997***	0.998***	0.999***
3 月	−439890×*MET*	−444130×*MET* 163.158×*SR*	−420798×*MET* 128.889×*SR* −32044.7×*WBT*	−350954×*MET*	−351046×*MET* 163.353×*SR*		−275183×*MET*	−277966×*MET* 107.131×*SR*	−261607×*MET* 83.103×*SR* − 22469.0 × *WBT*
常数	6664620	6463373	6422059	5258789	5083576		3884880	3752738	3723770
R^2	0.996***	0.997***	0.997***	0.997***	0.998***		0.996***	0.997***	0.997***
11 月	−424414×*MET*	−368906×*MET* −51966.1×*MAT*		−337989×*MET*			−268434×*MET*		
常数	655053	6774395		5138148			3827831		
R^2	0.956***	0.959***		0.958***			0.952***		
12 月	−442774×*MET*	−428006×*MET* 39478.93×*WS*	−395237×*MET* 60593.51×*WS* −30263.9×*MAT*	5363605×*MET* 0.990***	−346375×*MET* 202.976×*SR*	−319271×*MET* 322.788×*SR* −27772.2×*MAT*	−290140×*MET*	−280393×*MET* 26056.36×*WS*	−258641×*MET* 40072.45×*WS* −20089.5×*MAT*
常数	6860378	6784023	6873580		5230233	5271165	4000402	3950007	4009456
R^2	0.989***	0.990***	0.991***		0.991***	0.993***	0.989***	0.991***	0.992***

趋势不显著，上升速率为 1.2×10^8 kJ/ 10 a。20 世纪 60 年代初到 70 年代末略有下降，之后至 90 年代中旬变化不明显；之后波动比较大，呈先升高后降低的趋势。其中，制冷期冷负荷的最大值为 8.2×10^9 kJ(1994 年)，最小值为 4.8×10^9 kJ(1976 年)。

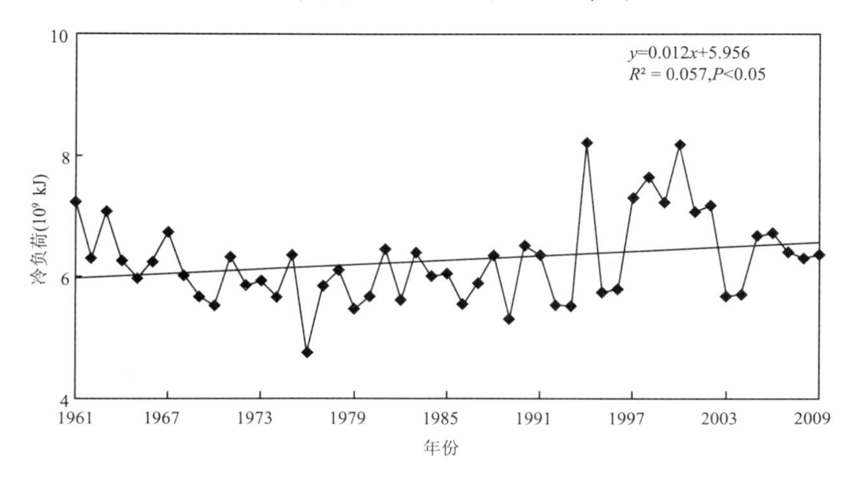

图 2-11　1961—2009 年制冷期办公建筑冷负荷的逐年变化

用 M-K 检验法对制冷期办公建筑冷负荷进行突变性检验，结果发现自 20 世纪 60 年代初开始存在明显下降(图 2-12)，60 年代末开始这种下降趋势达到 0.05 临界线，甚至超过极显著水平 0.01 临界线($u_{0.01\%}=\pm2.56$)，表明下降趋势十分显著。但自 90 年代初，UF 曲线又呈上升，但未超过 0.05 临界值，上升趋势不显著。

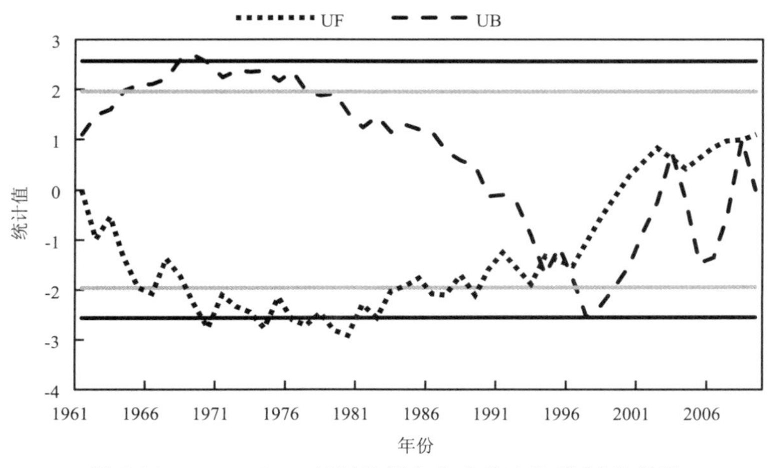

图 2-12　1961—2009 年制冷期办公建筑冷负荷 M-K 检验

由表 2-4 可见，制冷期各月影响冷负荷的主要气象要素明显不同，6 月平均气温是主要影响要素，湿球温度也有一定的影响，包含平均气温和湿球温度的模型可以解释冷负荷变化的 92%($R^2=0.924$)；9 月仅是平均气温进入回归模型，决定系数 R^2 为 0.825，说明该月主要受平均气温的影响。7 月和 8 月影响冷负荷的气象要素与 6 月和 9 月明显不同，湿球温度是主要影响要素，可以解释冷负荷变化的 94%以上；此外，7 月平均气温、8 月最高气温对当月冷负荷也有一定的影响，进入回归模型，但对冷负荷变化的贡献不大。

表 2-4 影响办公建筑冷负荷气象要素的多元线性逐步回归分析结果($n=49$)

月份	模型 1	模型 2
6 月	5461056×*MET*	4275236×*MET*
		3134483×*WBT*
常数	-9.5×10^7	-1.3×10^8
R^2	0.840***	0.924***
7 月	13000000×*WBT*	12000000×*WBT*
		2044611×*MET*
常数	-2.4×10^8	-2.5×10^8
R^2	0.952***	0.978***
8 月	12000000×*WBT*	11000000×*WBT*
		1206729×*MAT*
常数	-2.0×10^8	-2.2×10^8
R^2	0.942***	0.950***
9 月	4537126×*MET*	
常数	-7.3×10^7	
R^2	0.825***	

注:见表 2-1。

2.3.2 商场建筑

由图 2-13 可以看出,制冷期商场建筑冷负荷总体呈弱的上升趋势,但上升趋势不显著,上升速率为 0.15×10^9 kJ/ 10 a。制冷期商场建筑冷负荷年代际变化特征明显,20 世纪 60 年代初到 70 年代末略有下降,之后呈上升趋势;20 世纪 90 年代中旬至 2001 年明显偏高,之后又明显下降。其中,制冷期冷负荷的最大值为 15.32×10^9 kJ(2000 年),最小值为 10.6×10^9 kJ(1976 年)。

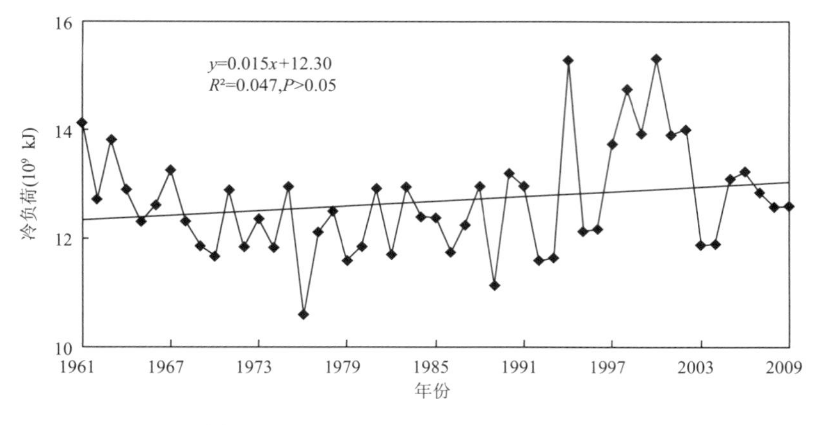

图 2-13 1961—2009 年制冷期商场建筑冷负荷的逐年变化(引自 Li et al,2018 d)

用 M-K 检验法对制冷期冷负荷进行突变性检验:冷负荷在 20 世纪 60 年代末达到极显著

下降趋势(图 2-14),90 年代初呈上升趋势,但是趋势不显著。

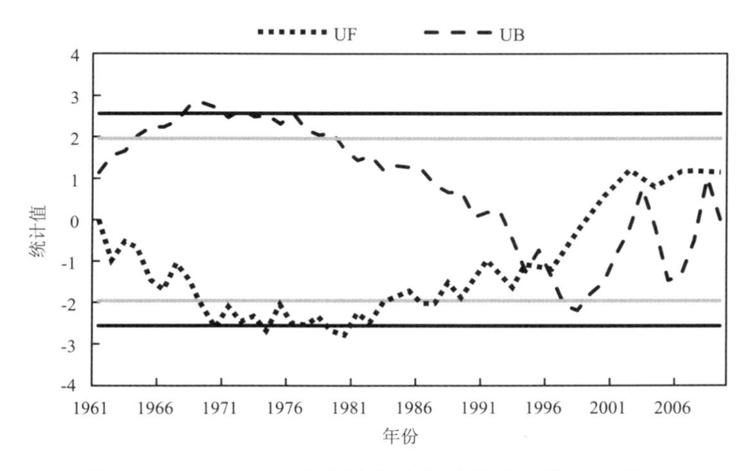

图 2-14　1961—2009 年制冷期商场建筑冷负荷 M-K 检验

多元线性逐步回归分析表明(表 2-5),6 月最低气温是主要影响要素,其次为湿球温度和最高气温,对商场建筑冷负荷均有一定的影响,从模型 1 至模型 3,R^2 逐渐增大,包含该三要素的模型可以解释冷负荷变化的 93%;9 月平均气温对冷负荷的影响最大,其次为湿球温度和最低气温,R^2 达到 0.920。与 6 月和 9 月不同,7 月和 8 月商场建筑冷负荷的主要影响要素为湿球温度,最高气温也有一定的影响,但贡献不大,湿球温度可以解释冷负荷变化的 95%以上(R^2 分别为 0.978 和 0.958)。

表 2-5　影响商场建筑冷负荷气象要素的多元线性逐步回归分析结果(n=49)(引自 Li et al,2018 d)

月份	模型 1	模型 2	模型 3
6 月	7278605×*MIT*	4377347×*MIT*	1684716×*MIT*
		6233348×*WBT*	7351732×*WBT*
			2804925×*MAT*
常数	-5.8×10^7	-1.2×10^8	-1.7×10^8
R^2	0.737***	0.859***	0.932***
7 月	18000000×*WBT*	17000000×*WBT*	
		777382.1×*MAT*	
常数	-2.7×10^8	-2.8×10^8	
R^2	0.978***	0.982***	
8 月	16000000×*WBT*	16000000×*WBT*	
		1103889×*MAT*	
常数	-2.4×10^8	-2.6×10^8	
R^2	0.958***	0.961***	
9 月	8173923×*MET*	5414126×*MET*	6992922×*MET*
		3621961×*WBT*	4215348×*WBT*
			−1957566×*MIT*
常数	-1.1×10^8	−1.24×108	-1.3×10^8
R^2	0.853***	0.915***	0.920***

2.4 未来气候条件下建筑能耗预估

2.4.1 影响能耗的主要气象要素

在暖通空调系统设计中气象条件是确定系统峰值负荷所必需的条件，不适当的设计气象数据将造成系统的容量过大或过小，导致不必要的额外初投资和较低的运行效率，造成不必要的能源浪费。影响能耗的主要气象要素包括：干球温度（DBT，℃）、湿球温度（WBT，℃）、太阳总辐射（GSR，MJ/m^2），能见度指数和风速。干球温度、湿球温度和太阳辐射是建筑空调和供暖系统设计必要和基本的要素，同时影响建筑物围护结构传热，是通过渗透和通风直接进行热交换的驱动力。干球温度影响到建筑的热响应和通过围护结构的热获得或损失量，因此，影响到对冷/暖需求相应的能源使用；湿球温度与干冷冬季的供湿量和夏季潮湿条件下潜在供冷量有关；太阳辐射对建筑冷负荷有显著的贡献，特别是被动的或主动的太阳能供冷建筑更是如此；能见度指数表明天空状况，而风速影响到自然通风和建筑外表面的热阻，进而影响到建筑围护结构的传热系数。将办公建筑、商业建筑和居住建筑能耗模拟数据与以上各要素做了相关分析（表 2-6），发现干球温度、湿球温度以及太阳辐射与能耗的相关性较好；另外，考到未来预估数据仅有该三个要素的数据，故以这三个要素作为影响能耗的主要气候因子进行研究。

表 2-6 不同建筑类型能耗与气象要素的相关分析

建筑类型	气象要素	相关系数 *R* 及显著性水平 *P*					
办公建筑		热负荷		冷负荷			
		R	*P* 值	*R*	*P* 值		
	干球温度	−0.95	0.00	0.81	0.00		
	湿球温度	−0.92	0.00	0.85	0.00		
	辐射	−0.76	0.00	0.51	0.00		
	日照时数	−0.58	0.00	0.32	0.00		
	风速	0.03	0.52	−0.21	0.00		
商业建筑		热负荷	*P* 值	冷负荷			
	干球温度	−0.90	0.00	0.86	0.00		
	湿球温度	−0.87	0.00	0.89	0.00		
	辐射	−0.73	0.00	0.55	0.00		
	日照时数	−0.50	0.00	0.36	0.00		
	风速	0.04	0.34	−0.21	0.00		
居住建筑		一步节能		二步节能		三步节能	
		热负荷					
		R	*P* 值	*R*	*P* 值	*R*	*P* 值
	干球温度	−0.90	0.00	−0.90	0.00	−0.89	0.00
	湿球温度	−0.87	0.00	−0.87	0.00	−0.86	0.00
	辐射	−0.73	0.00	−0.73	0.00	−0.73	0.00
	日照时数	−0.56	0.00	−0.56	0.00	−0.55	0.00
	风速	−0.01	0.89	−0.01	0.90	−0.01	0.83

2.4.2　不同排放情景下未来气候预估

前人应用 5 个全球气候模式(BCCR-BCM2.0,挪威;GISS-AOM,美国;INM-CM3.0,俄罗斯;MIROC3.2-H,日本;NCAR-CCSM3.0,美国)模拟了中国不同气候区过去已知排放条件下 100 年(1900—1999)和未来 100 年(2000—2099),NCAR-CCSM3.0、BCCR-BCM2.0 或者 2001—2100,GISS-AOM、INM-CM3.0、MIROC3.2-H)不同排放情景下的温度、湿度和辐射月值(Lam et al,2010;Wan et al,2011)。结果发现日本的 MIROC3.2-H 能更好地模拟中国各气候区的温度、湿度,而太阳辐射与其他模式模拟结果类似。温度和湿度是影响北方地区空调负荷主要影响因素,冬季增湿需求和夏季制冷需求对温度和湿度更为敏感,因此,精确性要求明显高于辐射。所以选取日本的 MIROC3.2-H 模式输出结果作为未来气候预估数据进行分析。

日本 CCSR/NIES/FRCGC 气候模式 MIROC3.2-H(高分辨率版的大气模式分辨率为 T106 L56)参与 IPCC 第四次评估报告 SRES(《排放情景特别报告》,IPCC)20 世纪模拟和 A1B、B1 两种情景试验的输出,要素包括近地面气温、比湿和总辐射,均为逐月平均值。A1B 情景假定全球经济快速增长,世界人口在 21 世纪中叶达到顶峰,高新技术不断产生,能源结构平衡发展。B1 情景同样假设是世界人口在 21 世纪中叶达到顶峰,但经济结构迅速向着服务化和信息化经济发展,全球融合。采用日本模式 MIROC3.2-H 预估数据中两种排情景(B1,低排放;A1B,中等排放)2011—2100 年 90 年整的温度、湿度和太阳辐射数据,通过温度和相对湿度计算得到湿球温度。对天津市区气象站周围四个格点进行空间插值,得到该站点的气象要素序列。为了保证模式模拟数据的准确性,利用该模式模拟了 1971—2010 年逐月温度、湿度和太阳辐射,通过误差分析校正预估数据。具体如下:预估得到的 1971—2010 年的 1—12 月平均干球温度、湿球温度和太阳辐射与实测的同期数据进行比较,得到平均偏移误差和均方根误差。应用平均偏移误差校正未来逐月平均干球温度、湿球温度和太阳辐射。在此基础上,对未来预估逐月平均干球温度、湿球温度和太阳辐射进行了校正。干球温度、湿球温度和太阳辐射的变化趋势见图 2-15。从图中可以看出,干球温度和湿球温度均呈明显的升高趋势,其中中等排放情景要明显高于低排放情景,而太阳辐射没有明显的变化特征。

与 1971—2010 年多年实测数据相比,低排放情景 2011—2100 年多年平均干球温度和湿球温度分别升高了 2.5 ℃和 2.3 ℃,而中等排放情景分别升高了 3.1 ℃和 2.9 ℃,而太阳辐射在两种情景下呈不变或降低 0.4 MJ/(m² · d)(表 2-7)。

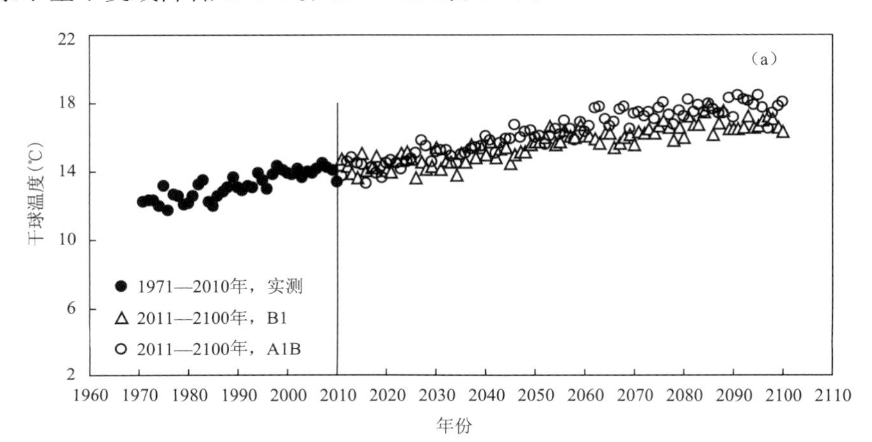

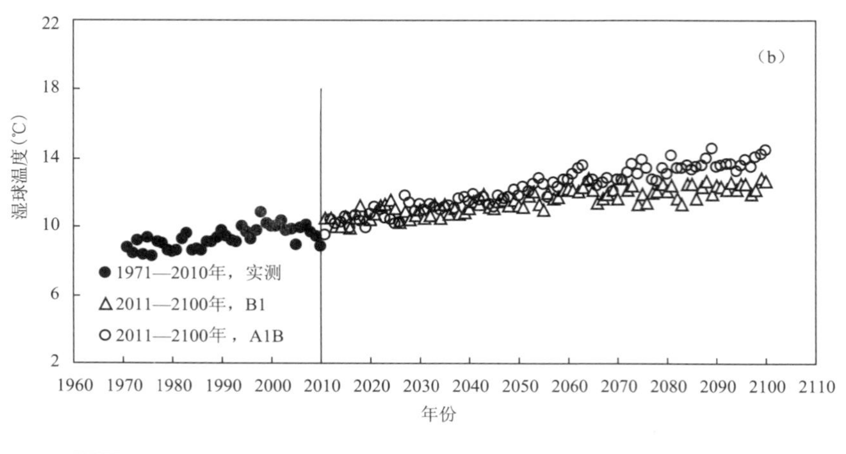

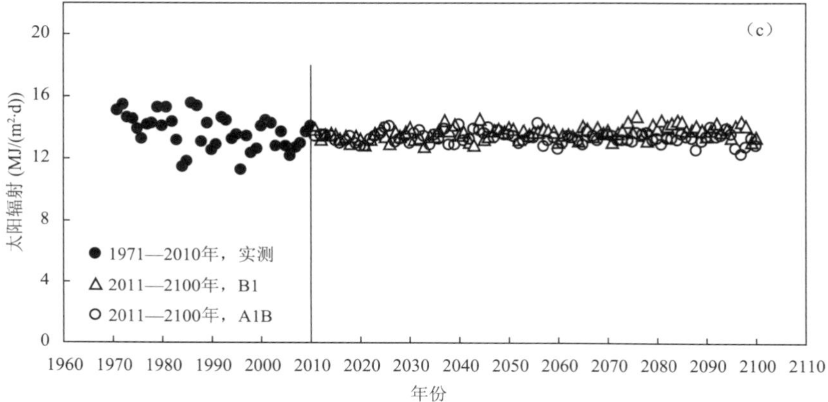

图 2-15 1971—2100 年逐年干球温度(a)、湿球温度(b)和太阳辐射(c)变化特征(引自 Li et al,2014)

表 2-7 不同时间段干球温度、湿球温度和太阳辐射的多年平均值

年份	数据来源	干球温度(℃)	湿球温度(℃)	太阳辐射 MJ/(m²·d)
1971—2010 年	实测	13.2	9.3	13.7
2011—2100 年	B1	15.6	11.6	13.7
2011—2100 年	A1B	16.3	12.2	13.3

2.4.3 能耗预测模型的构建

2.4.3.1 气象要素的主成分分析

在分析比较气候变化对建筑能耗的影响时，通常要将各个气象要素与建筑能耗进行相关分析，而且各气候要素之间又存在相关关系，因此，首先要将影响建筑能耗的相关气象变量进行归类。主成分分析就是考虑各相关要素的相互关系，利用降维的思想把多个指标转换成较少的几个互不相关的综合指标，从而使进一步研究变得简单。

气象资料来自国家气象信息中心，未来气候预估数据利用模式获得。建立了包含有 40 年

(1971—2010 年)实测和未来两种排放情景下 90 年(2011—2100 年)的共计 130 年逐月的三要素的数据库。一共有 130×12×3 数据被用于主成分分析,这样就把历史数据和未来预估数据放到一起作为主成分的时间序列,保证由三个气候要素变量的线性组合构成的新的月变量 Z 是可以应用到过去和未来年份的能耗估算。表 2-8 给出了三个主成分的系数以及相关统计量。可以看出,第一特征值解释方差低排放情景为 88.701%,中等排放情景为 89.501%,均超过 80%,而且第二、三主成分的特征值均小于 1,故保留第一主成分,该主成分是三个气象要素的线型组合,即 $Z=A\times DBT+B\times WBT+C\times GSR$。

预估未来气候背景下建筑能耗时,选取了气候要素的月平均值,为了排除供暖期及制冷期负荷各月时间序列长度的差异,月值数据做平均化处理,整个供暖期或制冷期的负荷为各月负荷的累积。

表 2-8　不同气候情景下的主成分分析(引自 Li et al,2014)

情景	特征向量	特征值	累积方差(%)	决定系数		
				DBT	*WBT*	*GSR*
B1 情景(低排放)	1st	2.661	88.701	0.984	0.964	0.874
	2nd	0.335	99.875			
	3rd	0.004	100			
A1B 情景(中等排放)	1st	2.685	89.501	0.985	0.966	0.885
	2nd	0.311	99.863			
	3rd	0.003	100			

从图 2-16 看出,主成分 Z 有明显的季节动态,冬季(12 月、1 月和 2 月)最低,而夏季 7 月达到最高值。未来 2011—2100 年的 SERS B1 和 SERS A1B 月平均值明显高于过去 1971—2010 年月平均值。

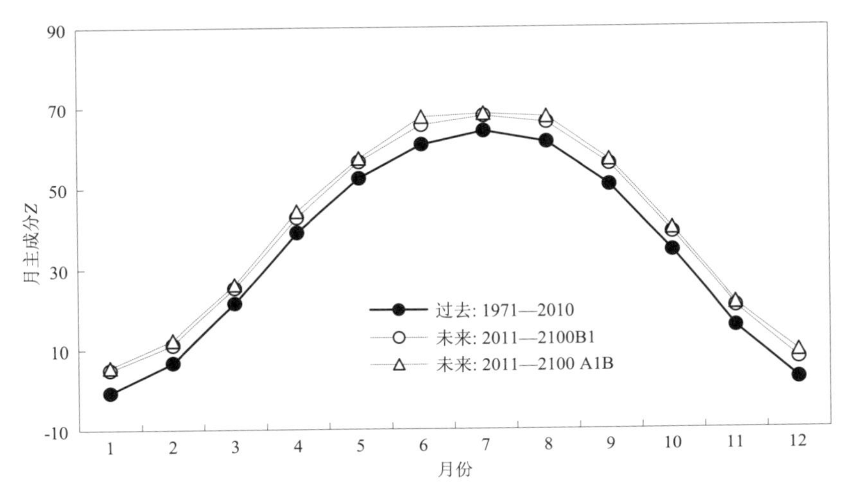

图 2-16　不同情景下月主成分 Z 的月动态变化特征
(引自 Li et al,2014)

从年平均 Z 来看(图 2-17),1971—2010 年(过去)和 2011—2100 年(未来)均呈明显的上升趋势,其中中等排放情景下(A1B)升高的速率要明显高于低排放情景。

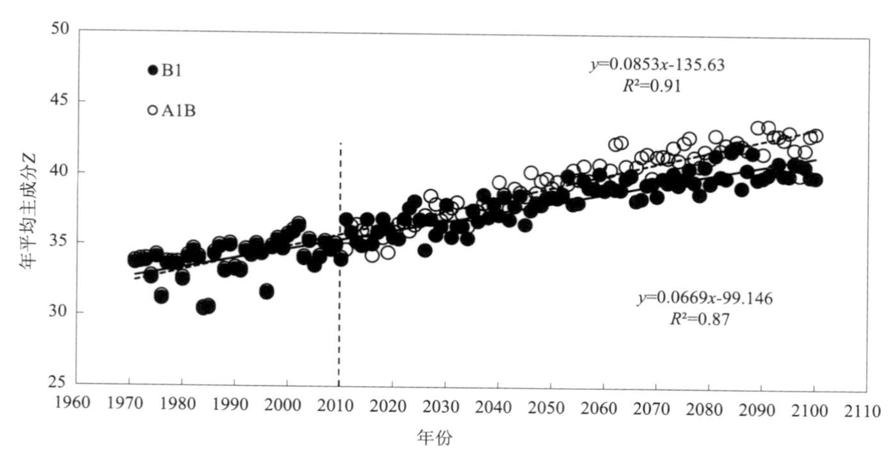

图 2-17　不同情景下年平均月主成分 Z 年际动态变化特征
(引自 Li et al,2014)

2.4.3.2　能耗与主成分相关分析

将不同类型建筑 1971—2010 年供暖期(1—3 月,11—12 月)及制冷期(6—9 月)各月的能耗与相应的主成分做回归分析。由于制冷期各月能耗对主成分的响应存在明显差异,故将制冷期 6 月和 9 月放到一起进行分析,而 7 月和 8 月放到一起进行分析。通过回归方程以及未来的主成分推算未来 2011—2100 年供暖期和制冷期的逐年能耗。

2.4.4　未来气候背景下能耗变化特征

2.4.4.1　办公建筑

从图 2-18 可以看出,热负荷呈明显的下降趋势,而冷负荷呈上升趋势,冷负荷的上升要高于热负荷的下降,导致总能耗呈微弱的上升趋势。就 SERS B1 和 A1B 两种情景来看,低排放情景下(B1),热负荷的下降趋势要比中等排放情景(A1B)低,主要是因为中等排放情景下的冬季升温明显导致该情景下热负荷下降更为显著(图 2-18a);相反,中等排放情景下(A1B)夏季增温高于低排放情景(B1),所以冷负荷的上升在中等排放情景下要明显偏高(图 2-18b)。总能耗的变化两种排放情景没有明显差异(图 2-18c)。

为了量化气候变化对办公建筑能耗的影响,分析了不同时段(1971—2010 年;2011—2050 年;2051—2100 年)热负荷、冷负荷和总能耗的数据(表 2-9)。与 1971—2010 年相比,2011—2050 年两种情景 B1 和 A1B 热负荷分别降低了 9.72%和 10.16%,冷负荷分别升高了 11.25%和 12.59%,总能耗分别增加了 2.09%和 2.65%;2051—2100 年较 1971—2010 年两种情景 B1 和 A1B 热负荷分别下降了 18.09%和 22.73%,冷负荷分别上升了 27.78%和 32.91%,总能耗增加了 7.74%和 8.60%;就 1971—2010 年和 2011—2100 年两时间段来看,两种情景 B1 和 A1B 热负荷下降了 14.73%和 17.14%,冷负荷上升了 20.44%和 23.88%,总能耗增加了 5.23%和 5.95%。

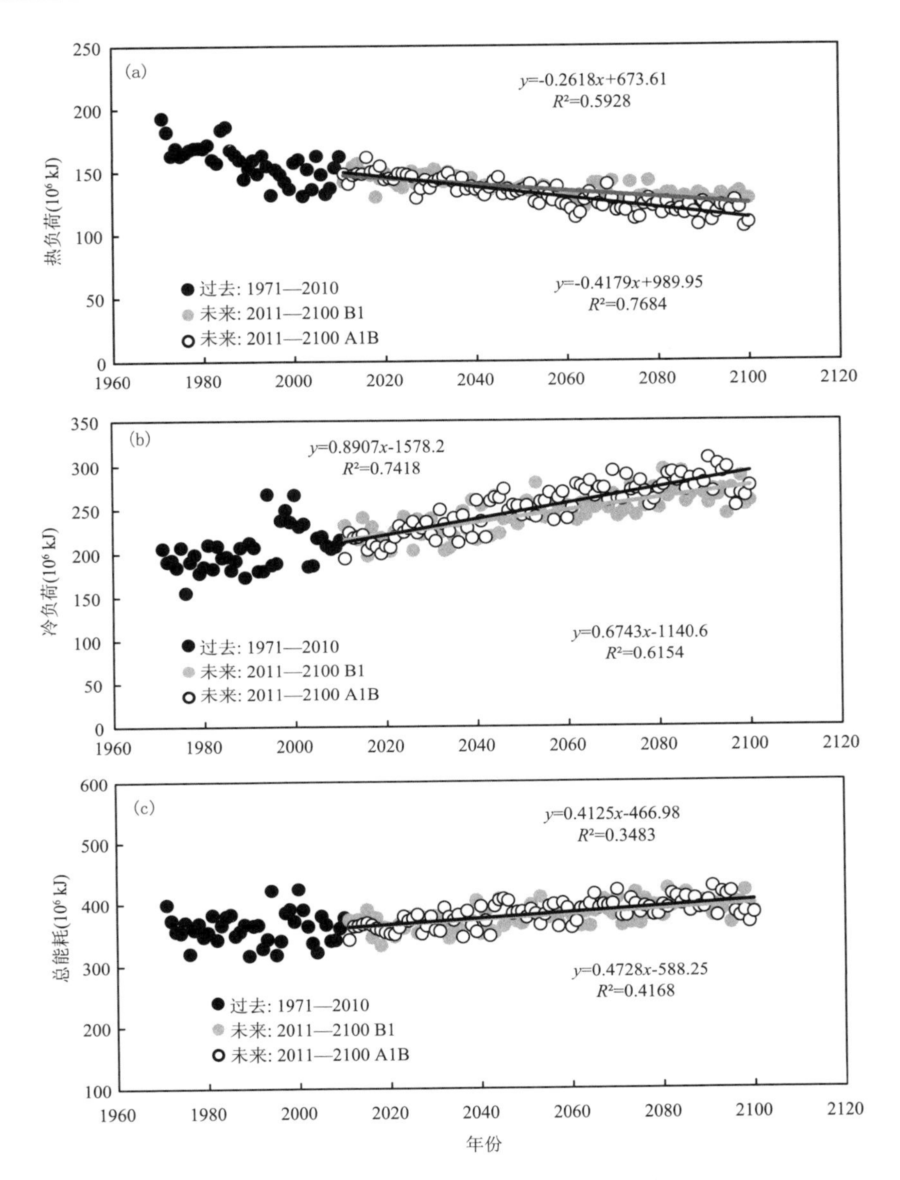

图 2-18　不同情景下 1971—2100 年办公建筑
热负荷(a)、冷负荷(b)和总能耗(c)的变化特征(引自李明财 等,2013)

表 2-9　办公建筑不同年代的能耗对比(李明财 等,2013)

年代	热负荷		冷负荷		总能耗	
	B1	A1B	B1	A1B	B1	A1B
1971—2010	158.14	158.14	203.85	203.85	361.99	361.99
2011—2050	142.77	142.06	226.80	229.52	369.57	371.58
2051—2100	129.53	122.19	260.49	270.95	390.02	393.15
2011—2100	135.41	131.02	245.51	252.54	380.93	383.56

续表

年代	热负荷		冷负荷		总能耗	
	B1	A1B	B1	A1B	B1	A1B
	变幅(%)					
2011—2050 vs 1971—2010	−9.72	−10.16	11.25	12.59	2.09	2.65
2051—2100 vs 1971—2010	−18.09	−22.73	27.78	32.91	7.74	8.60
2011—2100 vs 1971—2010	−14.37	−17.14	20.44	23.88	5.23	5.95

2.4.4.2 商场建筑

从图 2-19 可以看出，商场建筑的热负荷呈明显的下降趋势，而冷负荷呈明显的上升趋势，

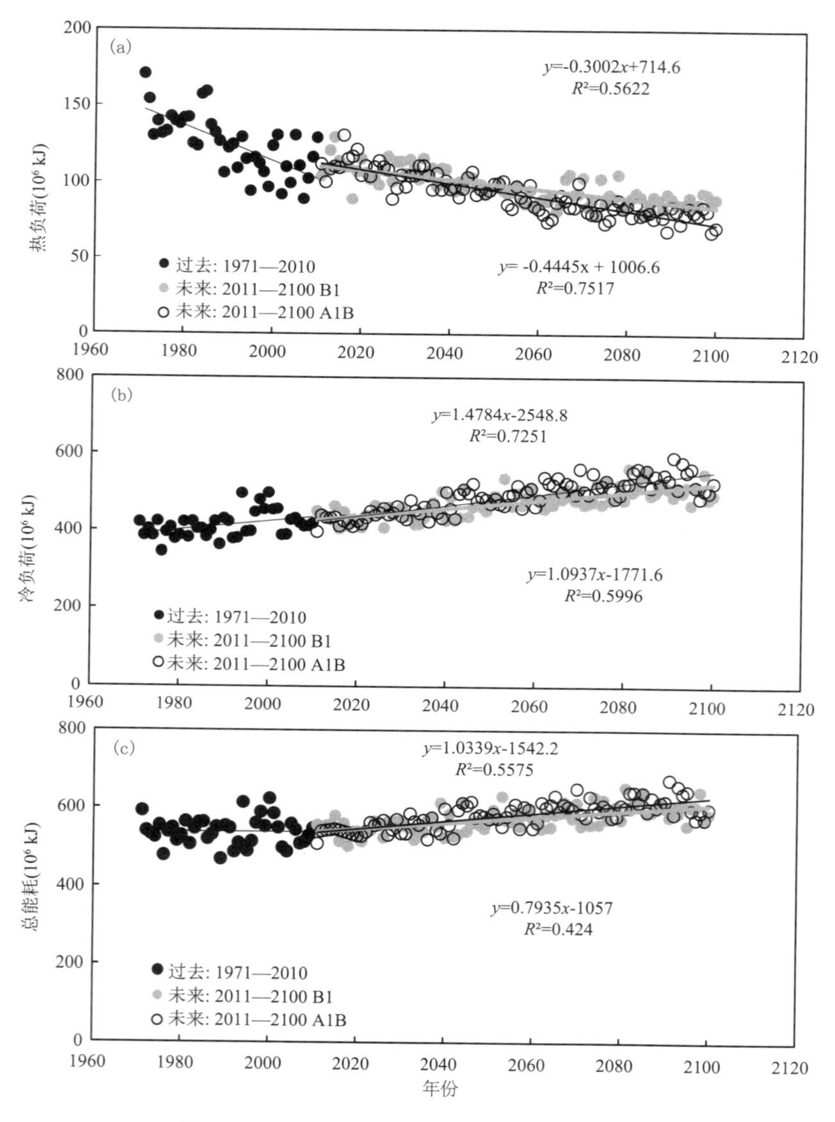

图 2-19　不同情景下 1971—2100 年商场建筑
热负荷(a)、冷负荷(b)和总能耗(c)的变化特征(引自 Li et al,2014)

冷负荷的上升要高于热负荷的下降，导致总能耗呈弱的上升趋势。就 SERS B1 和 A1B 两种情景来看，低排放情景下(B1)，热负荷的下降趋势要比中等排放情景(A1B)低，主要是因为中等排放情景下的冬季升温明显导致该情景下热负荷下降更为显著(图 2-19a)；相反，中等排放情景下(A1B)夏季增温高于低排放情景(B1)，所以冷负荷的上升在中等排放情景下要明显偏高(图 2-19b)。总能耗的变化两种排放情景没有明显差异(图 2-19c)。

为了量化气候变化对商场建筑能耗的影响，分析了不同时段(1971—2010 年；2011—2050 年；2051—2100 年)热负荷、冷负荷和总能耗的数据(表 2-10)。与 1971—2010 年相比，2011—2050 年两种情景 B1 和 A1B 热负荷分别降低了 15.18％和 16.23％，冷负荷分别升高了 7.91％和 9.31％，总能耗分别增加了 2.55％和 3.39％；2051—2100 年较 1971—2010 年两种情景 B1 和 A1B 热负荷分别下降了 27.22％和 33.21％，冷负荷分别上升了 21.11％和 25.92％，总能耗增加了 9.90％和 12.21％；就 1971—2010 年和 2011—2100 年两时间段来看，两种情景 B1 和 A1B 热负荷下降了 21.87％和 25.66％，冷负荷上升了 15.24％和 18.54％，总能耗增加了 6.63％和 8.29％。

表 2-10　商场建筑不同年代的能耗对比(引自 Li et al,2014)

年代	热负荷		冷负荷		总能耗	
	B1	A1B	B1	A1B	B1	A1B
1971—2010	124.85	124.85	413.50	413.50	538.36	538.36
2011—2050	105.90	104.59	446.20	452.00	552.10	556.59
2051—2100	90.86	83.39	500.77	520.70	591.64	604.10
2011—2100	97.55	92.81	476.52	490.16	574.07	582.98
			变幅(％)			
2011—2050 vs 1971—2010	−15.18	−16.23	7.91	9.31	2.55	3.39
2051—2100 vs 1971—2010	−27.22	−33.21	21.11	25.92	9.90	12.21
2011—2100 vs 1971—2010	−21.87	−25.66	15.24	18.54	6.63	8.29

2.4.4.3　*居住建筑*

从图 2-20 可以看出，居住建筑的热负荷均呈明显的下降趋势，从一步到三步节能居住建筑的热负荷下降趋势依次减弱，随着建筑节能措施的加强，热负荷对于气候变化的敏感性逐渐减弱。不同节能措施居住建筑在 SERS B1 和 A1B 两种情景下的变化趋势有所不同，低排放情景下(B1)，一步节能居住建筑热负荷的下降趋势要比中等排放情景(A1B)低，主要是因为中等排放情景下的冬季升温明显导致该情景下热负荷下降更为显著(图 2-20a)；二步节能居住建筑两种排放情景下能耗的差异较一步节能居住建筑减小(图 2-20b)；三步节能居住建筑在两种排放情景下能耗没有明显差异(图 2-20c)。

为了量化气候变化对居住建筑建筑能耗的影响，分析了不同时段(1971—2010 年；2011—2050 年；2051—2100 年)一、二、三步节能建筑热负荷数据(表 2-11)。与 1971—2010 年相比，

2011—2050 年两种情景 B1 和 A1B 下，一步节能建筑热负荷分别下降了 7.8%和 8.27%，二步节能热负荷分别下降了 7.35%和 7.87%，三步节能热负荷分别下降了 8.02%和 8.57%；2051—2100 年较 1971—2010 年两种情景 B1 和 A1B 下，一步节能建筑热负荷分别下降了 14.68%和 18.26%，二步节能建筑热负荷分别下降了 13.82%和 16.84%，三步节能建筑热负荷分别下降了 15.01%和 18.28%；就 1971—2010 年和 2011—2100 年两时间段来看，两种情景 B1 和 A1B 下，一步节能建筑热负荷下降了 11.62%和 13.82%，二步节能热负荷分别下降了 10.94%和 12.85%，三步节能热负荷分别下降了 11.9%和 13.96%。

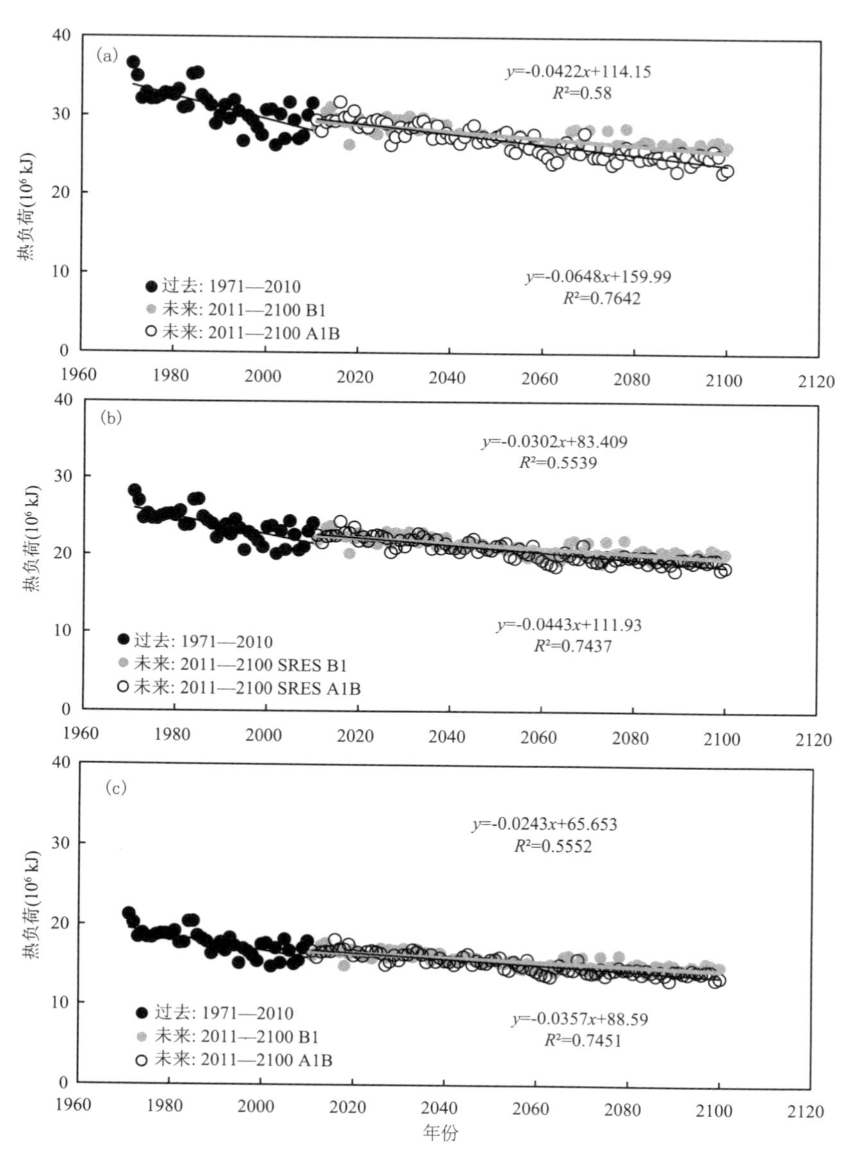

图 2-20　不同情景下 1971—2100 年一步(a)、二步(b)和三步(c)节能居住建筑热负荷的变化特征(引自 Li et al,2014)

表 2-11　居住建筑不同年代的能耗对比(引自 Li et al,2014)

年代	热负荷(一步节能)		热负荷(二步节能)		热负荷(三步节能)	
	B1	A1B	B1	A1B	B1	A1B
1971—2010	31	31	23.85	23.85	17.72	17.72
2011—2050	28.58	28.43	22.09	21.97	16.29	16.20
2051—2100	26.44	25.34	20.55	19.83	15.05	14.48
2011—2100	27.39	26.71	21.24	20.78	15.61	15.24
			变幅(%)			
2011—2050 vs 1971—2010	−7.80	−8.27	−7.35	−7.87	−8.02	−8.57
2051—2100 vs 1971—2010	−14.68	−18.26	−13.82	−16.84	−15.01	−18.28
2011—2100 vs 1971—2010	−11.62	−13.82	−10.94	−12.85	−11.90	−13.96

第 3 章　气候变化对不同建筑气候区建筑能耗影响

气候变暖是国际社会普遍关注的重大全球性问题，在 IPCC 第五次评估报告中，采用 CMIP5 和新排放情景的预估结果表明，与 1986—2005 年相比，预计 2016—2035 年和 2081—2100 年全球平均地表气温将分别升高 0.3～0.7 ℃和 0.3～4.8 ℃(IPCC,2013)。气候变暖对社会各行业的影响日益显现，特别是对城市建筑能耗的明显影响(Lam et al,2010；Papakostas et al,2010；Wan et al,2011；Li et al,2014)。

能源是现代社会赖以生存和发展的基础。建筑节能作为我国三大节能领域之一，近年来得到了前所未有的重视。随着我国城市化水平的提高和人们对建筑环境要求的不断提高，我国建筑能耗所占比例将进一步升高，预计到 2020 年将达到 35%左右(Cai et al,2009)。其中，制冷和供暖能耗约占总建筑能耗的 65%，具有较大的节能潜力(Cai et al,2009)。建筑节能是实现我国节能减排重大战略决策的主要任务之一，研究气候/气候变化对建筑能耗的影响，对适应和减缓气候变化有着重要意义。

我国地域广阔，南北跨越纬度近 50°，不同地区气候差异较大。根据我国建筑气候分区，从北至南涵盖了严寒地区、寒冷地区、夏热冬冷地区、夏热冬暖地区，另外还有温和地区。各区一方面气候差异较大，而且气候变化背景下各气候要素的变化幅度也明显不同；另一方面，从建筑能耗的影响因子来看，除受温度的影响外，还受湿度、风速以及太阳辐射等要素的影响。因此，有必要研究我国不同建筑气候区代表城市建筑能耗对气候/气候变化的响应，为制定建筑节能对策以及开展建筑节能气象服务提供依据。

本章选择不同建筑气候区的代表城市，以办公建筑为例，利用能耗模拟软件 TRNSYS 模拟了 1961—2010 年不同建筑气候区的供暖制冷能耗，研究能耗对不同建筑气候区气候/气候变化的响应特征，为政府决策和建筑设计部门因地制宜制定节能减排措施提供依据，实现能源合理配置，提高居住环境舒适度。同时，参考第 2 章的研究方法，定量评估了未来气候情景下各气候区的供暖以及制冷能耗。

3.1　数据和方法

3.1.1　数据

从 5 个建筑气候区各选择一个代表城市，分别为哈尔滨、天津、上海、广州和昆明(图 3-1)。因昆明夏无酷暑，冬无严寒，气候四季适宜，供暖和制冷没有强制要求，没有围护结构限值，未进行能耗的模拟，因此，未考虑气候变化对昆明建筑能耗的影响。

各代表城市气象要素包括逐日和逐时数据。逐日数据包括气温、相对湿度、太阳辐射、日照时数、风速、风向，其他气象要素（如湿球温度等）通过以上要素计算获得。逐时数据包括气温、相对湿度、风速、风向以及太阳辐射数据，处理方法见第 2 章。

气候预估数据来自 IPCC 第五次评估报告中 CMIP5（耦合模式比较计划第五阶段）全球气候模式 MIROC5 的逐月输出结果，要素包括温度、相对湿度和太阳辐射，通过温度和相对湿度计算得到湿球温度。

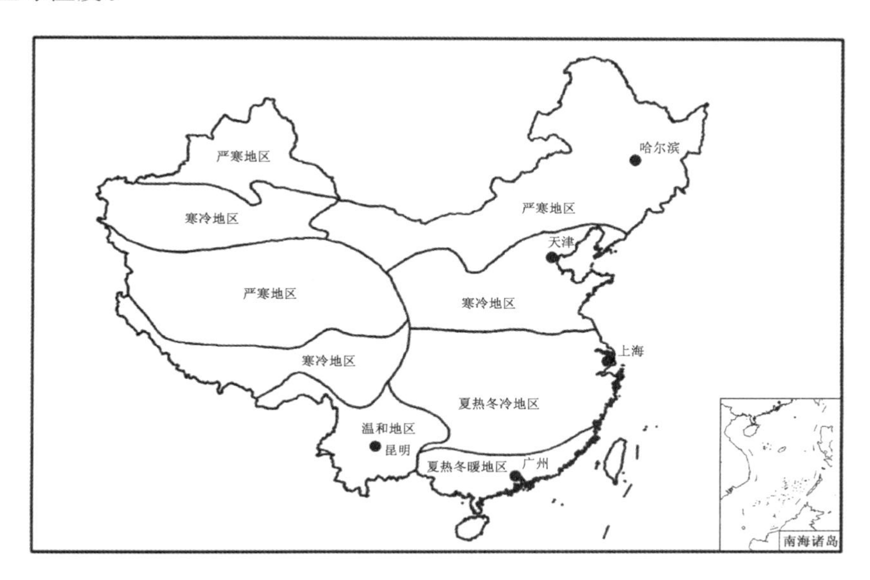

图 3-1　我国不同建筑气候区区划及其所选代表城市分布

3.1.2　研究方法

选择办公建筑为研究对象，采用 TRNSYS 软件模拟获得能耗数据（模型介绍详见第 2 章），分析不同建筑气候区办公建筑供暖制冷能耗对气候/气候变化的响应。

夏季制冷期：天津、上海和广州 6—9 月；哈尔滨 6—8 月。

冬季供暖期：根据供暖相关规定以及各地实际情况，哈尔滨 10 月 20 日至翌年 4 月 20 日、天津 11 月 15 日至翌年 3 月 15 日、上海 12 月至翌年 2 月；根据实际情况，广州地区不考虑供暖。

建筑参数参考《公共建筑节能设计标准》（GB 50189—2015）。

3.2　气候变化对建筑供暖能耗的影响

3.2.1　严寒地区

从哈尔滨冬季逐日供暖负荷与气象要素的回归分析来看（表 3-1），逐日供暖负荷主要受干球温度的影响，干球温度可以解释供暖负荷的 96%（$R^2=0.96$，$P<0.001$）。除干球温度外，太阳辐射、最低温度、湿球温度、风速和最高温度均进入回归模型，但对能耗影响的贡献不大。

表 3-1 哈尔滨冬季逐日供暖负荷与气象要素的多元线性逐步回归分析(引自 Meng et al,2018)

	模型 1	模型 2	模型 3	模型 4	模型 5
	−40.190×*DBT*	−38.680×*DBT*	−36.677×*DBT*	−29.455×*DBT*	−33.766×*DBT*
		−6.660×*SR*	−6.842×*SR*	−6.660×*SR*	−6.423×*SR*
			−2.004×*MIT*	−4.430×*MIT*	−4.662×*MIT*
				−4.888×*MAT*	−4.674×*MAT*
					4.817×*WBT*
常数	745.159	816.986	807.783	820.197	826.872
R^2	0.963***	0.970***	0.970***	0.970***	0.971***

注:R^2 为修正的决定系数;*** 为 0.001%的显著性水平;*DBT* 为干球温度;*MAT* 为最高温度;*MIT* 为最低温度;*WBT* 为湿球温度;*SR* 为太阳辐射;*WIN* 为风速,下同。

冬季逐月供暖负荷与气象要素的回归分析表明(表 3-2),干球温度可以解释供暖负荷的99%($R^2=0.99$,$P<0.001$)。其他要素尽管进入回归模型,但对逐月供暖负荷影响不大。

从各月研究结果来看(表 3-2),影响供暖负荷的气象要素较为一致,各月首先进入模型的要素均为干球温度,干球温度可以解释各月供暖负荷的 93%以上。其他气象要素对负荷影响不大,表明各月供暖负荷也主要受干球温度的影响。

表 3-2 哈尔滨冬季逐月供暖负荷与气象要素的多元线性逐步回归分析(引自 Meng et al,2018)

	模型 1	模型 2	模型 3
1—12 月	−42.426×*DBT*	−39.168×*DBT*	−37.727×*DBT*
		−8.078×*SR*	−8.143×*SR*
			1.322×*MIT*
常数	723.063	826.970	810.495
R^2	0.991**	0.995***	0.995***
1 月	−28.514×*DBT*	−28.906×*DBT*	−30.488×*DBT*
		−9.193×*SR*	−9.186×*SR*
			1.284×*MIT*
常数	940.979	988.324	999.291
R^2	0.984***	0.993***	0.993***
2 月	−35.578×*DBT*	−36.048×*DBT*	−38.005×*DBT*
		−8.868×*SR*	−9.441×*SR*
			2.136×*MIT*
常数	827.41	903.115	942.049
R^2	0.983***	0.991***	0.993
3 月	−42.571×*DBT*	−42.263×*DBT*	−22.604×*DBT*
		−9.643×*SR*	−10.200×*SR*
			−23.504×*WBT*
常数	725.220	850.986	793.718

续表

	模型 1	模型 2	模型 3
R^2	0.980***	0.993***	0.997
4 月	−39.669×*DBT*	−39.540×*DBT*	−17.937×*DBT*
		−6.166×*SR*	−8.458×*SR*
			−29.020×*WBT*
常数	682.435	781.397	743.974
R^2	0.926***	0.963***	0.993***
10 月	−44.945×*DBT*	−30.165×*DBT*	
		−16.682×*WBT*	
常数	727.733	691.370	
R^2	0.969***	0.977***	
11 月	−41.972×*DBT*	−42.773×*DBT*	−16.705×*DBT*
		−8.953×*SR*	−10.648×*SR*
			−30.278×*WBT*
常数	761.386	815.732	760.763
R^2	0.980***	0.987***	0.993***
12 月	−31.568×*DBT*	−34.268×*DBT*	
		2.465×*MIT*	
常数	914.097	944.275	
R^2	0.976***	0.984***	

由表 3-3 可见，干球温度可以解释哈尔滨逐年供暖负荷的 96%（$R^2=0.96$，$P<0.001$），太阳辐射、湿球温度均进入回归模型，但 R^2 没有明显提高，表明逐年供暖负荷主要受干球温度的影响。

表 3-3　哈尔滨冬季逐年供暖负荷与气象要素的多元线性逐步回归分析
（引自 Meng et al,2018）

	模型 1	模型 2	模型 3	模型 4
	−253.079×*DBT*	−257.453×*DBT*	−273.091×*DBT*	−279.743×*DBT*
		−56.305×*SR*	−55.771×*SR*	−54.726×*SR*
			10.734×*MIT*	10.985×*MIT*
				−19.247×*WIN*
常数	5361.914	5900.678	6132.394	6151.758
R^2	0.964***	0.979***	0.985***	0.986***

1961—2010 年哈尔滨供暖负荷显著降低（$P<0.001$，图 3-2），平均每年降幅为 14.2 W/m²。逐年供暖负荷与干球温度的相关分析表明，干球温度每上升 1℃，供暖负荷就降低 253.1 W/m²。

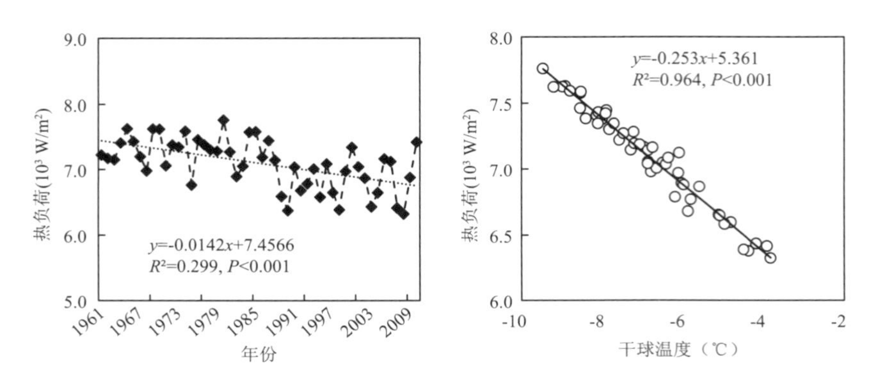

图 3-2　哈尔滨供暖期负荷年变化及与干球温度的相关性(引自 Meng et al,2018)

3.2.2　寒冷地区

天津逐日供暖负荷主要受干球温度的影响(表 3-4),干球温度可以解释供暖负荷的 91%($R^2=0.91$,$P<0.001$),其他气象要素进入回归模型后,R^2 并没有明显增加,可见,天津逐日供暖负荷主要受干球温度影响,其他气象要素对负荷影响的贡献较为微弱。

表 3-4　天津冬季逐日供暖负荷与气象要素的多元线性逐步回归分析(引自 Meng et al,2018)

	模型 1	模型 2	模型 3	模型 4	模型 5
	$-42.144\times DBT$	$-41.323\times DBT$	$-11.955\times DBT$	$-8.733\times DBT$	$-1.811\times DBT$
		$-6.388\times SR$	$-11.085\times SR$	$-10.226\times SR$	$-10.338\times SR$
			$-32.302\times WBT$	$-31.745\times WBT$	$-31.428\times WBT$
				$-3.591\times MAT$	$-6.318\times MAT$
					$-4.533\times MIT$
常数	665.036	722.189	681.920	693.449	691.402
R^2	0.912***	0.932***	0.960***	0.961***	0.962***

天津市逐月供暖负荷与气象要素的回归分析表明(表 3-5),干球温度仍是影响供暖负荷的主要气象参数,可以解释负荷的 96%($R^2=0.96$,$P<0.001$)。尽管太阳辐射、湿球温度和最低温度也分别进入回归模型,但 R^2 值并没有明显增加,表明逐月供暖负荷主要受干球温度的影响。从各月研究结果来看(表 3-5),供暖负荷主要受干球温度影响,R^2 均达到 0.90 以上,其他各要素对逐月供暖负荷影响不大。

表 3-5　天津冬季逐月供暖负荷与气象要素的多元线性逐步回归分析(引自 Meng et al,2018)

	模型 1	模型 2	模型 3
1—12 月	$-46.759\times DBT$	$-41.033\times DBT$	$-15.706\times DBT$
		$-10.364\times SR$	$-13.167\times SR$
			$-28.693\times WBT$
常数	647.429	756.997	708.506
R^2	0.956***	0.987**	0.997***

续表

	模型 1	模型 2	模型 3
1 月	−39.852×*DBT*	−41.131×*DBT*	−13.263×*DBT*
		−12.560×*SR*	−16.935×*SR*
			−32.196×*WBT*
常数	674.253	770.072	720.373
R^2	0.898***	0.953***	0.995***
2 月	−47.829×*DBT*	−47.279×*DBT*	−26.718×*DBT*
		−10.232×*SR*	−12.674×*SR*
			−22.543×*WBT*
常数	624.287	733.569	703.463
R^2	0.911***	0.939***	0.952***
3 月	−40.657×*DBT*	−37.991×*DBT*	−11.468×*DBT*
		−9.961×*SR*	−13.255×*SR*
			−34.848×*WBT*
常数	614.754	737.804	698.715
R^2	0.923***	0.956***	0.995***
11 月	−41.254×*DBT*	−41.460×*DBT*	−18.912×*DBT*
		−5.186×*SR*	−12.110×*SR*
			−24.376×*WBT*
常数	652.226	692.750	689.770
R^2	0.917***	0.947***	0.993***
12 月	−37.906×*DBT*	−41.089×*DBT*	−14.893×*DBT*
		−9.483×*SR*	−16.355×*SR*
			−30.374×*WBT*
常数	696.863	759.254	731.363
R^2	0.914***	0.947***	0.995**

天津冬季逐年供暖负荷与气象要素的回归分析表明(表 3-6),干球温度是影响逐年供暖负荷的主要气象要素,能够解释供暖负荷的 86%($R^2=0.86$,$P<0.001$),太阳辐射也有一定的影响,干球温度和太阳辐射可以解释天津逐年供暖负荷的 93%。

1961—2010 年天津办公建筑供暖期负荷呈显著下降趋势(图 3-3),通过 99%的显著水平检验($P<0.01$),平均每年下降 7.2 W/m²。供暖负荷与干球温度的相关分析表明,供暖负荷与干球温度呈显著的负相关,干球温度每上升 1 ℃,负荷减少 177.2 W/m²。

表 3-6　天津冬季逐年供暖负荷与气象要素的多元线性逐步回归分析(引自 Meng et al,2018)

	模型 1	模型 2
	−177.207×*DBT*	−187.578×*DBT*
		69.886×*SR*
常数	3274.114	3933.242
R^2	0.856***	0.931***

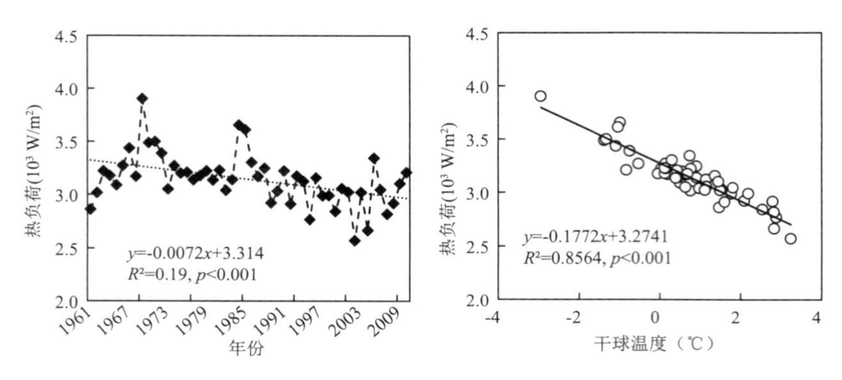

图 3-3　天津供暖期负荷年变化及与干球温度的相关性
（引自 Meng et al,2018）

3.2.3　夏热冬冷地区

从上海冬季逐日供暖负荷与气象要素的多元回归分析来看(表 3-7),干球温度可以解释供暖负荷的 90%($R^2=0.90,P<0.001$),而干球温度和太阳辐射共同可以解释供暖负荷的 93%($R^2=0.93,P<0.001$)。但随着进入回归模型气象要素数的增多,决定系数并没有明显的增高,表明冬季供逐日供暖负荷主要受干球温度的影响,太阳辐射有一定的影响,其他要素的贡献不大。

表 3-7　上海冬季逐日供暖负荷与气象要素的多元线性逐步回归分析(引自 Meng et al,2018)

	模型 1	模型 2	模型 3	模型 4	模型 5
	$-44.889\times DBT$	$-46.505\times DBT$	$-38.550\times DBT$	$-29.509\times DBT$	$-29.277\times DBT$
		$-7.031\times SR$	$-5.118\times SR$	$-6.268\times SR$	$-6.285\times SR$
			$-7.383\times MAT$	$-7.026\times MAT$	$-7.255\times MAT$
				$-9.686\times WBT$	$-9.563\times WBT$
					$4.743\times WIN$
常数	762.208	834.016	843.332	834.521	830.163
R^2	0.895***	0.926***	0.930***	0.931***	0.931***

由表 3-8 可见,干球温度可以解释逐月供暖负荷的 94%($R^2=0.94,P<0.001$),与太阳辐射共同解释了 99%。尽管湿球温度也进入模型,但 R^2 值并没有明显增加。表明逐月供暖负荷主要受干球温度的影响,太阳辐射存在一定影响。

从各月研究结果来看(表 3-8),各月首先进入模型的要素均为干球温度,干球温度可以解释各月负荷变化的 91%以上。

表 3-8　上海冬季逐月供暖负荷与气象要素的多元线性逐步回归分析(引自 Meng et al,2018)

	模型 1	模型 2	模型 3	模型 4
1—12 月	$-44.375\times DBT$	$-47.066\times DBT$	$-29.043\times DBT$	
		$-10.899\times SR$	$-13.285\times SR$	
			$-19.930\times WBT$	

续表

	模型 1	模型 2	模型 3	模型 4
常数	759.775	865.962	856.613	
R^2	0.941***	0.986***	0.992***	
1 月	−42.916×*DBT*	−49.205×*DBT*	−19.375×*DBT*	
		−11.396×*SR*	−16.219×*SR*	
			−33.704×*WBT*	
常数	776.691	893.239	887.734	
R^2	0.911***	0.971***	0.991***	
2 月	−48.376×*DBT*	−48.653×*DBT*	−27.533×*DBT*	−31.577×*DBT*
		−11.080×*SR*	−14.376×*SR*	−14.076×*SR*
			−23.456×*WBT*	−20.135×*WBT*
				−5.030×*WIN*
常数	772.812	878.503	878.345	897.507
R^2	0.941***	0.990***	0.996***	0.997***
12 月	−40.441×*DBT*	−47.521×*DBT*	−21.482×*DBT*	−18.697×*DBT*
		−11.903×*SR*	−18.183×*SR*	−18.520×*SR*
			−29.665×*WBT*	−31.453×*WBT*
				−1.348×*MIT*
常数	737.266	879.484	892.779	880.426
R^2	0.930***	0.969***	0.990***	0.991***

由上海办公建筑冬季逐年供暖负荷与气象要素的回归分析(表 3-9)可知,干球温度、太阳辐射和湿球温度均进入回归模型。干球温度可以解释供暖负荷的 94%($R^2=0.94$,$P<0.001$)。太阳辐射、湿球温度和最低温虽进入回归模型,但对供暖负荷影响不大。

1961—2010 年上海办公建筑供暖期负荷呈显著下降趋势($P<0.001$,图 3-4),平均每年下降 7.1 W/m²。供暖负荷与干球温度相关分析表明,供暖负荷与干球温度呈显著负相关,干球温度每上升 1 ℃,供暖负荷减少 126.4 W/m²。

表 3-9　上海冬季逐年供暖负荷与气象要素的多元线性逐步回归分析(引自 Meng et al,2018)

	模型 1	模型 2	模型 3	模型 4
	−126.389×*DBT*	−138.263×*DBT*	−75.365×*DBT*	−91.563×*DBT*
		−35.984×*SR*	−44.851×*SR*	−43.029×*SR*
			−74.759×*WBT*	−60.029×*WBT*
				−11.129×*WIN*
常数	2242.122	2609.242	2599.420	2649.948
R^2	0.941***	0.984***	0.995***	0.996***

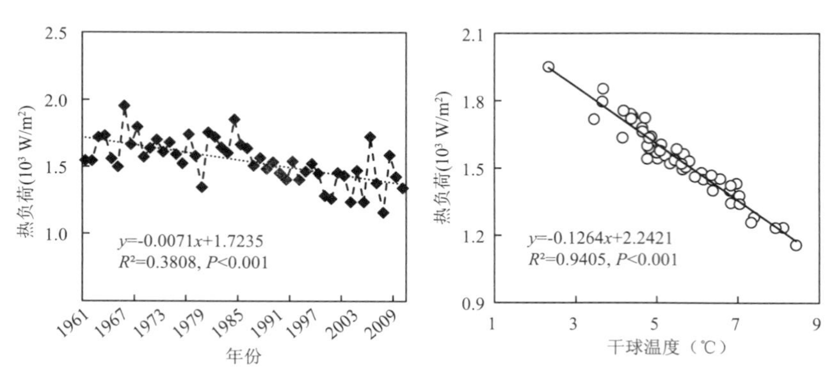

图 3-4　上海供暖期负荷年变化及与干球温度的相关性

（引自 Meng et al,2018）

3.3　气候变化对建筑制冷能耗的影响

3.3.1　严寒地区

哈尔滨逐日夏季制冷负荷与气象要素的多元线性逐步回归分析结果表明，有 5 个气象要素进入回归模型，其中干球温度可以解释夏季制冷负荷的 82%（$R^2=0.82$，$P<0.001$，表 3-10）。湿球温度和太阳辐射对夏季负荷也有一定的影响，从模型 1 到模型 3，R^2 从 0.82 上升到 0.92。尽管最高温度和最低温度也进入回归模型，但 R^2 并没有明显的上升，可见此两要素对夏季制冷负荷的影响不大。

表 3-10　哈尔滨夏季逐日制冷负荷与气象要素的多元线性逐步回归分析

	模型 1	模型 2	模型 3	模型 4	模型 5
	47.022×*DBT*	29.503×*DBT*	24.948×*DBT*	17.738×*DBT*	20.209×*DBT*
		23.544×*WBT*	28.624×*WBT*	30.589×*WBT*	31.356×*WBT*
			3.705×*SR*	3.591×*SR*	3.560×*SR*
				5.492×*MAT*	4.075×*MAT*
					−1.838×*MIT*
常数	−626.435	−673.509	−733.700	−758.663	−756.995
R^2	0.820***	0.899***	0.924***	0.925***	0.926***

逐月制冷负荷与气象要素进行回归分析来看（表 3-11），干球温度可以解释制冷负荷的 87%（$R^2=0.87$，$P<0.001$）。湿球温度有一定的影响，与干球温度共同解释制冷负荷的 96%（$R^2=0.96$，$P<0.001$）。尽管太阳辐射和最低温度进入回归模型，但对负荷影响的贡献不大（R^2 均为 0.98）。

从各月回归分析结果来看（表 3-11），不同月份影响哈尔滨夏季制冷负荷的气象要素有所不同，6 月和 8 月均为干球温度是主要影响要素，R^2 分别为 0.94 和 0.84，而 7 月为湿球温度（$R^2=0.8$），表明 7 月受温度和湿度的共同影响。

表 3-11　哈尔滨夏季逐月制冷负荷与气象要素的多元线性逐步回归分析(引自 Li et al,2018a)

	模型 1	模型 2	模型 3	模型 4
6—8 月	54.628×*DBT*	34.535×*DBT*	23.006×*DBT*	27.712×*DBT*
		22.228×*WBT*	33.129×*WBT*	35.855×*WBT*
			7.321×*SR*	6.742×*SR*
				−6.533×*MIT*
常数	−790.869	−758.156	−838.359	−870.904
R^2	0.873***	0.960***	0.979***	0.981***
6 月	40.177×*DBT*	36.304×*DBT*	29.066×*DBT*	29.697×*DBT*
		5.127×*SR*	6.944×*SR*	6.680×*SR*
			14.241×*WBT*	17.067×*WBT*
				−3.259×*MIT*
常数	−521.988	−545.278	−658.000	−683.015
R^2	0.941***	0.962***	0.980***	0.985***
7 月	63.662×*WBT*	63.499×*WBT*	49.252×*WBT*	55.533×*WBT*
		11.733×*SR*	7.657×*SR*	7.646×*SR*
			17.115×*DBT*	17.728×*DBT*
				−2.643×*MIT*
常数	−784.173	−991.423	−1028.423	−1067.755
R^2	0.801***	0.951***	0.980***	0.985***
8 月	52.665×*DBT*	29.444×*DBT*	18.819×*DBT*	21.596×*DBT*
		29.547×*WBT*	41.344×*WBT*	42.729×*WBT*
			8.159×*SR*	6.996×*SR*
				−4.018×*MIT*
常数	−738.181	−790.933	−915.048	−939.622
R^2	0.836**	0.920***	0.968***	0.983***

在年的尺度上，有 4 个气象要素进入逐步回归模型(表 3-12)，其中干球温度可以解释制冷负荷的 84%(R^2=0.84，P<0.001)，是影响哈尔滨夏季逐年制冷负荷的主要气象要素。图3-5表明，1961—2010 年哈尔滨夏季制冷负荷呈明显的上升趋势，平均每年上升 3.8 W/m²。从制冷负荷与干球温度的相关性来看，干球温度每上升 1 ℃，使得制冷负荷增加 126.4 W/m²。

表 3-12　哈尔滨夏季逐年制冷负荷与气象要素的多元线性逐步回归分析(引自 Li et al,2018a)

	模型 1	模型 2	模型 3	模型 4
	126.425×*DBT*	87.868×*DBT*	64.265×*DBT*	89.264×*DBT*
		76.916×*WBT*	101.859×*WBT*	112.995×*WBT*
			24.021×*SR*	22.626×*SR*
				−30.533×*MIT*
常数	−1562.960	−2119.069	−2494.188	−2705.885
R^2	0.836***	0.913***	0.970***	0.977***

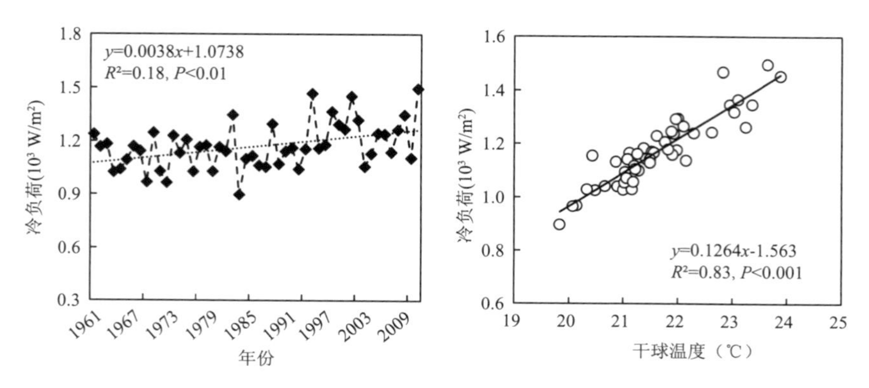

图 3-5　哈尔滨制冷期负荷年变化及与干球温度的相关性(引自 Li et al,2018a)

3.3.2　寒冷地区

从天津逐日夏季制冷负荷与气象要素回归分析来看(表 3-13),干球温度是影响天津夏季制冷负荷的主要气象要素,可以解释夏季制冷负荷的 84%($R^2=0.84$,$P<0.001$)。湿球温度、太阳辐射和最低温度也进入回归模型,但对负荷的影响不大,尤其是风速。

表 3-13　天津夏季逐日制冷负荷与气象要素的多元线性逐步回归分析

	模型 1	模型 2	模型 3	模型 4
	59.745×*DBT*	35.419×*DBT*	19.685×*DBT*	19.721×*DBT*
		28.167×*WBT*	40.599×*WBT*	40.794×*WBT*
			7.157×*SR*	7.008×*SR*
				7.239×*WIN*
常数	−844.520	−823.376	−813.422	−830.767
R^2	0.836***	0.898***	0.934***	0.935***

表 3-14 为逐月制冷负荷与气象要素的回归分析。可以看出,湿球温度是影响制冷负荷的主要气象要素,可以解释制冷负荷的 92%($R^2=0.92$,$P<0.001$)。尽管其他气象要素也进入回归模型,但对负荷影响的贡献不大。

表 3-14　天津夏季逐月制冷负荷与气象要素的多元线性逐步回归分析(引自 Li et al,2018a)

	模型 1	模型 2	模型 3	模型 4
6—9 月	59.304×*WBT*	58.171×*WBT*	49.563×*WBT*	50.929×*WBT*
		14.151×*SR*	12.313×*SR*	12.157×*SR*
			10.606×*DBT*	12.625×*DBT*
				−2.343×*MIT*
常数	−588.878	−809.024	−862.396	−900.648
R^2	0.920***	0.985***	0.988***	0.988***
6 月	36.636×*DBT*	36.573×*DBT*	23.670×*DBT*	
		8.676×*SR*	11.638×*SR*	

续表

	模型 1	模型 2	模型 3	模型 4
			32.222×*WBT*	
常数	−294.985	−467.986	−836.401	
R^2	0.554***	0.769***	0.904***	
7 月	79.664×*WBT*	72.872×*WBT*	64.655×*WBT*	63.511×*WBT*
		13.922×*SR*	12.488×*SR*	12.078×*SR*
			9.187×*DBT*	10.657×*DBT*
				7.123×*WIN*
常数	−1056.394	−1141.327	−171.710	−1191.838
R^2	0.817***	0.977***	0.988***	0.989***
8 月	69.187×*WBT*	71.176×*WBT*	70.107×*WBT*	66.395×*WBT*
		12.813×*SR*	13.053×*SR*	12.579×*SR*
			6.058×*MAT*	4.653×*MAT*
				5.470×*DBT*
常数	−830.519	−1083.579	−1273.509	−1275.800
R^2	0.787***	0.966***	0.980***	0.982***
9 月	36.654×*DBT*	40.642×*DBT*	23.833×*DBT*	27.049×*DBT*
		10.318×*SR*	13.963×*SR*	13.064×*SR*
			24.040×*WBT*	25.458×*WBT*
				−4.463×*MIT*
常数	−381.042	−620.064	−726.893	−757.410
R^2	0.655***	0.861***	0.942***	0.962***

从各月回归结果来看，各月进入回归模型的气象要素明显不同。6 月和 9 月干球温度首先进入回归模型，可以分别解释制冷负荷的 55%（$R^2=0.55$，$P<0.001$）和 66%（$R^2=0.66$，$P<0.001$）。此外，太阳辐射和湿球温度也对制冷负荷有明显的影响。与此不同，7 月和 8 月制冷负荷与湿球温度的相关性最好，R^2 分别为 0.82 和 0.79，表明 7 月和 8 月制冷负荷主要受温度和湿度的共同影响。太阳辐射对夏季制冷负荷也有明显的影响，其他要素对夏季制冷负荷没有明显影响。

从制冷负荷与气象要素的回归分析逐年来看（表 3-15），湿球温度首先进入回归模型，可以解释制冷负荷的 55%（$R^2=0.55$，$P<0.001$）。太阳辐射也是影响逐年制冷负荷的主要气象要素，与湿球温度共同解释逐年制冷负荷的 93%（$R^2=0.93$，$P<0.001$）。

表 3-15　天津夏季逐年制冷负荷与气象要素的多元线性逐步回归分析（引自 Li et al，2018a）

	模型 1	模型 2	模型 3	模型 4
	218.746×*WBT*	246.002×*WBT*	195.471×*WBT*	197.825×*WBT*
		62.183×*SR*	59.949×*SR*	57.320×*SR*
			52.772×*DBT*	60.320×*DBT*
				−7.349×*MIT*
常数	−1973.765	−3604.923	−3830.007	−3939.511
R^2	0.545***	0.930***	0.962***	0.964***

1961—2010年天津办公建筑制冷负荷没有明显的变化趋势($P>0.05$,图3-6)。从制冷负荷与湿球温度的相关分析来看,湿球温度每上升1 ℃,制冷负荷升高218.7 W/m²。

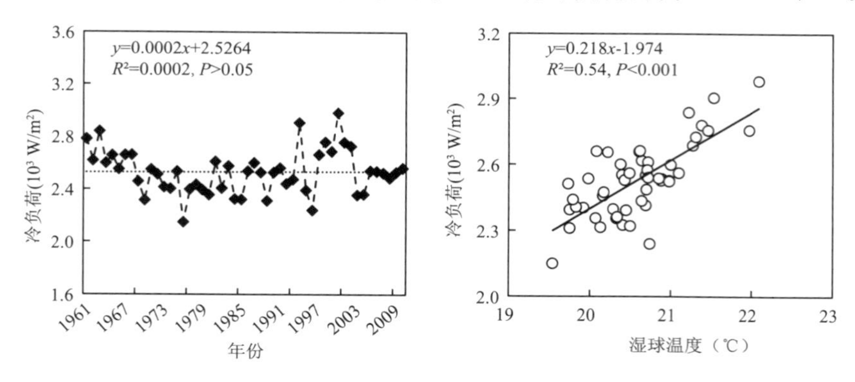

图3-6 天津制冷期负荷年变化及与干球温度的相关性(引自 Li et al,2018a)

3.3.3 夏热冬冷地区

从上海夏季逐日制冷负荷与气象要素的多元回归分析来看(表3-16),有5个气象要素进入回归模型,干球温度是主要影响要素($R^2=0.92$),其他要素影响不大。

表3-16 上海夏季逐日制冷负荷与气象要素的多元线性逐步回归分析

	模型1	模型2	模型3	模型4	模型5
	80.888×*DBT*	46.658×*DBT*	22.479×*DBT*	16.396×*DBT*	15.553×*DBT*
		40.084×*WBT*	60.157×*WBT*	60.954×*WBT*	57.408×*WBT*
			6.864×*SR*	6.438×*SR*	6.894×*SR*
				5.189×*MAT*	9.001×*MAT*
					6.207×*WIN*
常数	−1352.054	−1392.799	−1338.548	−1346.784	−1379.918
R^2	0.919***	0.948***	0.968***	0.969***	0.970***

由表3-17可见,湿球温度首先进入逐月制冷负荷与气象要素的回归模型,可以解释制冷负荷的97%($R^2=0.97,P<0.001$),是影响上海夏季制冷负荷的主要气象要素,其他气象要素对制冷负荷影响不大。

从各月分析结果来看(表3-17),7月、8月和9月均为湿球温度首先进入模型,分别可以解释制冷负荷的88%、89%和91%;6月为干球温度首先进入模型,解释制冷负荷84%($R^2=0.84,P<0.001$),表明干球温度是影响该月制冷负荷的主要气象要素。

表3-17 上海夏季逐月制冷负荷与气象要素的多元线性逐步回归分析(引自 Li et al,2018a)

	模型1	模型2	模型3	模型4
6—9月	91.447×*WBT*	80.969×*WBT*	67.967×*WBT*	65.131×*WBT*
		13.206×*SR*	11.115×*SR*	11.947×*SR*
			13.209×*DBT*	19.012×*DBT*

续表

	模型 1	模型 2	模型 3	模型 4
				−2.526×MIT
常数	−1371.905	−1337.705	−1396.562	−1397.127
R^2	0.968***	0.995***	0.998***	0.998***
6 月	59.746×DBT	35.426×DBT	14.485×DBT	18.888×DBT
		36.296×WBT	62.951×WBT	60.867×WBT
			11.913×SR	11.080×SR
				−2.988×MIT
常数	−842.064	−1031.606	−1283.134	−1282.244
R^2	0.843***	0.892**	0.988**	0.990**
7 月	116.108×WBT	98.626×WBT	78.634×WBT	79.894×WBT
		11.662×SR	11.176×SR	11.177×SR
			13.940×DBT	15.309×DBT
				−1.731×MIT
常数	−1990.451	−1755.935	−1634.369	−1667.813
R^2	0.881***	0.986***	0.996***	0.996***
8 月	119.517×WBT	93.199×WBT	73.415×WBT	76.458×WBT
		11.280×SR	11.118×SR	10.796×SR
			14.840×DBT	16.055×DBT
				−2.554×MIT
常数	−2083.419	−1615.117	−1530.628	−1580.340
R^2	0.891***	0.986***	0.995***	0.996***
9 月	80.381×WBT	74.714×WBT	71.795×WBT	
		14.938×SR	13.010×SR	
			4.661×MAT	
常数	−1137.814	−1221.139	−1286.906	
R^2	0.906***	0.989***	0.994***	

上海夏季逐年制冷负荷与气象要素回归分析结果表明（表 3-18），湿球温度是主要的影响要素，可以解释制冷负荷的 85%（$R^2=0.85$，$P<0.001$），太阳辐射也有一定的影响，其他要素影响不大。

表 3-18　上海夏季逐年制冷负荷与气象要素的多元线性逐步回归分析（引自 Li et al，2018a）

	模型 1	模型 2	模型 3	模型 4
	368.573×WBT	344.788×WBT	263.087×WBT	263.807×WBT
		49.88×SR	50.731×SR	47.008×SR
			52.258×DBT	67.084×DBT
				−8.059×MIT
常数	−5552.499	−5791.392	−5548.591	−5473.991
R^2	0.852***	0.978***	0.992***	0.994***

1961—2010年上海办公建筑年制冷负荷尽管有弱的升高趋势，平均每年升高2.8 W/m²（图3-7），但没有达到显著水平检验（$P>0.05$）。从制冷负荷与湿球温度的相关分析来看，湿球温度每上升1℃，负荷增加368.6 W/m²（图3-7）。

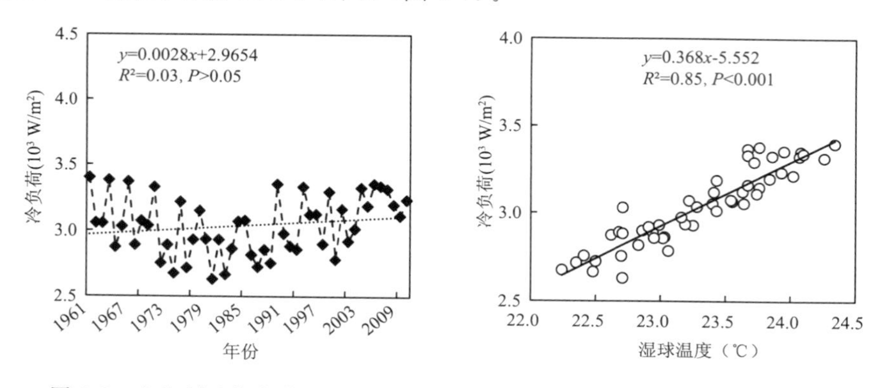

图3-7　上海制冷期负荷年变化及与干球温度的相关性（引自Li et al，2018a）

3.3.4　夏热冬暖地区

广州逐日夏季制冷负荷与气象要素的多元线性逐步回归分析表明（表3-19），湿球温度首先进入回归模型，湿球温度可以解释夏季制冷负荷的72%（$R^2=0.72$，$P<0.001$），是影响逐日夏季制冷负荷的主要气象要素。最高温度也有一定的影响，其他要素影响不大。

表3-19　广州夏季逐日制冷负荷与气象要素的多元线性逐步回归分析

	模型1	模型2	模型3	模型4	模型5
	87.382×*WBT*	61.561×*WBT*	56.291×*WBT*	58.548×*WBT*	58.471×*WBT*
		30.967×*MAT*	19.140×*MAT*	15.626×*MAT*	15.674×*MAT*
			19.522×*DBT*	28.646×*DBT*	28.733×*DBT*
				−8.746×*MIT*	−8.795×*MIT*
					0.353×*SR*
常数	−1278.513	−1625.869	−1658.804	−1639.695	−1646.588
R^2	0.716***	0.864***	0.870***	0.872***	0.872***

由表3-20可见，湿球温度首先进入逐月制冷负荷与气象要素的回归模型，可以解释制冷负荷的79%（$R^2=0.79$，$P<0.001$），是影响广州逐月制冷负荷的主要气象要素，其他要素虽然进入回归模型，但影响不大。从各月分析结果来看，湿球温度是影响各月制冷负荷的主要气象要素，可以分别解释制冷负荷的77%、80%、79%、81%。

表3-20　广州夏季逐月制冷负荷与气象要素的多元线性逐步回归分析（引自Li et al，2018a）

6—9月	模型1	模型2	模型3	模型4
	84.789×*WBT*	59.953×*WBT*	65.257×*WBT*	62.647×*WBT*
		39.240×*DBT*	45.945×*DBT*	47.945×*DBT*
			−7.568×*MIT*	−7.519×*MIT*

续表

6—9 月	模型 1	模型 2	模型 3	模型 4
				21.068×*WIN*
常数	−1218.457	−1684.649	−1837.739	−1864.561
R^2	0.785***	0.898***	0.907***	0.914***
6 月	87.136×*WBT*	59.795×*WBT*	63.474×*WBT*	62.014×*WBT*
		40.649×*DBT*	48.083×*DBT*	47.115×*DBT*
			−5.967×*MIT*	−6.192×*MIT*
				11.779×*WIN*
常数	−1278.406	−1728.654	−1840.575	−1846.589
R^2	0.770***	0.914***	0.920**	0.922**
7 月	90.653×*WBT*	62.778×*WBT*	66.859×*WBT*	64.795×*WBT*
		41.192×*DBT*	46.831×*DBT*	48.004×*DBT*
			−6.639×*MIT*	−6.927×*MIT*
				15.066×*WIN*
常数	−1356.082	−1815.517	−1928.110	−1927.081
R^2	0.804***	0.920***	0.925***	0.929***
8 月	87.120×*WBT*	61.138×*WBT*	64.737×*WBT*	63.676×*WBT*
		39.809×*DBT*	45.566×*DBT*	46.547×*DBT*
			−6.209×*MIT*	−6.338×*MIT*
				11.179×*WIN*
常数	−1270.058	−1737.455	−1850.708	−1866.085
R^2	0.790***	0.915***	0.920***	0.922***
9 月	80.497×*WBT*	54.120×*WBT*	59.014×*WBT*	58.045×*WBT*
		40.911×*DBT*	47.986×*DBT*	48.764×*DBT*
			−7.315×*MIT*	−7.343×*MIT*
				14.628×*WIN*
常数	−1105.203	−1592.360	−1750.505	−1770.536
R^2	0.812***	0.923***	0.930***	0.934***

从逐年制冷负荷与气象要素的回归分析来看(表 3-21),年制冷负荷受湿球温度和干球温度的影响,湿球温度可以解释制冷负荷的 49%($R^2=0.49, P<0.001$),湿球温度和干球温度共同解释制冷负荷的 58%($R^2=0.58, P<0.001$),表明年尺度夏季制冷负荷受温度和湿度共同影响,高温高湿天气更易引起负荷的升高。

1961—2010 年广州办公建筑制冷期负荷呈弱的下降趋势(图 3-8),通过 90%的显著水平检验($P<0.1$),平均每年下降 2.1 W/m^2。从制冷负荷与湿球温度的相关分析来看,湿球温度

每上升 1 ℃，制冷负荷增加 267.9 W/m²，气候变化背景下广州制冷负荷的降低与湿球温度的降低有直接关系，湿球温度以 0.76 ℃/100 a 的速率下降，这与广州夏季制冷负荷减少的趋势是一致的。

表 3-21　广州夏季逐年制冷负荷与气象要素的多元线性逐步回归分析
（引自 Li et al,2018a）

	模型 1	模型 2
	267.897×*WBT*	275.199×*WBT*
		70.685×*DBT*
常数	−3057.198	−5119.135
R^2	0.488***	0.577***

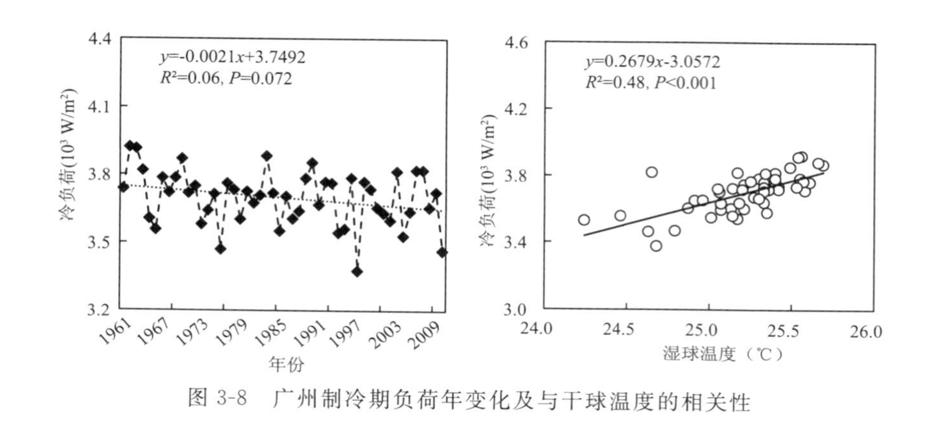

图 3-8　广州制冷期负荷年变化及与干球温度的相关性
（引自 Li et al,2018a）

3.4　未来气候条件下建筑能耗预估

3.4.1　不同气候区代表城市未来气候预估

利用 IPCC 第五次评估报告中 CMIP5（耦合模式比较计划第五阶段）全球气候模式 MIROC5 逐月温度、相对湿度和太阳辐射输出结果，与 2.4 节研究方法相同，将模式的输出结果进行空间插值和误差校正，得到哈尔滨、天津、上海和广州 4 个城市的气象要素数据（表 3-22）。排放情景选取 IPCC 第五次评估报告中提出的典型浓度路径 RCP2.6（低排放）和 RCP6.0（中等排放），即到 2100 年辐射强迫分别为 2.6 W/m² 和 6.0 W/m²。可以看出，4 个城市未来干球温度和湿球温度均呈现升高的趋势，而太阳辐射没有明显的变化。其中哈尔滨和上海升温幅度较大，相比 1961—2010 年，哈尔滨地区在低排放和中等排放情景下 2011—2100 年平均干球温度分别升高了 1.5 ℃和 1.8 ℃，湿球温度分别升高了 1.4 ℃和 1.8 ℃；上海地区在低排放和中等排放情景下 2011—2100 年平均干球温度分别升高了 1.7 ℃和 1.8 ℃，湿球温度分别升高了 1.5 ℃和 1.6 ℃。在低排放情境下，4 个城市 2011—2100 年平均太阳辐射相比 1961—2010 年呈现微弱的上升趋势，而在中等排放情景下则呈现不变（上海地区）或下降的趋势。

表 3-22　不同时段干球温度、湿球温度和太阳辐射的多年平均值(Chen et al,2018)

典型城市	时段	数据来源	干球温度(℃)	湿球温度(℃)	太阳辐射(MJ/(m^2·d))
哈尔滨	1961—2010 年	实测	4.4	1.7	12.9
	2011—2100 年	RCP2.6	5.9	3.1	13.2
	2011—2100 年	RCP6.0	6.2	3.5	12.7
天津	1961—2010 年	实测	13.0	9.2	13.8
	2011—2100 年	RCP2.6	14.6	10.8	14.1
	2011—2100 年	RCP6.0	14.6	11.0	13.5
上海	1961—2010 年	实测	16.4	13.9	12.6
	2011—2100 年	RCP2.6	18.1	15.4	13.4
	2011—2100 年	RCP6.0	18.2	15.5	12.6
广州	1961—2010 年	实测	22.2	19.3	11.7
	2011—2100 年	RCP2.6	23.6	20.5	12.7
	2011—2100 年	RCP6.0	23.6	20.5	11.6

3.4.2　不同气候区代表城市能耗预测模型

3.4.2.1　气象要素的主成分分析

利用过去 50 年(1961—2010 年)气象台站实测数据以及未来 90 年(2011—2100 年)两种排放情景下气候预估数据，共计 140 年逐月的干球温度、湿球温度和太阳辐射数据用于主成分分析，结果如表 3-23 所示。可以看出，在两种排放情景下，4 个城市主成分分析的第一特征值解释方差均超过了 80%，而且第二、第三主成分的特征值均小于 1，故保留第一主成分。得到由 3 个气候要素变量经过线性组合构成的新的变量 Z，即 $Z=T_d\times a+T_w\times b+R_S\times c$，并且该主成分 Z 是可以应用到过去和未来年份的能耗估算。

表 3-23　各城市气候变量主成分分析结果(引自 Chen et al,2018)

典型城市	排放情景	主成分	特征值	累计方差(%)	系数		
					干球温度(℃)	湿球温度(℃)	太阳辐射(MJ/(m^2·d))
哈尔滨	RCP2.6	1	2.788	92.9	0.987	0.979	0.925
		2	0.210	99.9			
		3	0.002	100			
	RCP6.0	1	2.774	92.5	0.987	0.977	0.919
		2	0.225	99.9			
		3	0.002	100			
天津	RCP2.6	1	2.686	89.5	0.984	0.967	0.884
		2	0.311	99.9			
		3	0.003	100			
	RCP6.0	1	2.645	88.2	0.982	0.964	0.866
		2	0.352	99.9			
		3	0.003	100			

续表

典型城市	排放情景	主成分	特征值	累计方差(%)	系数		
					干球温度(℃)	湿球温度(℃)	太阳辐射(MJ/(m²·d))
上海	RCP2.6	1	2.722	90.7	0.981	0.976	0.898
		2	0.276	99.9			
		3	0.002	100			
	RCP6.0	1	2.681	89.4	0.979	0.973	0.88
		2	0.317	99.9			
		3	0.002	100			
广州	RCP2.6	1	2.527	84.2	0.981	0.951	0.813
		2	0.468	99.8			
		3	0.006	100			
	RCP6.0	1	2.502	83.4	0.980	0.950	0.799
		2	0.492	99.8			
		3	0.006	100			

3.4.2.2　能耗与主成分的相关分析

以办公建筑为例，将4个城市1961—2000年供暖期(11月至翌年3月，哈尔滨供暖期为10月至翌年4月，广州不考虑冬季供暖)及制冷期(6—9月，哈尔滨制冷期为6—8月)各月的能耗与相应月的主成分Z作回归分析，建立回归模型(表3-24)，并用2001—2010年数据验证回归模型，得到表3-25。从表3-24中可以看出，4个城市回归方程的决定系数R^2均在0.7以上，其中上海地区建立的回归方程相关性最好，低排放情景供暖期和制冷期R^2分别为0.87和0.95；中等排放情景下供暖期和制冷期R^2分别为0.87和0.95。

表3-24　逐月能耗与主成分Z的回归分析(Chen et al,2018)

典型城市	排放情景	能耗类型	回归方程	R^2
哈尔滨	RCP2.6	供暖	$Y=-17.80x+929.23$	0.984
		制冷	$Y=21.51x-810.01$	0.723
	RCP6.0	供暖	$Y=-17.84x+928.31$	0.984
		制冷	$Y=21.60x-812.17$	0.725
天津	RCP2.6	供暖	$Y=-15.94x+768.67$	0.917
		制冷	$Y=25.74x-889.74$	0.852
	RCP6.0	供暖	$Y=-16.04x+766.76$	0.917
		制冷	$Y=26.00x-894.68$	0.857
上海	RCP2.6	供暖	$Y=-17.46x+796.89$	0.868
		制冷	$Y=30.12x-1128.15$	0.948
	RCP6.0	供暖	$Y=-17.54x+795.23$	0.869
		制冷	$Y=30.42x-1134.51$	0.949

续表

典型城市	排放情景	能耗类型	回归方程	R^2
广州	RCP2.6	供暖	\	\
		制冷	$Y=28.78x-888.17$	0.774
	RCP6.0	供暖	\	\
		制冷	$Y=29.15x-904.45$	0.779

为了更好地估算未来建筑能耗，对各回归模型进行了误差分析。从表3-25可以看出，4个城市回归模型的模拟效果均较好，标准化的平均偏差（NMBE）均小于2.5%，并且均方根误差变异系数（CVRMSE）均小于12%，说明回归模型能够较好地反映出能耗的变化，可以用来估算未来能耗。对于供暖期能耗的模拟，哈尔滨效果最好，低排放情景和中等排放情景下NMBE分别为0.87%和0.86%，CVRMSE分别为4.40%和4.39%。对于制冷期能耗的模拟，上海模拟效果最好，低排放情景和中等排放情景下NMBE分别为−0.58%和−0.49%，CVRMSE分别为5.62%和5.53%。

表3-25 各回归模型的误差分析（引自Chen et al，2018）

典型城市	排放情景	能耗类型	MBE	NMBE（%）	RMSE	CVRMSE（%）
哈尔滨	RCP2.6	供暖	8.52	0.87	42.90	4.40
		制冷	3.78	0.92	47.75	11.62
	RCP6.0	供暖	8.42	0.86	42.81	4.39
		制冷	3.89	0.95	47.60	11.58
天津	RCP2.6	供暖	6.38	1.07	36.03	6.07
		制冷	12.17	1.92	37.30	5.88
	RCP6.0	供暖	6.19	1.04	35.93	6.05
		制冷	12.57	1.99	36.94	5.82
上海	RCP2.6	供暖	9.33	2.47	42.10	11.13
		制冷	−4.61	−0.58	44.98	5.62
	RCP6.0	供暖	9.13	2.41	41.84	11.06
		制冷	−3.90	−0.49	44.25	5.53
广州	RCP2.6	供暖	\	\	\	\
		制冷	17.05	1.86	48.25	5.26
	RCP6.0	供暖	\	\	\	\
		制冷	17.19	1.87	48.05	5.24

注：MBE为平均偏差；NMBE为标准化的平均偏差；RMSE为均方根误差；CVRMSE为均方根误差变异系数。

3.4.3 未来气候背景下不同气候区代表城市能耗变化

图3-9～图3-12给出了4个城市1961—2100年热负荷、冷负荷和总能耗的变化情况。可以看出，哈尔滨、天津和上海3个城市热负荷均呈下降趋势，表明随冬季温度升高，供暖能耗逐渐下降。相反，4个城市冷负荷则呈现上升趋势，表明夏季制冷能耗在逐年上升。而总能耗的

变化上，除哈尔滨外，天津和上海均呈现上升的趋势。广州地区冬季不考虑供暖能耗，总能耗即为夏季制冷能耗，总能耗上升趋势最为明显。

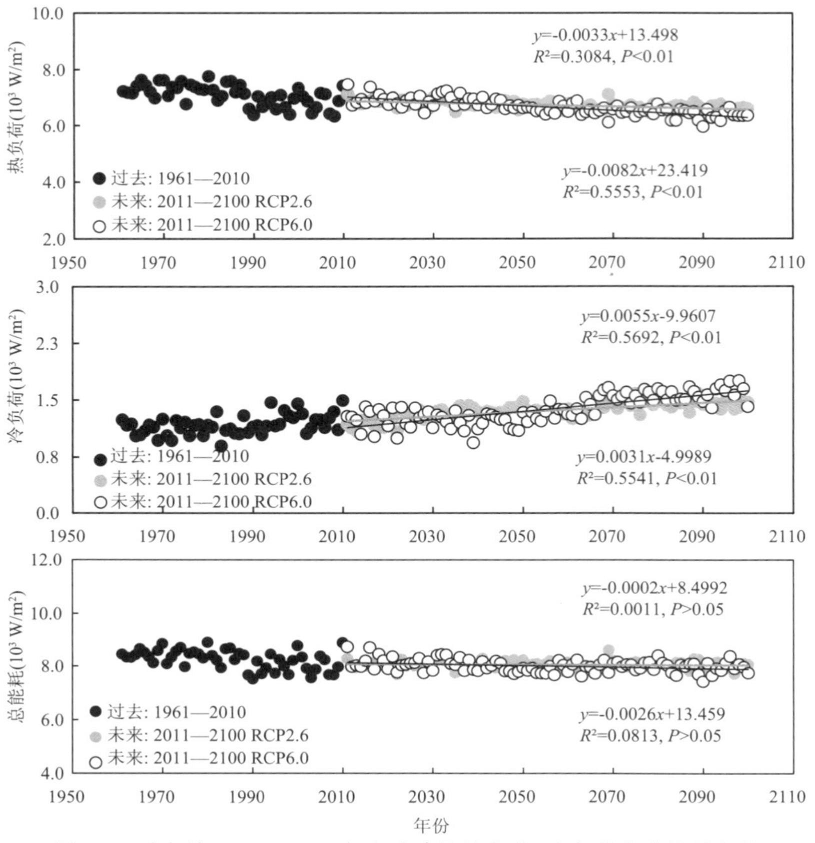

图 3-9　哈尔滨 1961—2100 年办公建筑热负荷、冷负荷和总能耗变化
（引自 Chen et al，2018）

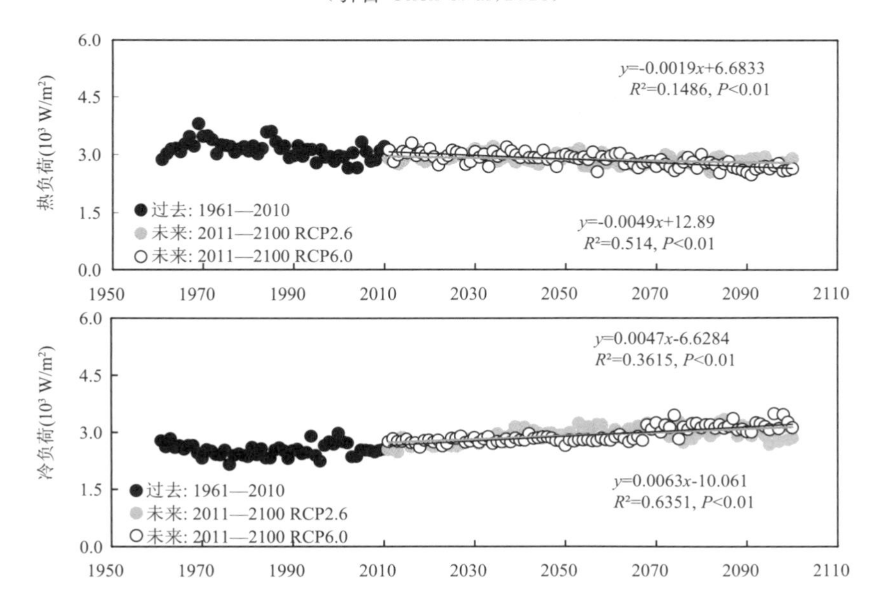

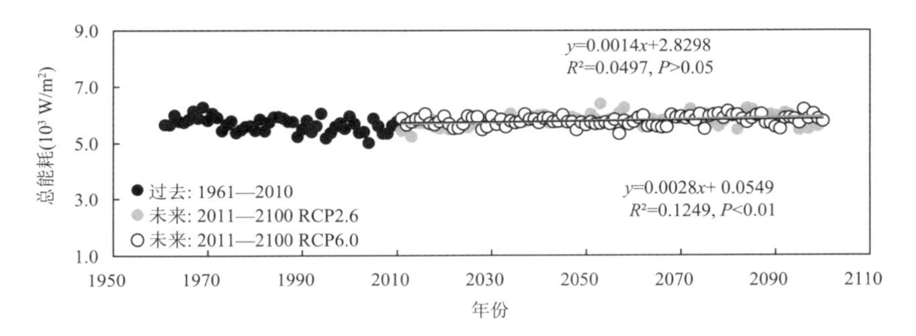

图 3-10　天津 1961—2100 年办公建筑热负荷、冷负荷和总能耗变化
(引自 Chen et al,2018)

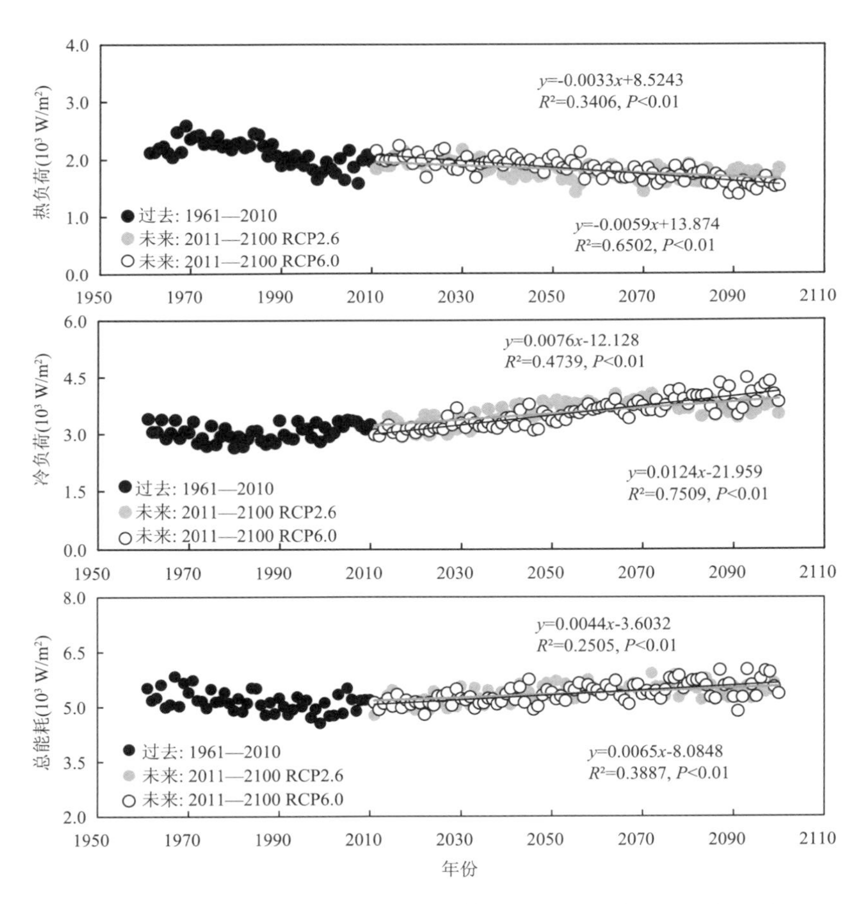

图 3-11　上海 1961—2100 年办公建筑热负荷、冷负荷和总能耗变化
(Chen et al,2018)

为了更为详细地探讨气候变化对建筑能耗的影响,分析了低排放及中等排放情景下不同气候区典型城市 3 个时段(1961—2010 年、2011—2050 年和 2011—2100 年)热负荷、冷负荷和总能耗的变化情况(图 3-13)。各城市中热负荷降幅最大的是上海,和 1961—2010 年相比,上海低排放和中等排放情景下 2011—2050 年平均热负荷降幅分别为 9.66%和 6.65%;天津在

低排放情景和中等排放情景下降幅分别为 6.53%和 4.83%；哈尔滨热负荷降幅最小，低排放情景和中等排放情景下降幅分别为 3.96%和 2.97%。而 2011—2100 年各城市热负荷的变化和 2011—2050 年热负荷的变化趋势类似，和 1961—2010 年相比，上海低排放和中等排放情景下热负荷降幅分别为 14.30%和 13.55%；天津在低排放情景和中等排放情景下降幅分别为 8.31%和 8.66%；哈尔滨热负荷降幅分别为 5.18%和 6.12%。

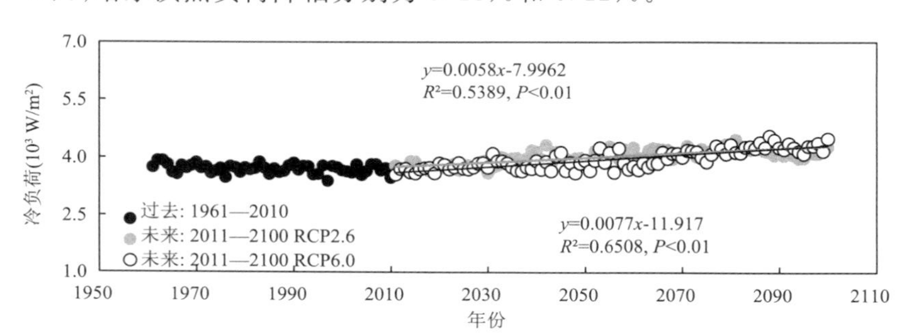

图 3-12　广州 1961—2100 年办公建筑冷负荷变化(引自 Chen et al，2018)

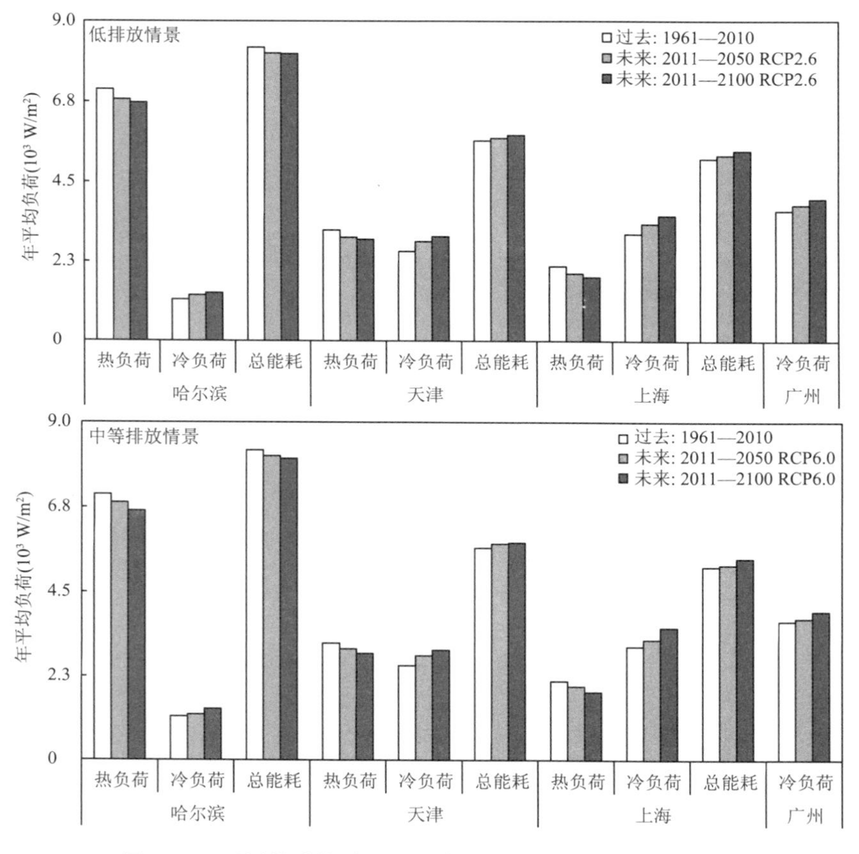

图 3-13　不同排放情景下办公建筑不同时期年平均热负荷、冷负荷及总能耗变化(引自 Chen et al，2018)

在冷负荷的变化上，2011—2050 年平均冷负荷上升幅度最大的是天津，和 1961—2010 年相比，低排放情景和中等排放情景下冷负荷升幅为 11.02%和 10.61%；哈尔滨在两种排放情景下冷负荷升幅分别为10.41%和4.98%；上海分别为9.71%和6.18%；广州为4.31%和1.97%。而在2011—2100年平均冷负荷的变化上，升幅最大的是上海，和1961—2010年相比，在低排放情景和中等排放情景下升幅分别为17.24%和16.62%；哈尔滨在低排放情景和中等排放情景下冷负荷升幅为16.17%和17.92%；天津冷负荷在两种排放情景下升幅分别为16.49%和16.43%；广州冷负荷升幅分别为8.76%和6.90%。

各气候区总能耗的变化不尽相同。哈尔滨下降，和1961—2010年相比，在低排放情景和中等排放情景下2011—2050年平均总能耗降幅分别为1.93%和1.85%，2011—2100年平均总能耗降幅分别为2.16%和2.72%。而天津和上海总能耗增加，天津2011—2050年平均总能耗相比1961—2010年两种排放情景下升幅分别为1.32%和2.07%，2011—2100年平均总能耗相比1961—2010年两种排放情景下升幅分别为2.78%和2.56%；上海2011—2050年平均总能耗升幅分别为1.76%和0.91%，2011—2100年平均总能耗升幅分别为4.30%和4.24%。

第 4 章　气候变化对建筑节能设计气象参数的影响

中国作为一个能源消费大国，建筑能耗占社会终端总能耗的 30%左右，且随着城市化水平的提高，建筑能耗所占比例将进一步增加，至 2020 年将达到 35%左右(Yao et al,2005；Cai et al,2009；Wan et al,2011)。在建筑的总能耗中，供暖和制冷能耗占据主导，而且供暖制冷能耗与外界气候条件有直接的关系，供暖空调室外计算气象参数受气候变化影响发生了明显的变化，需要及时修订和更新气象参数，有必要考虑重新设置符合目前气候环境的建筑参数，在保证室内热舒适环境的前提下，达到节能减排的目的。从设计层面来看，建筑节能设计气象参数的确定、节能设计标准(比如围护结构、供暖空调系统容量以及设备的选型等)制定均与气候/气候变化密切相关。气象参数在建筑节能设计中主要有两方面作用：一是作为室内负荷计算的初始条件；二是作为暖通空调设备容量计算的初始条件。我国每年新增建筑面积 18～20 亿m^2，而且每年建设部有近亿平方米的既有建筑节能改造任务，如何使新建建筑建设和既有建筑的改造更加节能，其中非常重要的一点就是要准确把握全国不同建筑气候区的气候特征，充分考虑气候变化对建筑节能设计气象参数和设计标准的影响，从而为政府和建筑设计部门提供决策依据。

本章选择全国五大建筑气候区(严寒地区、寒冷地区、夏热冬冷地区、温和地区、夏热冬暖地区)的代表城市(哈尔滨、天津、上海、昆明和广州)，基于各城市中心区国家级气象站 1961—2010 年气象数据，根据《民用建筑供暖通风与空气调节设计规范》(GB 50736—2012)，计算了建筑暖通空调室外设计计算参数，评估气候变化对不同建筑气候区建筑设计气象参数的影响。同时，根据《实用供暖空调设计手册》(第二版)(以下简称《设计手册》)计算了气象参数的变化对建筑暖通空调设计负荷的影响，评估了气候变化条件下设计负荷的变化特征，以期为建筑设计节能提供决策依据和计算数据。

4.1　数据和方法

4.1.1　数据

1961—2010 年五大建筑气候区各代表城市(哈尔滨、天津、上海、昆明和广州)的气象数据，要素为气温和相对湿度，包括两要素 50 年逐日数据，1961—2004 年的一日四次观测数据，以及 2005—2010 年逐时观测数据。

4.1.2　研究方法

根据《民用建筑供暖通风与空气调节设计规范》(GB 50736—2012)，主要计算了供暖通风与空气调节室外设计计算参数，各参数及计算方法如下：

供暖室外计算温度：历年平均不保证 5 d 的日平均温度(℃)；

冬季空调室外计算温度：历年不保证 1 d 的日平均温度(℃)；

冬季空调室外计算相对湿度：累年最冷月平均相对湿度(%)；

夏季空调室外计算干球温度：历年不保证 50 h 的干球温度(℃)；

夏季空调室外计算湿球温度：历年不保证 50 h 的湿球温度(℃)；

夏季空调室外计算日平均温度：历年不保证 5 d 的日平均温度(℃)；

夏季通风室外计算温度：历年最热月 14 时的月平均温度的平均值(℃)；

夏季通风室外计算相对湿度：历年最热月 14 时月平均相对湿度的平均值(%)；

冬季通风室外计算温度：累年最冷月平均温度(℃)。

夏季空调室外计算干球温度和夏季空调室外计算湿球温度理论算法应采用历年不保证 50 h 的干球温度和湿球温度，也即采用 30 年不保证 1500 个小时的干球和湿球温度，而各台站 2005 年之前均为一日四次观测数据，所以基于一日四次数据进行计算，也即 30 年不保证 250 个小时的干球和湿球温度。

4.2　气候变化对建筑节能设计气象参数及设计负荷的影响

4.2.1　冬季供暖空调

受气候变暖影响，建筑节能设计冬季室外气象参数发生了明显的变化(表 4-1)。与其他参数相比，供暖室外计算温度上升幅度最为明显。不同建筑气候区升高幅度有明显差异，位于夏热冬冷地区的上海最大，为 1.7 ℃，夏热冬暖地区的广州上升幅度最低，为 0.6 ℃，而位于严寒地区的哈尔滨和寒冷地区的天津升高幅度分别为 1.4 ℃和 1.5 ℃。同样，受气候变暖影响，冬季空调室外计算温度表现明显上升，不同建筑气候区的变化幅度与供暖明显不同，变化幅度最大的为哈尔滨，升高幅度为 1.7 ℃，其余各区均低于或等于 1.0 ℃，广州最低，为 0.8 ℃。冬季空调室外计算相对湿度变化不大，变化幅度均没有超过 2%。

表 4-1　五个城市建筑节能设计气象参数(引自 Cao et al，2017)

设计参数	城市	年份			1981—2010 年与 1961—1990 年的差值
		1961—1990 年	1971—2000 年	1981—2010 年	
供暖室外计算温度(℃)	哈尔滨	−24.8	−24.2	−23.4	1.4
	天津	−7.6	−6.7	−6.1	1.5
	昆明	3.4	3.6	4.4	1.0
	上海	−1.0	−0.2	0.7	1.7
	广州	7.7	8.0	8.3	0.6
冬季空调室外计算温度(℃)	哈尔滨	−28.3	−27.0	−26.6	1.7
	天津	−9.7	−9.2	−8.8	0.9
	昆明	0.8	0.9	1.8	1.0
	上海	−2.7	−2.1	−1.7	1.0
	广州	5.3	5.2	6.1	0.8

续表

设计参数	城市	年份			1981—2010 年与 1961—1990 年的差值
		1961—1990 年	1971—2000 年	1981—2010 年	
冬季空调室外计算相对湿度(%)	哈尔滨	73	73	71	2.0
	天津	53	54	53	0.0
	昆明	68	68	69	1.0
	上海	74	75	73	-1.0
	广州	71	72	70	-1.0
夏季空调室外计算干球温度(℃)	哈尔滨	30.4	30.6	30.8	0.4
	天津	33.6	33.9	34.2	0.6
	昆明	26.1	26.2	26.8	0.7
	上海	34.0	34.4	35.3	1.3
	广州	33.8	34.2	34.7	0.9
夏季空调室外计算湿球温度(℃)	哈尔滨	23.8	23.9	23.9	0.1
	天津	26.8	26.8	26.9	0.1
	昆明	20.1	20.1	20.1	0.0
	上海	27.8	27.8	27.8	0.0
	广州	27.7	27.6	27.5	-0.2
夏季空调室外计算日平均温度(℃)	哈尔滨	25.8	26.3	26.6	0.8
	天津	29.3	29.7	30.2	0.9
	昆明	22.1	22.4	22.8	0.7
	上海	30.4	30.8	31.6	1.2
	广州	30.3	30.6	31.1	0.8
冬季通风室外计算温度(℃)	哈尔滨	-19.1	-18.4	-17.6	1.5
	天津	-3.6	-3.0	-2.5	1.1
	昆明	7.6	8.1	8.9	1.3
	上海	3.7	4.3	4.8	1.1
	广州	13.3	13.6	13.9	0.6
夏季通风室外计算温度(℃)	哈尔滨	26.3	26.6	26.5	0.2
	天津	29.4	29.8	30.2	0.8
	昆明	22.2	22.2	22.7	0.5
	上海	30.7	30.8	31.6	0.9
	广州	31.2	31.4	31.7	0.5
夏季通风室外计算相对湿度(%)	哈尔滨	62	62	62	0.0
	天津	64	63	60	-4.0
	昆明	73	72	70	-3.0
	上海	70	69	65	-5.0
	广州	69	68	66	-3.0

冬季供暖室外计算温度主要用于计算锅炉（尤其是集中供暖锅炉）的燃料定额，从而确定其供暖容量。供暖室外气象参数的升高，对降低燃料定额非常有利，尤其是对位于北方的哈尔滨和天津，1981—2010 年与 1961—1990 年相比，计算温度升高了 1.4 ℃和 1.5 ℃，可降低锅炉燃料定额。上海、昆明和广州冬季不存在供暖，因此，仅列出供暖室外气象参数的变化幅度，对其影响不作深入研究。

根据《实用供暖空调设计手册》（第二版）（以下简称《设计手册》）计算了气象参数的变化对建筑供暖设计负荷的影响，冬季供暖室外计算温度每升高 1℃，可使得天津地区的供暖设计负荷每平方米降低 2.89%，对于哈尔滨可使供暖设计负荷降低 2.03%，通过计算得到天津和哈尔滨由于气候变暖冬季供暖设计负荷分别降低了 4.34%和 2.84%。表明仅考虑气候变暖的影响，在严寒地区和寒冷地区可节能约 3%～5%，在实际设计中应充分考虑节能减排的目的。

根据《设计手册》计算结果，哈尔滨、天津、上海和广州办公建筑的冬季空调设计负荷在冬季空调室外计算温度每升高 1 ℃分别降低 0.97%、1.5%、2.35%和 4.03%（表 4-2）。这表明，室外计算温度的变化对不同地区办公建筑冬季空调设计负荷的影响存在明显不同，从北至南，设计负荷对温度的响应呈增加趋势，严寒地区的哈尔滨响应最弱，而夏热冬暖地区的响应最敏感。1981—2010 年与 1961—1990 年相比，哈尔滨、天津、上海和广州冬季空调室外计算温度分别升高了 1.7 ℃、0.9 ℃、1.0 ℃和 0.8 ℃，表明受气候变暖影响冬季空调设计负荷可降低约 1.65%、1.35%、2.35%和 3.22%。

表 4-2　办公建筑空调室外计算温度每升高 1 ℃对应的设计负荷的变化率（引自 Cao et al，2017）

设计负荷变率	哈尔滨	天津	上海	广州
冷负荷（%）	2.09	1.92	2.17	2.39
热负荷（%）	−0.97	−1.5	−2.35	−4.03

4.2.2　夏季空调

夏季空调室外计算干球温度在不同建筑气候区各代表城市均表现为明显的升高，其中上海升高最为明显，达到 1.3 ℃，而哈尔滨最低，仅为 0.4 ℃（表 4-1）。与干球温度相比，各区的空调室外计算湿球温度变化不大。1981—2010 年与 1961—1990 年相比，哈尔滨和天津仅升高0.1 ℃，昆明和上海没有变化，广州降低了 0.2 ℃。夏季空调室外计算日平均温度也表现为明显的升高，其中，上海升温幅度最大，为 1.2 ℃，昆明最小，为 0.7 ℃，其余各城市为 0.8（哈尔滨和广州）～0.9 ℃（天津）。

空调室外计算温度主要用于指导空调设计冷负荷，温度的升高将增加夏季空调负荷，一方面使夏季空调能耗增加，另一方面，使正在使用的空调运行风险加大。根据《设计手册》，各城市夏季空调室外计算温度每上升 1 ℃，夏季空调设计负荷在哈尔滨、天津、上海和广州将分别升高 2.09%、1.92%、2.17%和 2.39%（表 4-2）。1981—2010 年与 1961—1990 年相比，该四个城市空调室外计算干球温度分别上升了 0.4 ℃、0.6 ℃、1.3 ℃和 0.9 ℃。因此，受气候变暖的影响，哈尔滨、天津、上海和广州需增加夏季空调设计负荷，分别增加 0.8%、1.1%、2.8%和 2.2%。

夏季空调室外计算湿球温度主要用于测定夏季新风负荷或除湿负荷。从表 4-1 可以看出，在气候变暖背景下，夏季空调室外计算湿球温度并没有明显变化，因此，对新风负荷和除湿负荷没有明显影响,可以不用考虑湿球温度的影响。

夏季空气调节室外计算逐时温度由夏季空调室外计算日平均温度计算得到,主要用于计算最大负荷,进而通过负荷确定设备选型。表 4-1 表明,日平均温度近 20 年来在各代表城市均表现出上升趋势,上升幅度最大为上海(1.2 ℃),最小为昆明(0.7 ℃)。室外计算逐时温度也明显上升(图 4-1)。1981—2010 年与 1961—1990 年相比,哈尔滨和天津逐时温度不同时段差异最大值出现在 03—05 时,至 15 时左右逐渐降至最低,之后又升高。与此相反,温和地区的昆明和夏热冬冷地区的上海,不同时段差异最大值出现在 15 时左右,尤其是上海,14 时左右差值达到 2.4 ℃。与上述城市不同,广州逐时温度不同时段差异变化不明显,各时段的差值为 0.7～0.9 ℃。

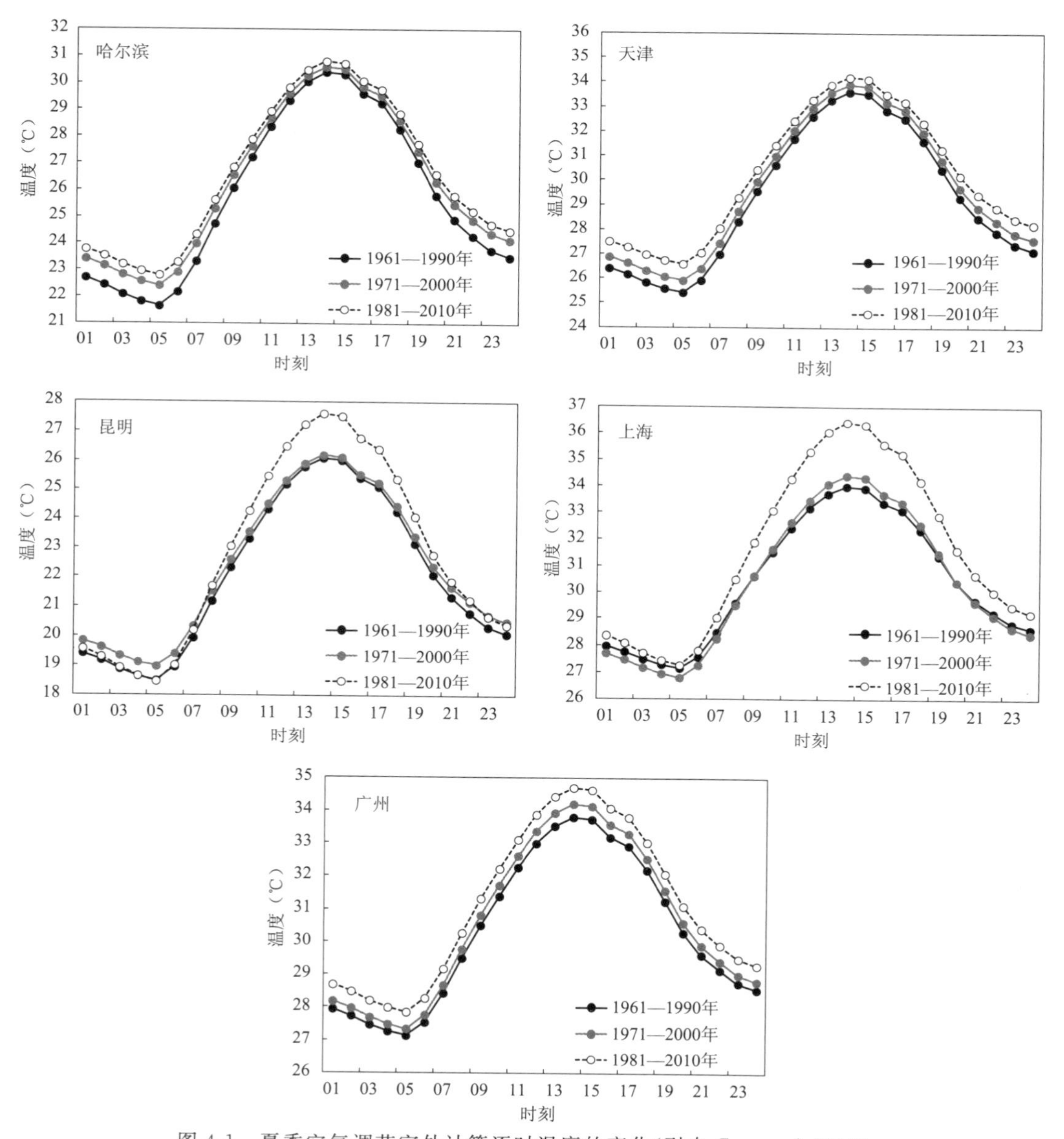

图 4-1　夏季空气调节室外计算逐时温度的变化(引自 Cao et al,2017)

夏季空调室外计算逐时温度主要用于确定设备的最大负荷，从而为设备选型提供依据。从全国不同建筑气候区各代表城市来看，哈尔滨和天津计算逐时温度差异的最大值出现在03—05时，1981—2010年与1961—1990年相比，虽然天津的计算温度最多升高0.7 ℃，但由于该时段是一日中低温时段，空调基本处于关闭的状态，此时温度升高对日最大负荷影响不大。同样，哈尔滨虽然夏季公共建筑有一定的空调开启，一日中差异最大值达到了1.1 ℃，但出现在03—05时，也是一日中低温时段，此时段空调处于关闭，对空调负荷影响不大。广州各时段温度均为升高，尤其是午后空调运行的高峰时段(14—15时)的温度升高了0.9 ℃，也是一日中的高温时段，温度的升高对于最大负荷有明显的影响，使负荷理论值小于实际负荷，易造成设备选型时最大负荷的偏低，影响下午空调开启集中时段运行效果。日逐时温度的变化对夏季空调最大负荷影响最为明显的是上海，一日中温度变化最显著的出现在14—15时，1981—2010年与1961—1990年相比，温度升高达到2.4 ℃，该时段空调运行负荷最大，也是一日中的高温时段，温度的变化将对空调最大负荷产生极为显著的影响，使负荷理论值远达不到实际需求，不但影响下午空调运行的效果，也对空调安全运行产生一定的影响。与上海一样，昆明一日逐时温度的变化最大值也出现在午后，最大差值达到1.5 ℃(14—15时)，但昆明处于温和地区，公共建筑的空调需求相对较小，所以温度的变化对空调运行和制冷效果影响不大，可适当地调整空调设计负荷以满足需求。

4.2.3 冬夏季通风

通风室外计算温度和相对湿度主要是用于计算地下车库之类不用供暖但是要有通风的场所负荷。从表4-1可看出，冬季通风室外计算温度各城市均明显升高，其中哈尔滨升高幅度最大，为1.5 ℃，广州最小，为0.6 ℃，其余各城市均超过1 ℃。冬季通风室外计算温度的升高对降低通风负荷是有利的。相对冬季，夏季通风室外计算温度上升幅度要明显偏低，各城市升高0.2 ℃(哈尔滨)～0.9 ℃(上海)，温度的升高增加通风负荷。总体来看，冬季升温的幅度要大于夏季，使得全年的通风负荷降低，对通风节能是有利的。夏季通风室外计算相对湿度除哈尔滨外，其余城市均降低，这对降低除湿负荷是有利的。

4.3 不同计算方法对气象参数的影响

如前所述，夏季空调室外计算干球温度和夏季空调室外计算湿球温度通常根据一日四次数据进行计算，也即30年不保证250个小时的干球和湿球温度。为了验证采用24小时和一日四次计算方法的差异，首先将2005年左右之前一日四次数据插值为一日24小时，基于两种算法得到的计算结果，评估了一日四次可靠性。根据北京时间02时、08时、14时、20时的定时温度和日最高温度、日最低温度为基本插值点，利用三次样条插值法获得一日24次的定时温度。同样，利用每日四次定时相对湿度为基本的插值点，采用三次样条插值法获得一日24次的定时相对湿度值。以天津站为例，任意选取一段时间(2010年1月1日21时至1月8日19时)，将测定值和计算值进行比较(图4-2)，实测值和计算值一致性较好，且二者相关系统均达到极显著水平(R^2>0.95)。这表明计算值可以反映测定值，进一步利用干球温度和相对湿度计算得到湿球温度。

由表4-3可见，两种方法得到的夏季空调室外计算干球温度和湿球温度均有一定的差异。

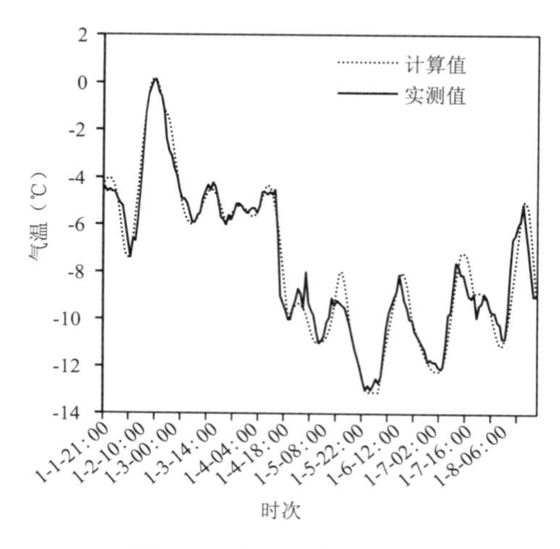

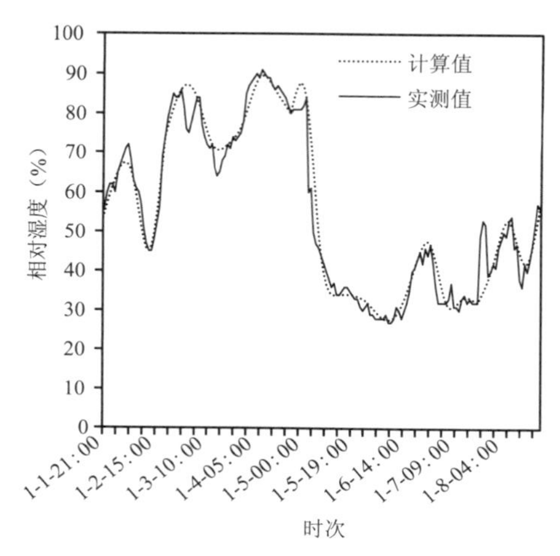

图 4-2　干球温度和相对湿度实测值与计算值的比较(引自 Li et al,2016)

基于逐时计算值计算得到的干球温度和湿球温度均高于(除上海的夏季空调室外计算干球温度)一日四次观测值得到的干球温度和湿球温度。各代表城市之间也有明显的不同,天津差值最小,干球温度和湿球温度均为 0.1 ℃,昆明最大,均为 0.8 ℃。这表明一日四次值计算得到的气象参数值明显偏低,计算得到的夏季空调设计负荷也将低于实际需求,使得夏季空调冷负荷供量不足,运行有一定的安全风险。

一日四次观测值计算得到的参数值偏低可能与取样的数量有关,一日中的极大值很难被全部挑选出,尤其是在一些极端的天气条件下。随着全球变暖,极端天气气候事件增加,计算值已经去除了每年 50 小时的极端值(不保证 50 小时),如果再落掉一些极端值,容易出现气象参数计算值偏低的情况,使得夏季空调运行容量设计不足以应对极端天气。需要指出的是,尽管插值法得到的数据也存在一定误差,但从对比结果来看,实测值和计算值基本吻合、误差很小,而且插值法在气候领域已被广泛应用。另外,从 2005 年左右所有的气象站均为逐时观测,所以建议考虑基于逐时观测数据计算各类室外计算气象参数。

表 4-3　五个城市夏季空调计算参数两种计算方法的比较

设计参数	城市	四时次计算	逐时次计算	差值
夏季空调室外计算干球温度(℃)	哈尔滨	30.8	31.1	0.3
	天津	34.2	34.3	0.1
	昆明	26.8	27.6	0.8
	上海	35.3	35.3	0.0
	广州	34.7	35.0	0.3
夏季空调室外计算湿球温度(℃)	哈尔滨	23.9	24.1	0.2
	天津	26.9	27.0	0.1
	昆明	20.1	20.9	0.8
	上海	27.8	28.2	0.4
	广州	27.5	28.3	0.8

第5章 利用供暖/制冷度日分析建筑能耗变化的适用性评估

目前，国内研究气候变化对建筑能耗的影响，主要基于度日数（谭炳刚 等，2012；曹洁 等，2013；Zhu et al，2013；You et al，2014；Shi et al，2016）或者历史上统计能耗数据（Pardo et al，2002；刘健 等，2005；张海东 等，2009），定量分析与气候/气候变化的关系。然而，统计能耗数据不但受气候变化的影响，更为主要的是受城市化以及经济快速发展的影响（刘健 等，2005；陈莉 等，2008）。利用统计能耗分析其与气候/气候变化的关系，很难准确量化各种气候因子对能耗的影响，必须剔除经济和人们生活习惯等因素。有研究用总生活能耗减去总生活能耗的趋势量，得到气候耗能量（袁顺全 等，2003）。但陈莉等（2008）认为，气候因子具有明显趋势时，趋势量还包含气候趋势影响的那部分能耗消费量，对这部分消费量不宜简单进行去除。另外，我国社会经济统计资料中，各地供暖及制冷能耗资料十分缺乏，可用性不强。与此相反，度日数（包括制冷和供暖度日）可直接反映气候变化对建筑能耗的影响，被广泛用于研究气候与能源使用之间的关系，且可用于大区域及城市尺度能耗评估。但是，供暖/制冷度日数的计算仅基于气温单一要素，并未考虑其他气候要素对能耗变化的贡献，是否能够反映建筑的真实能耗，其适用性和可靠性有待于评估。

近几年，有学者应用能耗模拟软件（TRNSYS，EnergyPlus 等）模拟得到建筑供暖制冷能耗，从而定量评估其与气候变化的关系（Xu et al，2012；Li et al，2014；Wang et al，2014；Invidiata et al，2016；Meng et al，2017；Chen et al，2018）。该方法不但充分考虑了不同建筑类型，而且考虑了气温、湿度、太阳辐射及风速等多要素对能耗的影响，有利于评估供暖制冷能耗，尤其是区分不同建筑类型量化气候/气候变化影响。本章利用TRNSYS能耗模拟软件模拟了我国不同气候区办公建筑的供暖制冷能耗，分析了能耗与供暖/制冷度日的相关性，进而评估利用度日数表征不同气候区建筑能耗的适用性，以期为今后相关研究提供参考。

5.1 数据和方法

5.1.1 数据

从5个建筑气候区各选一代表城市，分别为哈尔滨、天津、上海、广州和昆明。选取各城市中心城区气象站1961—2012年的气象数据，包括气温、相对湿度、太阳辐射、风向和风速。需指出的是，昆明气候四季适宜，冬无严寒，夏无酷暑，对制冷和供暖无强制要求，更没有围护结构限值，无法进行能耗模拟，故研究中不考虑昆明。根据实际情况，广州地区冬季不考虑供暖。

5.1.2 研究方法

5.1.2.1 能耗模拟

采用 TRNSYS 软件进行能耗模拟，具体方法见第 2 章。建筑类型选择天津地区一步、二步、三步节能居住建筑、办公建筑和商场建筑和不同建筑气候区各代表城市的办公建筑。

5.1.2.2 供暖/制冷度日数计算

供暖度日数（*HDD*）即一年之中，室外日平均温度低于室内基础温度的度数之和；制冷度日数（*CDD*）为一年之中室外日平均温度高于室内基础温度的度数之和。具体计算公式如下：

$$HDD = \sum_{i=1}^{n} (T_{base} - Td_i)(Td_i \leqslant T_{base}) \tag{5.1}$$

$$CDD = \sum_{i=1}^{n} (Td_i - T_{base})(Td_i \geqslant T_{base}) \tag{5.2}$$

式中，Td_i 为日平均气温（℃），T_{base} 为基础温度（℃），*HDD* 为供暖度日数（℃ · d），*CDD* 为制冷度日数（℃ · d），n 为时间长度（d）。

5.2 不同类型建筑能耗与度日数的关系

5.2.1 办公和商场建筑

从图 5-1(a)可以看出，1961—2009 年供暖期办公建筑的热负荷和供暖度日的相关性达到极显著水平（$P < 0.01$），供暖度日可以解释热负荷变化的 99%以上（$R^2 = 0.99$），而制冷期冷负荷与制冷度日的相关关系尽管也达到极显著水平（$P<0.01$），但决定系数仅为 0.64（图 5-1b）。图 5-2 表明，1961—2009 年商场建筑热负荷与供暖度日的关系极为显著，决定系数达到 0.97（图 5-2a）；而冷负荷与制冷度日的关系尽管达到显著性水平（$P<0.01$），但决定系数仅为 0.55，也即制冷度日仅能解释冷负荷年际变化的 55%左右（图 5-2b）。从以上结果可以看出，用供暖度日可以准确地反映供暖期办公建筑和商场建筑供暖能耗的热负荷特征，因而使用供暖度日分析气候变化对建筑供暖能耗的影响是可行的；但制冷度日不能完全反映冷负荷的变化，单纯用制冷度日研究能耗变化不够全面。

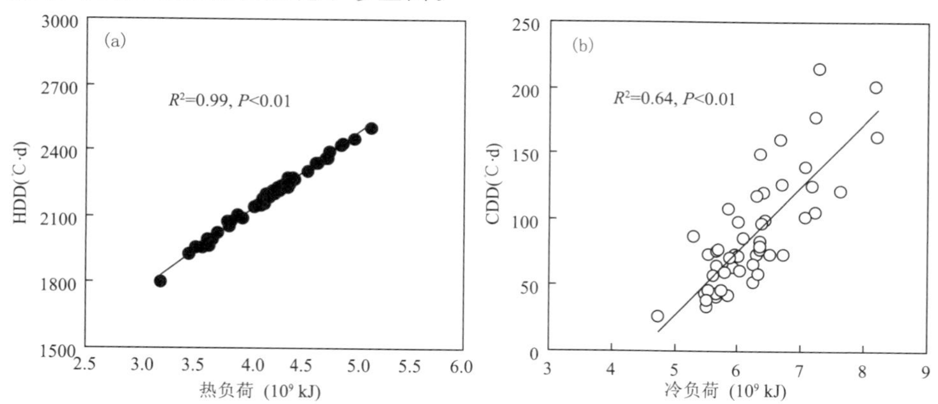

图 5-1 办公建筑热负荷与供暖度日(a)及冷负荷与制冷度日(b)的关系（李明财 等，2013）

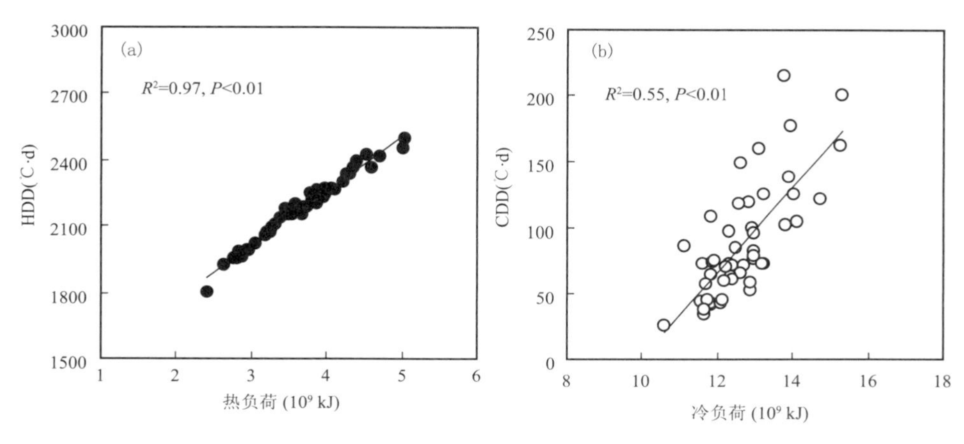

图 5-2　商场建筑热负荷与供暖度日(a)及冷负荷与制冷度日(b)的关系(李明财 等,2013)

5.2.2　居住建筑

本章仅分析了居住建筑冬季供暖期热负荷与供暖度日的关系。从图 5-3 可以看出,不同节能类型(即一、二、三步节能)居住建筑热负荷与供暖度日的关系都达到极显著相关水平($P<0.01$),决定系数均为 0.99,因而,可以用供暖度日来反映居住建筑供暖能耗的变化。

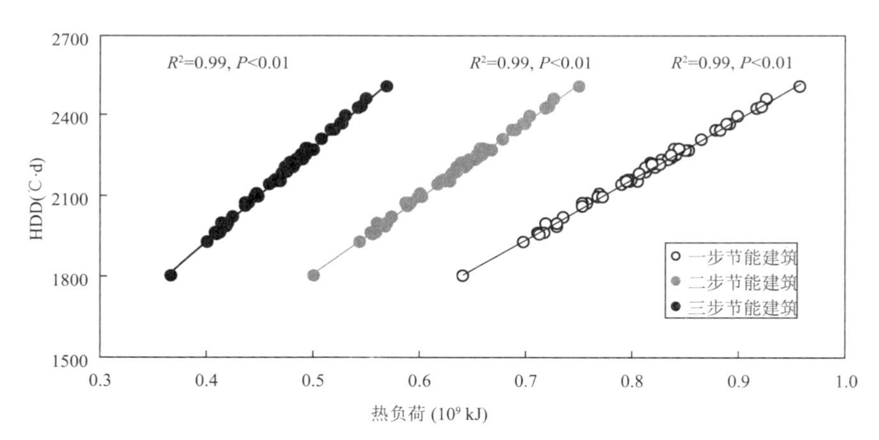

图 5-3　不同节能水平居住建筑热负荷与供暖度日的关系(李明财 等,2013)

需要指出的是,不同节能水平居住建筑热负荷存在明显差异,随着居住建筑从一步节能至三步节能,由于节能措施的改进,供暖能耗明显降低(图 5-3)。一步节能建筑的 1961—2009 年年平均热负荷为 0.81×10^9 kJ,二步节能为 0.63×10^9 kJ,而三步节能仅为 0.47×10^9 kJ。而且,相同的供暖度日变幅条件下,不同节能水平的居住建筑的热负荷增加幅度明显不同。供暖度日每增加 100 ℃·d,一步节能、二步节能和三步节能建筑热负荷分别增加 0.44×10^9 kJ、0.35×10^9 kJ 和 0.29×10^9 kJ,表明随着节能措施的不断改进,居住建筑不但降低了实际能耗,而且对气候的敏感性减弱,因而舒适度增强。

5.3 不同建筑气候区能耗与度日数的关系

5.3.1 供暖度日与供暖能耗的关系

将各气候区代表城市供暖季逐月供暖度日与热负荷做回归分析(图 5-4)。结果表明,各城市供暖度日与热负荷存在线性正相关关系,其中严寒地区的哈尔滨和夏热冬冷地区的上海二者的决定系数分别为 0.995 和 0.991,而寒冷地区的天津二者的决定系数也达到 0.99,均达到极显著水平($P<0.001$)。这表明各气候区代表城市基于单一气温计算的供暖度日可以解释办公建筑供暖能耗的 95%以上。

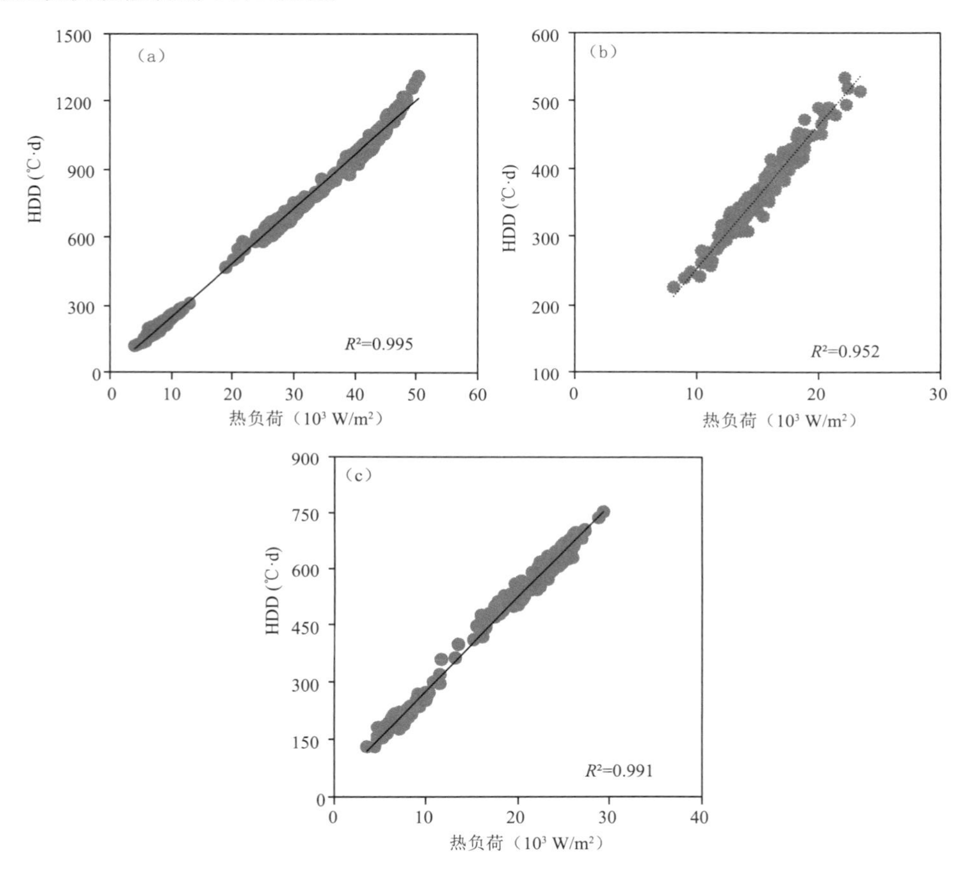

图 5-4　哈尔滨(a)、天津(b)和上海(c)供暖季逐月供暖度日与热负荷的关系(孙玫玲 等,2018)

具体到各月来看,各城市供暖度日与热负荷存在线性正相关关系(表 5-1),决定系数均在 0.90 以上,达到极显著水平($P<0.001$)。决定系数在各代表城市和不同月份间略有差异。在各城市中,哈尔滨决定系数最高,各月决定系数在 0.929(4 月)～0.984(1 月);天津各月决定系数为 0.901(1 月)～0.932(2 月),上海各月决定系数为 0.919(1 月)～0.943(2 月)。研究结果表明,供暖度日很大程度上可以反映建筑供暖能耗,而且在不同气候区有相同的影

响模式，可以用供暖度日反映各气候区供暖能耗，尤其是可用于研究气候变化对建筑供暖能耗的影响。

基于单一气温计算得到的度日数被广泛用于分析供暖制冷能耗需求以及气候变化对能耗影响评估，主要是认为气温是影响能耗尤其是供暖制冷能耗主要气候因子。从本章结果来看，供暖能耗与供暖度日有极好的相关性，度日数可以解释不同气候区供暖能耗的 95%以上，这主要源于气温是影响这些气候区供暖能耗的唯一关键因子（曹洁 等，2013；Bartos et al，2015；熊明明 等，2017）。所以，可以用单一气温计算得到的供暖度日反映建筑供暖能耗。

表 5-1　不同气候区各城市各月供暖度日与供暖负荷回归分析的决定系数(孙玫玲 等,2018)

月份	哈尔滨	天津	上海
10	0.954		
11	0.976	0.920	
12	0.977	0.911	0.931
1	0.984	0.901	0.919
2	0.982	0.932	0.943
3	0.971	0.922	
4	0.929		

5.3.2　制冷度日与制冷能耗的关系

从各气候区代表城市制冷度日与冷负荷的回归分析来看（图 5-5），尽管各城市制冷度日与冷负荷的正相关关系均达到极显著水平（$P<0.001$），但各城市之间有明显差异，而且二者的相关关系为非线性关系，表明各代表城市的冷负荷均受多个气象要素的共同影响。具体来看，位于夏热冬冷地区的上海，制冷度日与冷负荷的相关性最好，决定系数为 0.886；天津和广州次之，决定系数分别为 0.700 和 0.637，哈尔滨相关性最低，决定系数仅为 0.2。这表明基于单一气温计算的制冷度日数并不能真实反映夏季办公建筑制冷能耗的变化特征，即用制冷度日表征制冷能耗将会有较大的偏差。对哈尔滨来说，根据制冷度日计算的阈值（26 ℃），部分月份制冷能耗值为 0，而实际模拟过程中存在明显的制冷能耗，这也进一步表明制冷度日不能完全反映制冷能耗，尤其是严寒地区。

制冷季各月各代表城市制冷度日与冷负荷均存在正相关关系（表 5-2），但决定系数为 0.189～0.648，达到极显著水平（$P<0.001$）。决定系数在各代表城市和不同月份间存在明显差异。各城市中，上海决定系数最高，为 0.599（9 月）～0.648（6 月）；其次为天津，8 月和 6 月的决定系数分别为 0.318 和 0.390，7 月为 0.556；之后是广州，决定系数为 0.301（9 月）～0.427（6 月）；哈尔滨决定系数最低，为 0.189（8 月）～0.423（6 月）。以上结果表明，不同气候区代表城市各月制冷度日难以反映各月能耗，且不同月份间存在较大差异，上海各月度日数仅可以解释制冷能耗的 60%左右，而其他城市除天津 7 月可以解释 55%外，均低于 50%，也表明利用度日数反映建筑制冷能耗是不可靠的。这也进一步证实了不仅寒冷地区和严寒地区，夏热冬冷地区和夏热冬暖地区利用制冷度日反映制冷能耗也有较大偏差。气候变化影响评估中，可基于供暖度日评估供暖能耗，但应用制冷度日评估制冷能耗时，应充分考虑不同气候条件下的可用性以及非线性影响。

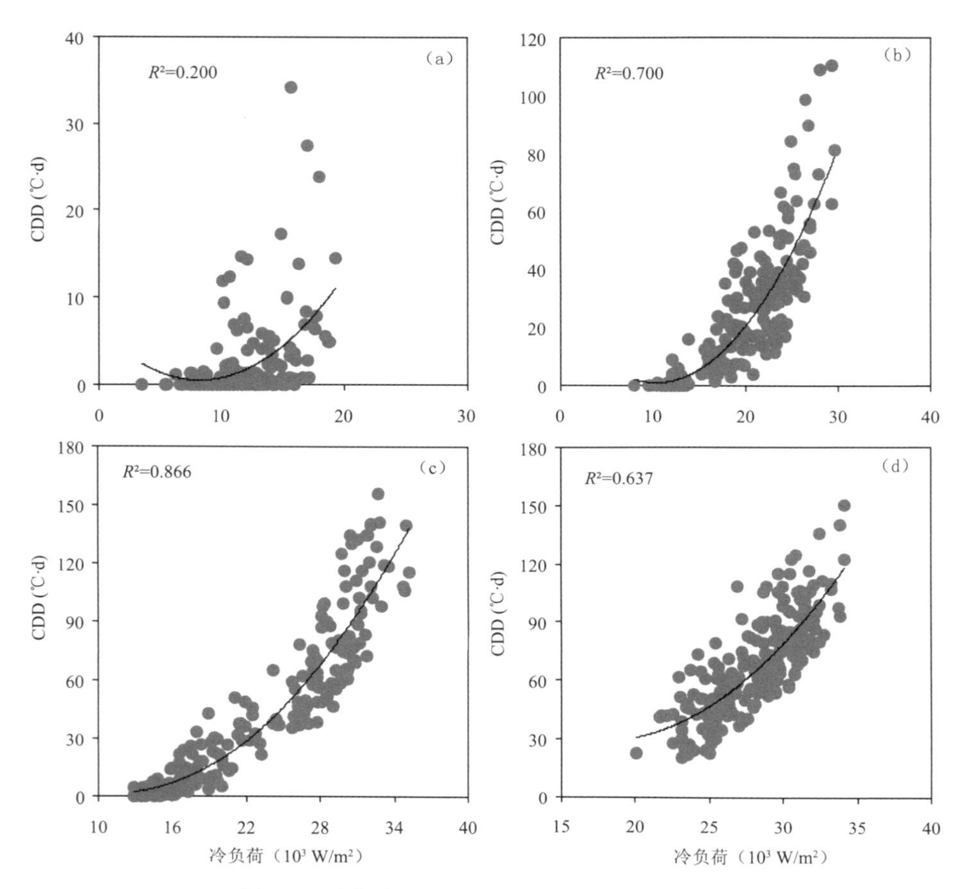

图 5-5　哈尔滨(a)、天津(b)、上海(c)和广州(d)
制冷季逐月制冷度日与制冷负荷的关系(孙玫玲 等,2018)

表 5-2　不同气候区各城市各月制冷度日与冷负荷回归分析的决定系数(孙玫玲 等,2018)

月份	哈尔滨	天津	上海	广州
6	0.423	0.390	0.648	0.427
7	0.283	0.556	0.631	0.382
8	0.189	0.318	0.605	0.318
9			0.599	0.301

尽管制冷能耗与制冷度日达到极显著水平,但度日数对制冷能耗的解释度较低,且在不同气候区和不同月份有明显差异,这主要是因为气温并非是影响制冷能耗的唯一气候因子。从以往寒冷地区的研究结果表明,制冷能耗不但受气温的影响,与湿度也有较大的关系(李明财 等,2014)。对不同气候区的研究结果也表明,气温并非是唯一影响要素,而且制冷季各月差异明显,比如哈尔滨制冷能耗 6 月和 8 月均受气温影响,而 7 月湿度也起到一定作用;上海 6 月主要受气温影响,7—9 月主要受湿球温度的影响;广州 6—9 月均是湿球温度为主要影响因子。此外,太阳辐射也有一定的贡献。由于制冷能耗受多个气候要素的影响,使得基于单一温度计算的度日数难以可靠地反映建筑制冷能耗。

地处严寒地区的哈尔滨夏季制冷能耗与气温的相关性较其他地区更高，但制冷度日与冷负荷回归分析的决定系数较低，8 月仅为 0.189。这与制冷度日计算的基础温度设定有关，目前我国制冷度日基础温度普遍设定为 26 ℃，哈尔滨夏季多个月份达不到 26 ℃，使得月总度日数仅为 0，而事实上公共建筑，尤其是商场、办公建筑是存在制冷的。所以在应用度日数时应充分考虑各地区的气候特征采用不同的基础温度。另外，不同类型建筑也需设定不同基础温度，国外已有研究报道了基于变化的基础温度在建筑能耗评估中的应用（Büyükalaca et al，2001；Gelegenis et al，2009），我国还未有此类研究，值得今后进一步研究。

第6章 气候变化背景下建筑节能设计气象参数统计时长确定方法

在全球变暖的背景下，建筑节能设计气象参数发生了明显的改变，需要及时修订和更新气象参数，重新设置符合目前气候环境的建筑参数，在保证室内热舒适环境的前提下，达到节能减排的目的。另一方面，计算建筑节能设计室外气象参数的前提则是具备一定长度的统计时长，选取原则是既能保证滤掉一定幅度的气候波动，又可以反映出气候态的变化趋势(Lam and Hui,1995; Chen et al,2005; Chen et al,2007)。气象数据的统计时长如果选择过短，就无法过滤掉气候系统本身波动，统计时长如果过长，则削弱气候变化对室外气象参数的影响。

一直以来，气象数据统计时长被普遍认为越长越能反映气候平均态。气象学界通常用30年来表征气候标准平均态，建筑领域也采用气象上的30年作为首选，最低不得少于10年。目前暖通空调的相关标准，比如，中国《民用建筑供暖通风与空气调节设计规范》(GB 50736—2012)等确定室外气象参数的气象数据统计时长均采用30年。但在气候变暖的大背景下，30年的统计时长存在的问题是：①气候变化背景下30年统计时长是否依然适用；②我国从北到南气候差异明显，不同气候区是否应采用相同的统计时长。最近国内外也有研究指出，30年气候标准平均态模型仅适用于相对稳定的气候序列，而目前实际气温呈现升高趋势，30年的统计时长可能不再适用于工程设计，反而采用更短统计时长的气象数据确定的室外计算参数更为有效。有研究利用15年和当地最长气象要素序列作为统计时长，分别计算了室外计算参数，认为略短的统计时长更加有利于建筑设计(Xu et al,2014)。总体来看，目前使用的30年的统计时长明显偏长，不能充分反映气候变暖对气象参数的影响，需要一个合适的统计时长来确保室外计算参数的合理性。

另外，不同气候区气候变暖的幅度有明显差异，气候变化对室外气象参数的影响，以及气候变化背景下统计时长的选取也会有明显不同。本章针对挑选最优统计时长来确保室外计算参数设置的合理性问题，依据现行国家标准《民用建筑热工设计规范》(GB 50176—2016)将我国分成的五个建筑气候区，挑选五个典型城市(哈尔滨、天津、上海、广州和昆明)分别代表严寒地区、寒冷地区、夏热冬冷地区、夏热冬暖地区以及温和地区，采用这五个城市1951—2010年60年的观测资料，探讨气候变暖背景下这五个城市室外计算参数的最优统计时长选取。

6.1 数据和方法

6.1.1 数据

从5个建筑气候区各选一代表城市进行分析，各气候区相应选择昆明、广州、上海、天津和哈尔滨，选取各代表城市中心城区气象站1951—2010年的月平均气温数据。

6.1.2　研究方法

采用最优气候均态模型和标准差相结合的方法研究不同建筑气候区各代表城市的最适统计时长(向操 等,2012)。该方法的主要思路:基于确定统计时长的两个基本原则(防止时长过长和过短),根据标准差方法和最优气候均态模型,分别确定室外计算干球温度最小统计时长和气象要素最优平均数,通过两者的对比选取室外计算干球温度统计时长。根据新确定的统计时长,计算了供暖空调室外计算参数,评估了新的气象参数对供暖空调设计负荷的影响。

(1)标准差方法

统计时长的第一个原则是要寻找一种合适方法防止气象数据统计时长选择得过短。有学者曾经根据标准差方法研究了典型气象数据缺陷条件下(比如气象数据不完整,不充足)室外计算干球温度的不确定性,并推荐采用标准差1℃对应的统计时长作为确定室外计算干球温度必需的最小统计时长(Colliver and Gates,2000; Kenneth and Kenneth,2005)。

标准差是数据分散程度的一种度量,标准差越小,代表这些数值越接近平均值。当以同一统计时长计算得到某一气象要素的序列平均值后,该平均值序列的标准差越小,就意味着它们偏离平均水平的程度越小,从而反映该统计时长越能过滤气候系统自身的波动。可见,标准差方法能够满足确定统计时长的第一个原则的要求,可防止统计时长选择得过短。Kenneth 和 Kenneth 以标准差 1 ℃ 作为室外计算干球温度最小统计时长的判据,理由是距平均值1℃标准差之内的数值所占的比率为全部数值的68.2%(Kenneth and Kenneth,2005)。

利用标准差方法确定室外计算干球温度最小统计时长的步骤如下:①收集足够的气象数据,室外计算干球温度的计算方法采用 ASHRAE Handbook Fundamentals 和《民用建筑供暖通风与空气调节设计规范》(GB 50736—2012)规定的方法(以下分别简称 ASHRAE 方法和中国方法);②计算不同统计时长 $n=1,2,\cdots,N$ 年时室外计算干球温度;③计算不同统计时长 $n=1,2,\cdots,N$ 年时室外计算干球温度的标准差,画出统计时长—标准差关系图;④利用某一标准差确定室外计算干球温度的最小统计时长。通常以 1 ℃为最小统计时长的判据。

(2)最优气候均态模型

确定统计时长的第二个原则,需要一种方法确定能够反映气候变化规律的统计时长,防止气象数据统计时长选择得过长。气象领域常把若干年的气象要素平均值作为来年气象要素的预测依据,世界气象组织推荐采用最近30年的气象要素的平均值代表气候平均态,也作为来年气象要素的预测值。然而实践证明,最优的平均时长一般小于30年,这个最优的平均时长被定义为最优平均数 K,为了确定 K,美国气候预测中心提出最优气候均态(Optimal Climate Normal,OCN)模型,用于短期的温度预测,该模型计算简便而且预测效果并不比复杂模型差(Wilks,1996; Huang et al,1996)。最优平均数 K 值的选择标准是用 K 年的平均值作为来年的预测值能得到最好的预测。下面对 OCN 的基本做法作一简单介绍。

假设一气候变量序列 $x_i(i=1,2,\cdots,n)$。构造序列

$$\bar{x}_{i,k}=\frac{1}{k}\sum_{j=1}^{k}x_{i-j},k=1,2,\cdots,n,i=n_1+1,n_2+2,\cdots,n_1+L \tag{6.1}$$

式中,n_1 为统计基本样本量,通常长度取30年;k 代表所计算的气候平均的年数;L 为试验样本量;$n=n_1+L$。

之后，再以预测值与实测值最接近为标准，得出最优平均数 K。最常用的确定最优平均数的准则是最小绝对误差，也即预测值与实测值的绝对误差最小时的 K 为最优平均数。

为了使得到的最优平均数能够充分体现气候变化的影响，采用滑动的基本样本及实验样本，应用1951—2010年共60年的气象数据，以用5年干球温度的平均值作为未来1年(即 $k=5$，$L=1$)的预测值时为例说明确定最优平均数 K 的步骤：①计算1951—1955年，1952—1956年，……，2005—2009年干球温度的平均值分别作为1956年，1957年，……，2010年干球温度的预测值，并计算各次预测绝对误差的平均值；②根据不同的(k，L)组合重复该计算过程，最后可以得到不同 L 时绝对误差平均值随 k 值的变化曲线；③所有曲线最小值或基本稳定时所对应的 k 值，即为最优平均数 K。

(3)室外计算干球温度统计时长的选取

最小统计时长和最优平均数确定以后，通过对比最优平均数和最小统计时长来确定室外计算干球温度统计时长。当最优平均数大于最小统计时长时，以最优平均数作为室外计算干球温度统计时长，不仅可以过滤掉气候系统自身的波动，保证室外计算干球温度的合理计算，还能较好地反映未来气候；当最优平均数小于最小统计时长时，统计时长以大于最小统计时长且预测绝对误差最小的平均数作为室外计算干球温度统计时长，要优先保证室外计算干球温度的代表性，可以代表一个地区的气候平均态，再去寻求一个能够更好地反映未来气候的平均数。

6.2 统计时长确定

为了保证得到的最优平均数能充分体现气候变化影响，采用滑动基本样本和实验样本方法。同时，考虑到通常每隔10年重新计算一次气候平均态模型，因此，确定冬、夏季统计时长依据为 $L=9$ 曲线变化情况，k 取值范围为5～35年。得到五个城市冬、夏季平均绝对误差随平均数 k 变化曲线(图6-1)。随着 k 增大，平均绝对误差也逐渐增大，当 $k=30$ 时，绝对误差已较大，表明采用30年统计时长并不是最佳。一般来说，k 取值为平均绝对误差波动较小、基本稳定时的对应值，挑选最优平均数标准如下：

当 $L=9$ 时，对于初始的 $k=5$ 时，如果之后绝对误差变率连续五年为正，那么最优平均数为5；否则，将满足绝对误差变率连续五年为正对应最小 k 值选为最优平均数。

图6-1中可见，五个城市冬季平均绝对误差均远远大于夏季，这可能是由于冬季的增暖幅度相对更大。以哈尔滨为例，当 k 小于12年时，平均绝对误差略有上升趋势，但主要为波动状态，此后绝对误差迅速增加，因此，将 $k=12$ 年作为冬季干球温度最优平均数。同样地，当 k 小于15年时，夏季平均绝对误差波动较小、基本达到稳定状态，此后绝对误差迅速增加，因此，将 $k=15$ 年作为夏季干球温度最优平均数。采用同样判别依据，我们可以准确取定天津、上海和广州冬、夏季干球温度最优平均数。但值得注意的是，昆明地区绝对误差变率始终为正，因此，将 $k=5$ 作为昆明冬、夏季干球温度最优平均数。

最优平均数结果可以作为ASHREA方法和中国方法计算的室外干球温度的统计时长。从五个城市冬夏季的最优平均数及标准差可以看出，夏季的最优平均数略高于冬季，并且北方地区的最优平均数较南方地区偏大(表6-1)。

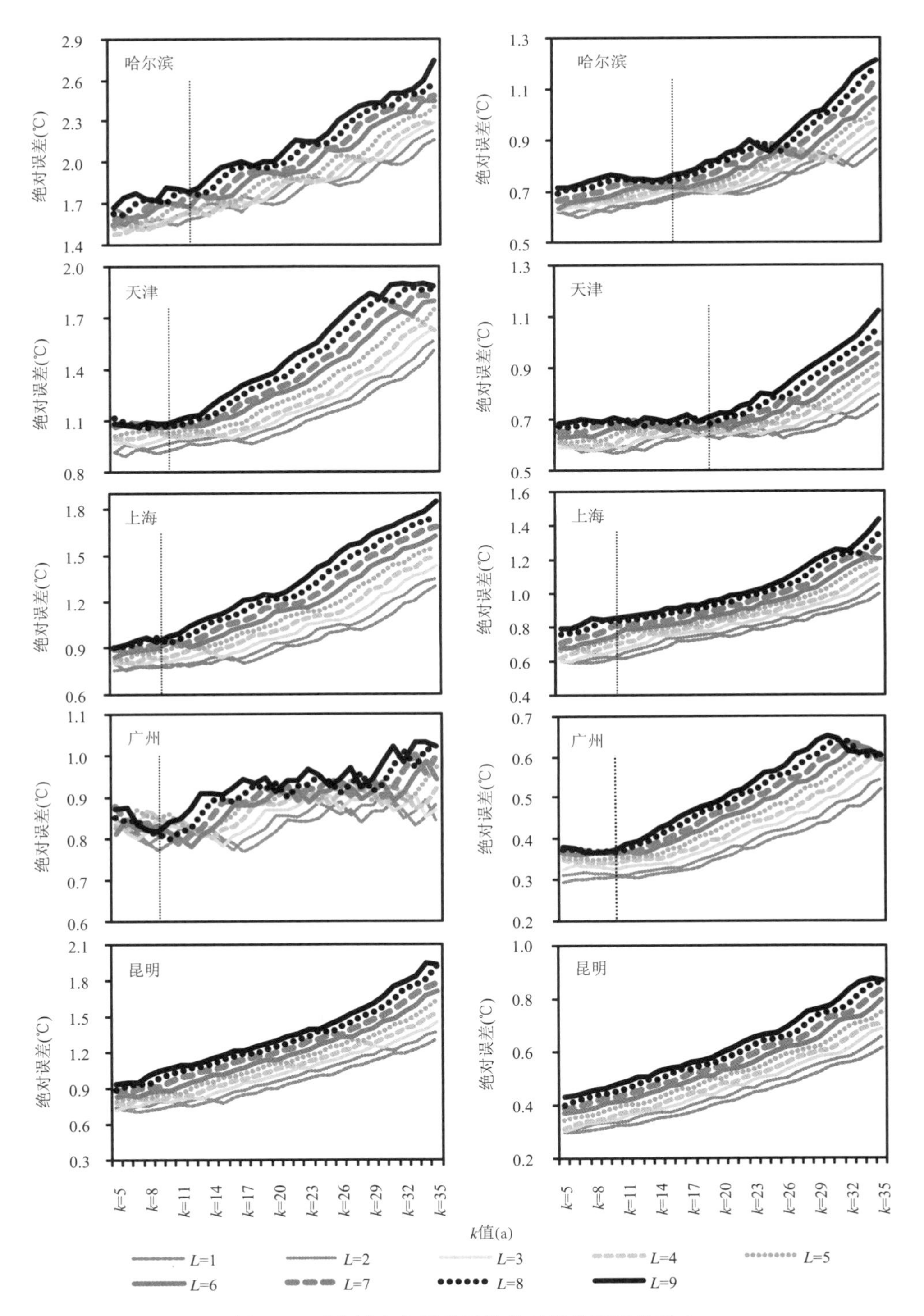

图 6-1　五个城市冬夏季平均绝对误差随平均数 k 变化曲线(引自 Li et al,2018 c)

(左列为冬季,右列为夏季)

表 6-1　五个城市冬夏季气象参数的最优平均数及对应的标准差(引自 Li et al,2018c)

	哈尔滨		天津		上海		广州		昆明	
	最优统计时长(a)	标准差	最优统计时长(a)	标准差	最优统计时长(a)	标准差	最优统计时长(a)	标准差	最优统计时长(a)	标准差
累积发生频率0.4%干球温度	15	0.450	19	0.424	10	0.780	8	0.697	5	0.620
累积发生频率1.0%干球温度	15	0.358	19	0.342	10	0.880	8	0.637	5	0.537
累积发生频率2.0%干球温度	15	0.297	19	0.381	10	0.726	8	0.574	5	0.477
累积发生频率99.0%干球温度	12	1.084	10	1.225	9	1.247	9	0.596	5	1.245
累积发生频率99.6%干球温度	12	0.990	10	1.255	9	1.297	9	0.664	5	1.181
夏季空调室外计算干球温度	15	0.318	19	0.390	10	0.751	8	0.670	5	0.576
冬季空调室外计算温度	12	0.827	10	0.830	9	1.130	9	0.644	5	0.794

采用最小统计时长和最优平均数相结合方式判定统计时长。根据 ASHREA 方法和中国方法计算相关室外计算干球温度。其中包括 ASHRAE 方法累计发生频率分别为 0.4%，1.0%，2.0%，99.0%和 99.6%时干球温度和中国方法供暖室外计算温度、冬季通风室外计算温度、冬季空调室外计算温度、夏季空调室外计算干球温度、夏季通风室外计算温度和夏季空调室外计算日平均温度。两种方法均根据不保证率统计法确定上述参数，另外用于确定冬季室外计算干球温度基本气象要素也并不相同(ASHRAE 方法，小时温度；中国方法，日平均温度)，关于两种方法详细说明可参见文献(ASHRAE，2009；中国建筑科学研究院，2012)。依据前述计算步骤得到最小统计时长与标准差关系如图 6-2 所示。

图 6-2 显示随着统计时长增加，标准差下降，证实统计时长越长越能过滤掉气候系统本身波动。冬季室外计算干球温度标准差明显大于夏季，ASHRAE 方法累积发生频率为 99.6%和 99%(冬季)的干球温度标准差均明显高于累计频率为 0.4%、1.0%和 2.0%(夏季)干球温度标准差，可能是冬季增暖幅度和速率大于夏季所致。设置标准差阈值为 1 ℃，得到各城市各参数最小统计时长，见表 6-2。

表 6-2 显示夏季最小统计时长一般都较小，而冬季最小统计时长相对较长，其中北方地区冬季最小时长较南方地区偏大，表明北方地区冬季气温年际变化较大，需要一个较长时间段才可以评估为一个平稳气候态。为防止统计时长选择过短，无法过滤掉气候系统本身波动，本章结合最优统计时长结果(表 6-2)来确定合理冬、夏季统计时长。

最小统计时长和最优平均数确定以后，通过对比最优平均数和最小统计时长确定室外计算干球温度统计时长。当最优平均数大于最小统计时长，以最优平均数作为室外计算干球温度统计时长，因为它不仅可以过滤掉气候系统自身波动，保证室外计算干球温度合理计算，还

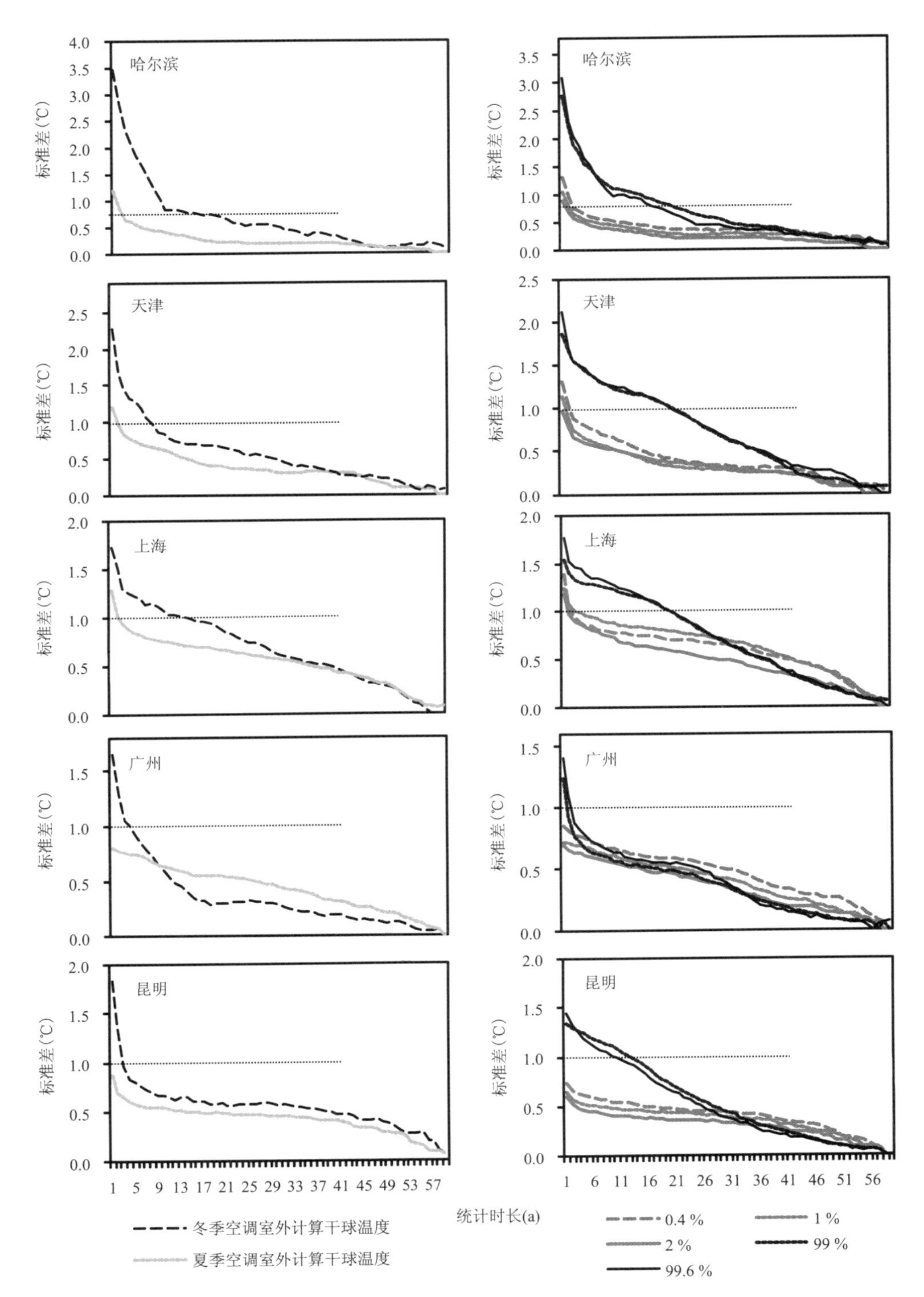

图 6-2　五个城市暖通空调室外气象参数统计时长与标准差的关系

(引自 Li et al,2018 c)

(左列为冬季,右列为夏季)

表 6-2　五个城市冬夏季气象参数的最小统计时长及对应的标准差(引自 Li et al,2018c)

	哈尔滨		天津		上海		广州		昆明	
	最优统计时长(a)	标准差	最优统计时长(a)	标准差	最优统计时长(a)	标准差	最优统计时长(a)	标准差	最优统计时长(a)	标准差
累积发生频率0.4%干球温度	2	0.968	3	0.893	3	0.946	1	0.850	1	0.893
累积发生频率1.0%干球温度	2	0.787	2	0.883	4	0.981	1	0.727	1	0.772
累积发生频率2.0%干球温度	1	0.893	1	0.964	2	0.967	1	0.697	1	0.713
累积发生频率99.0%干球温度	15	0.988	21	0.990	21	0.966	2	0.922	14	0.981
累积发生频率99.6%干球温度	12	0.990	21	0.977	20	0.998	3	0.876	11	0.991
夏季空调室外计算干球温度	2	0.862	2	0.968	3	0.941	1	0.799	1	0.877
夏季空调室外计算日平均温度	2	0.898	2	0.814	2	0.933	1	0.796	1	0.694
夏季通风室外计算温度	2	0.831	2	0.929	3	0.954	1	0.917	1	0.967
供暖室外计算温度	16	0.987	19	0.980	19	0.996	2	0.966	4	0.900
冬季通风室外计算温度	10	0.974	4	0.989	4	0.960	3	0.893	4	0.960
冬季空调室外计算温度	10	0.843	8	0.974	15	0.992	5	0.912	3	0.959

能较好地反映未来气候;当最优平均数小于最小统计时长时,以大于最小统计时长且预测绝对误差最小平均数作为室外计算干球温度统计时长,因为需要优先保证室外计算干球温度代表性,然后再去寻求一个能够更好地反映未来气候平均数。结合最优平均数和最小统计时长结果,统计了新统计时长(表 6-3),可以看到统计时长较原来的都有缩短,尤其是广州和昆明地区统计时长缩短更为明显。这种较短统计时长使得以其为基础计算得到室外计算干球温度相对略高。考虑到气候持续变暖背景,以该统计时长为基础计算得到室外计算干球温度在未来必然会更加适用。表 6-3 中列出了根据新统计时长室外计算干球温度,对比 30 年统计时长干球温度,各种方法计算室外计算干球温度都有不同程度上升,这是符合最近气候变暖大背景。

新得到的统计时长不仅可以反映气候平均态的特征,还可以反映出气候变化趋势,并且具有一定长度,能够滤掉气候波动的影响。该方法具有普适性,可以在全国不同气候区进行应用。对比原 30 年统计时长得到的室外计算干球温度可以发现,新统计时长对应的干球温度都有不同程度的上升,符合目前增暖的气候变化趋势。该统计时长可为建筑节能气象参数计算设计提供可靠的依据,有利于满足精细节能要求。

表 6-3 基于新统计时长的室外计算干球温度(引自 Li et al,2018 c)

	哈尔滨			天津			上海			广州			昆明		
	统计时长(a)	室外计算温度(℃)	30年统计时长室外计算温度(℃)	统计时长(a)	室外计算温度(℃)	30年统计时长室外计算温度(℃)	统计时长(a)	室外计算温度(℃)	30年统计时长室外计算温度(℃)	统计时长(a)	室外计算温度(℃)	30年统计时长室外计算温度(℃)	统计时长(a)	室外计算温度(℃)	30年统计时长室外计算温度(℃)
累积发生频率0.4%干球温度	15	35.1	34.7	19	35.1	34.7	10	36.7	35.7	8	35.8	35.0	5	27.8	27.0
累积发生频率1.0%干球温度	15	33.6	33.3	19	33.6	33.3	10	35.3	34.3	8	35.0	34.2	5	27.0	26.2
累积发生频率2.0%干球温度	15	32.3	32	19	32.3	32.0	10	34.0	32.8	8	34.1	33.5	5	26.2	25.5
累积发生频率99.0%干球温度	15	−7.6	−8.2	21	−7.6	−8.2	21	−0.4	−1	9	6.8	6.8	14	3.0	1.6
累积发生频率99.6%干球温度	12	−9.2	−9.7	21	−9.2	−9.7	20	−1.8	−2.3	9	5.8	5.6	11	1.9	0.4
夏季空调室外计算干球温度	15	31.3	30.8	19	34.5	34.2	10	36.2	35.3	8	35.5	34.7	5	26.7	26.8
供暖室外计算温度	16	−22.2	−23.4	19	−5.5	−6.1	19	1.2	0.7	2	8.2	8.3	4	5.4	4.4
冬季空调室外计算温度	12	−26.5	−26.6	10	−8.7	−8.8	15	−1.1	−1.7	9	6.5	6.1	5	2.8	1.8

第 7 章　气候变化对典型气象年的影响

建筑能耗计算和室内热环境分析是建筑节能设计的必要环节，也是建筑建成后暖通空调系统高效节能运行的前提，而可靠的典型气象年逐时数据是建筑能耗动态模拟的基础(Chan，2016；Bre and Fachinotti，2017；杨柳 等，2017)。通过在天津、海南等地对几十栋建筑能耗监测、调研时发现，暖通空调系统建成后运行过程中普遍存在"大马拉小车"、设备选型偏大、长期在低效区间运行等现象，最重要的原因就是气象参数以及设计标准的滞后，这也是我国建筑用能浪费的重要原因(刘魁星，2012)。导致该问题的关键之一就是：建筑节能设计与室外气象条件匹配度差，尤其是缺乏充分考虑气候变化影响以及反映建筑所在地区当前气候特征的精准节能设计典型气象年逐时动态气象参数。比如，我国当前使用的逐时动态气象参数主要基于国际地面气象数据库(ISWO)计算得到，且资料多为 2000 年以前，资料完整性及可靠性不强，未充分考虑气候变化影响，参数的理论算法(影响建筑能耗的关键气象因子及其影响权重)也很少考虑各气候区适用性(Jiang，2010；Yang et al，2011)，难以满足建筑热环境和能耗的精细化评估，必然造成能源浪费及热环境舒适度降低。因此，可靠评估气候变化对典型气象年的影响，进而建立精准的适应各气候区气候变化的典型气象年逐时数据，就成为建筑节能设计过程中亟待解决的重要基础科学问题。

本章选择我国不同建筑气候区各代表城市，通过能耗模拟及气象要素统计分析，评估气候变化背景下典型气象年数据的变化特征以及对建筑冷热负荷的影响，生成不同建筑气候区各代表城市的典型气象年数据集。研究成果可为不同建筑气候区城市节能设计负荷计算和能耗分析提供依据，保证建筑设计部门在新建建筑节能设计和既有建筑节能改造过程中节能措施的合理性和科学性，也为编制建筑节能标准提供更加详细准确的气象数据。需要指出的是，本章仅是基于以往典型气象年方法进行了初步的研究，并未改变以往研究典型气象年生成方法中各气象要素的影响权重，且各气候区选择了相同的影响权重。

7.1　数据和方法

7.1.1　数据

选择我国 5 个建筑气候区，每个气候区选择两个城市作为代表，分别为：哈尔滨和乌鲁木齐(严寒地区)，北京和天津(寒冷地区)，上海和南昌(夏热冬冷地区)，昆明和贵阳(温和地区)，广州和南宁(夏热冬暖地区)(图 7.1)。选取每个代表城市气象站 1961—2010 年气温、相对湿度、平均风速、最大风速、太阳辐射资料。

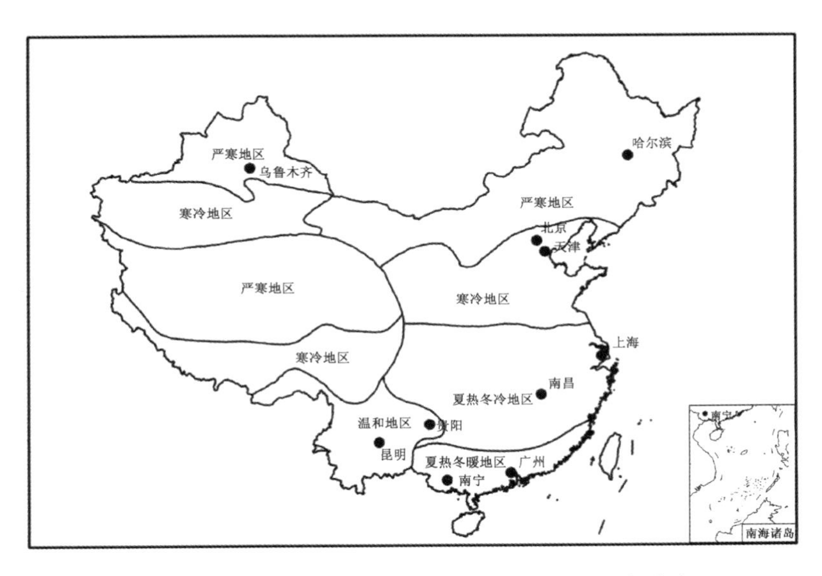

图7-1 中国不同建筑气候区区划及所选代表城市分布

7.1.2 研究方法

7.1.2.1 典型气象年确定方法

典型气象年(TMY)是由12个均具有气候代表性的典型气象月(TMM)组成的一个"假想"气象年。就目前来看,典型气象月的选择通常利用Sandia及Danish两种常用方法。

(1)Sandia实验室方法(Hall,1978)

主要考虑了最高、最低、平均气温和相对湿度、风速以及太阳总辐射量,采用Finkelstein-Schafer统计方法(所以也称为FS方法),通过对比所选月份的逐年累积分布函数与长期累积分布函数的接近程度来确定气象参数的分布特性(公式7.1),并按表7-1中选取气象要素和加权因子,选择具有最小加权和WS(weighting sum)的月份为典型气象月(公式7.2)。对于长期累积分布函数$PDF_m(X_j(i))$目前有两种方法:一是参考《建筑节能气象参数标准》(JGJ/T 346—2014):若干年给定月份某一天的日均值的平均被称为长期累积分布函数(如1月,样本数n为30),称为FS1方法。二是参考《建筑能耗动态模拟气象资料的开发与应用》(顾骏强等,2008)一文中定义:若干年给定月份某一天的日均值称为长期累积分布函数(如1月,样本数n为930),称为FS2方法。

$$FS_j(y,m)=\frac{1}{n}\sum_{i=1}^{n}\mid PDF_{y,m}(X_j(i))-PDF_m(X_j(i))\mid \tag{7.1}$$

式中,$FS_j(y,m)$为第j个气象参数值域在$X(i)$范围的$FS(y,m)$统计值,y为研究对象年,m为研究对象年中的月份;$PDF_{y,m}(X_j(i))$为第j个气象参数值域在$X(i)$范围的PDF值;$PDF_m(X_j(i))$为对于月份m,第j个气象参数长期累积分布函数在$X(i)$范围的PDF值;n为参数值选取个数,取决于参数的始点值、终点值和步距,本章中为月份日数。

$$WS(y,m)=\frac{1}{M}\sum_{1}^{M}(WF_jFS_j) \tag{7.2}$$

式中 M 为逐时气象参数选取的个数；$WS(y,m)$ 为 y 年 m 月的平均加权和；WF_j 为第 j 个气象参数的加权因子，见表 7-1，

$$\sum_{j=1}^{M} WF_j = 1 \tag{7.3}$$

参照文献(Janjai and Deeyai,2009; Jiang,2010)，在 FS 方法计算得到每个月权重系数最小的 5 个候选年之后，再对候选年该月的太阳辐射进行均方根偏差计算。按照公式(7.4)，每个月均方根偏差最小的年份组成典型气象年(TMY)，称为 FS1＋RMSD。

$$\mathrm{RMSD} = \left[\frac{\sum_{i=1}^{n}(H_{y,m,i} - \overline{H}_m)}{n}\right]^{1/2} \tag{7.4}$$

式中，n 为该月份的日数；$H_{y,m,i}$ 为 y 年，m 月，i 日的水平太阳总辐射值；$\overline{H}_m$ 为多年日水平太阳总辐射平均值。

表 7-1　Sandia 方法中各参数的权重取值(熊明明 等,2017)

气象要素	8 要素	7 要素	6 要素
平均干球温度	2/20	2/20	2/20
最高干球温度	1/20	1/20	1/20
最低干球温度	1/20	1/20	1/20
平均相对湿度	3/20	3/20	4/20
最小相对湿度	1/20	1/20	
平均风速	1/20	2/20	2/20
最大风速	1/20		
水平太阳总辐射	10/20	10/20	10/20

(2)Danish 方法

由丹麦研究人员提出(Andersen et al,1977;Lund and Eidorff,1980)利用方差越小，点的离散程度越小，也就越接近平均值的特性来选取典型月。为了与 Sandia 要素进行对比，同样在使用以下几个要素：最高、最低、平均气温，相对湿度，风速以及太阳总辐射量。主要计算标准差的方式选取典型气象月。分为以下三个步骤进行计算。

①选取参数日平均、日最高气温和太阳辐射。根据(7.5)式进行计算：

$$Y_i(y,m,d) = x_i(y,m,d) - \overline{x_i}(m,d) \tag{7.5}$$

式中，$x_i(y,m,d)$ 为 y 年 m 月 d 日的日平均气温；$\overline{x_i}(m,d)$ 为可用资料的第 m 月 d 日的平均值，$Y_i(y,m,d)$ 为残差。i 为三种气象参数。

②根据公式(7.6)和(7.7)计算标准化平均绝对值和规范方差：

$$f_{Y_i}(y,m) = \left|\frac{\overline{Y_i}(y,m) - \overline{Y'}_i(y)}{\sigma_{\overline{Y_i}}(y)}\right| \tag{7.6}$$

$$f_{\sigma_i}(y,m) = \left|\frac{\sigma_{\overline{Y_i}}(y,m) - \overline{\sigma'}_{Y_i}(y)}{\sigma_{\bar{\sigma}_{Y_i}}(y)}\right| \tag{7.7}$$

式中，$\overline{Y_i}(y,m)$ 为 $Y_i(y,m,d)$ 的月平均值；$\overline{Y'}_i(y)$ 为 $Y_i(y,m,d)$ 的年平均值；$\sigma_{\overline{Y_i}}(y)$ 和 $\sigma_{\bar{\sigma}_{Y_i}}(y)$ 为其相对应的方差。

③根据上述标准化的平均绝对值和规范方差，应用式(7.8)确定典型月，按升序排列，前 3 个值被选为候选月：

$$f_{max}(m,y)=\max\{f_{Y_k}(y,m),f_{\sigma_k}(y,m)\},k=1,2,3 \tag{7.8}$$

从步骤②、③得到的三个备选月份，在步骤①中计算 6 种气象要素的 $Y(y,m,d)$，6 种要素的 $Y(y,m,d)$的和是该月的最终得分。其中得分最高的月份可作为典型气象年的选项。

应用 Sandia 及 Danish 两种常用方法确定典型气象月，之后组成典型气象年。对于不同的能源系统，计算典型气象月考虑的气象参数不同，即便是同一气象参数在不同系统中采用的权重也不同。目前来看，典型气象月的确定方法所使用的气象要素以及其所占的权重都不尽相同，也无标准可以参考。所以首先研究了要素的选择对典型气象月的影响及其差异。从表 7-2 可以发现，以往参考文献都是给予太阳辐射较大权重(50%)，因此，本章太阳辐射权重同样最大。

表 7-2　不同文献中所使用的的不同气象要素的权重

气象要素	权重因子					
	TMY1	TMY2	TMY3	TMY4	TMY5	TMY6
平均干球温度	2/24	2/25	3/20	6/20	2/16	1/4
最高干球温度	1/24	1/25	1/20	1/20	1/16	
最低干球温度	1/24	1/25	1/20	1/20	1/16	
平均露点温度(平均相对湿度)	2/24	2/25	2/20	1/40		
最大露点温度(最大相对湿度)	1/24	1/25		1/40		1/4
最小露点温度(最小相对湿度)	1/24	1/25	1/20	1/40		
风速日平均值	2/24	2/25	1/20	1/20	1/16	
风速日最大值	2/24	2/25	1/20	1/20		1/4
水平太阳总辐射	12/24	1/2	5/20	8/20	8/16	1/4
太阳直接辐射			5/20			
水汽压日平均值					2/16	
地表温度日平均值					1/16	

注：表中的比值是选择各参数的数据量占总数据量的比值，全部之和为 100%。TMY1-TMY6 分别引自 Hall 等，1978；Skeiker，2004；Jiang，2010；Bahadori 和 Chamberlain，1986；顾骏强，2008；Wong 和 Ngan，1993。

7.1.2.2　典型气象年的适用性评估

以往研究为了判定典型气象年能否代表一个地区多年(通常为 30 年)的气候态平均值，通常用典型气象月的数据(比如温度、太阳辐射等)与 30 年平均值进行比较。参考前人的方法，对典型气象年数据与 30 年平均值进行了比较。另外，典型气象年数据主要是用于建筑设计过程中室内热环境负荷及能耗的模拟，所以确定典型气象年的标准是基于典型气象年逐时气象数据模拟的负荷与基于多年气候平均值数据的负荷差异最小，即定为最优典型气象年。具体来看，基于 50 年逐小时气象数据(2006 年以前基于一日四次气象数据插值获得)以及不同时段(1961—1990 年；1971—2000 年和 1981—2010 年)生成的典型气象年逐小时数据集，应用

TRNSYS 模拟逐小时供暖及制冷负荷。模拟方法具体如下：

负荷模拟需要输入两类数据，建筑参数及气象参数。选取办公建筑模拟供暖制冷负荷，各城市供暖和制冷期见表 7-3，各城市办公建筑参数如表 7-4。气象参数包括：干球温度、湿球温度、太阳辐射、风速、风向。需要指出的是，昆明建筑传热系数无限值，无法进行负荷的模拟，而且实际当中也无供暖和制冷，因此，没有对昆明和贵阳进行负荷模拟和对比研究。

表 7-3 不同建筑气候区制冷期和供暖期时间

气候区	城市	制冷期	供暖期
严寒	哈尔滨	6—8 月	10 月至翌年 4 月
	乌鲁木齐	6—8 月	10 月至翌年 4 月
寒冷	北京	6—9 月	11 月至翌年 3 月
	天津	6—9 月	11 月至翌年 3 月
夏热冬冷	上海	6—9 月	12 月至翌年 2 月
	南昌	6—9 月	12 月至翌年 2 月
温和地区	昆明	\	\
	贵阳	\	\
夏热冬暖	广州	6—9 月	\
	南宁	6—9 月	\

7.2 典型气象年生成方法及适用性评估

7.2.1 气象要素选择对典型气象月的影响

采用 Sandia 方法选取典型气象年需对多个气象要素进行综合分析，Danish 方法是通过计算多个气象要素与平均值的方差来挑选典型气象年，无权重分析，因此，本章主要应用 Sandia 方法讨论不同气象要素的选择对典型气象月的影响。

基于 1981—2010 年气象数据，利用 FS1 和 FS2 两种方法分别对基于 8 个、7 个和 6 个气象要素所选取的典型月进行对比分析。从表 7-5 可以看出，天津、昆明和南宁没有差异，其他城市仅有个别月份典型气象月有所差异。比如，哈尔滨 5 月基于 8 要素得到的代表年为 2010 年，而 7 要素和 6 要素得到的代表年为 1985 年，其他月份均一致；乌鲁木齐 2 月基于 8 要素和 7 要素得到的代表年为 1982 年，而基于 6 要素得到的代表年为 1996 年；同样，北京地区也仅在 2 月存在差异，8 要素得到的代表年为 1999 年，而 7 要素和 6 要素得到的为 1986 年；上海 6 月和 8 月有所差异，南昌 9 月和 10 月有差异，贵阳 4 月有差异，广州 9 月有差异。

与 FS1 相比，基于 FS2 方法得到的典型年在不同气象要素间差异有所增大(表 7-6)。如，乌鲁木齐、上海、昆明和南宁有 5 个月份的代表年在不同气象要素间有差异，天津有 3 个月份的代表年有差异，哈尔滨、北京、广州有 2 个月份的代表年有差异，南昌和贵阳仅有 1 个月份的代表年有差异。由此可见，虽然差异较 FS1 方法有所增加，但仅 4 个城市有 5 个月有差异。多数城市仅有 1～3 个月份有差异，而且除昆明和南宁的 3 月和 6 月三个要素得到的代表年都不相同，其他城市和月份仅在两个要素间存在差异。总体来看，在太阳总辐射权重为 1/2 的情

表 7-4　不同建筑气候区所选办公建筑设计参数

	建筑围护结构传热系数（W/（m²·℃））			室内设计条件夏季/冬季			室内得热参数			窗墙比			
	墙	屋顶	地面	温度（℃）	相对湿度（%）	换热系数（1/h）	人员密度（m²/person）	照明功率密度（W/m²）	电器设备功率（W/m²）	东	南	西	北
哈尔滨/乌鲁木齐	0.45	0.35	2.00	26/20	60/30	1.5	4	11	20	0.27	0.35	0.27	0.26
天津/北京	0.60	0.55	1.50	26/20	60/30	1.5	4	11	20	0.34	0.40	0.34	0.41
上海/南昌	1.00	0.70	1.20	26/20	60/30	1.5	4	11	20	0.45	0.50	0.45	0.42
广州/南宁	1.50	0.90	1.00	26	60	1.5	4	11	20	0.51	0.62	0.51	0.50

表 7-5　不同建筑气候地区 Sandia(FS1)方法采取不同要素个数生成的典型气象年

城市	1981—2010	1月	2月	3月	4月	5月	6月	7月	8月	9月	10月	11月	12月
哈尔滨	8要素	2010	1996	1993	2001	2010	1998	1996	1982	2001	1986	2000	2007
	7要素	2010	2008	1993	2001	1985	1998	1996	1982	2001	1986	2000	2007
	6要素	2010	2008	1993	2001	1985	1998	1996	1982	2001	1986	2000	2007
乌鲁木齐	8要素	1986	1982	2001	1988	2006	2000	2000	1982	2007	1983	2006	1989
	7要素	1986	1982	2001	1988	2006	2000	2000	1982	2007	1983	2006	1989
	6要素	1986	1996	2001	1988	2006	2000	2000	1982	2007	1983	2006	1989
北京	8要素	1987	1999	2000	1994	2002	1990	1996	1988	2001	1994	1998	2000
	7要素	1987	1986	2007	1994	2002	1990	1996	1988	2001	1994	1998	2000
	6要素	1987	1986	2007	1994	2002	1990	1996	1988	2001	1994	1998	2000
天津	8要素	1987	1986	2000	1994	1982	1990	2004	1988	2001	2009	1998	1983
	7要素	1987	1986	2000	1994	1982	1990	2004	1988	2001	2009	1998	1983
	6要素	1987	1986	2000	1994	1982	1990	2004	1988	2001	2009	1998	1983
上海	8要素	1987	1981	2004	1985	1984	1998	1991	1983	2001	2000	1994	1990
	7要素	1987	1981	2004	1985	1984	1981	1991	1996	2001	2000	1994	1990
	6要素	1987	1981	2004	1985	1984	1981	1991	1996	2001	2000	1994	1990
南昌	8要素	1996	2009	1986	2010	1984	1984	1995	1999	1995	2005	1994	1990
	7要素	1996	2009	1986	2010	1984	1984	1995	1999	1982	1991	1994	1990
	6要素	1996	2009	1986	2010	1984	1984	1995	1999	1982	1991	1994	1990
昆明	8要素	2009	1987	1986	1989	2004	1992	2002	1999	1997	1988	2008	1999
	7要素	2009	1987	1986	1989	2004	1992	2002	1999	1997	1988	2008	1999
	6要素	2009	1987	1986	1989	2004	1992	2002	1999	1997	1988	2008	1999
贵阳	8要素	1987	2009	2001	1987	1982	2008	1985	1986	1997	2007	1982	1992
	7要素	1987	2009	2001	1992	1985	2008	1985	1986	1997	2007	1982	1992
	6要素	1987	2009	2001	1992	1985	2008	1985	1986	1997	1991	1982	1992
广州	8要素	1987	1981	1986	1995	1984	1994	1982	1999	1986	2005	1986	1981
	7要素	1987	1981	1986	1995	1984	1994	1982	1999	1988	2005	1986	1981
	6要素	1987	1981	1986	1995	1984	1994	1982	1989	1988	2005	1986	1981
南宁	8要素	1989	1981	1986	1992	1996	2008	1992	1998	1988	2002	1986	1989
	7要素	1989	1981	1986	1992	1996	2008	1992	1998	1988	2002	1986	1989
	6要素	1989	1981	1986	1992	1996	2008	1992	1998	1988	2002	1986	1989

表 7-6　不同建筑气候地区 Sandia(FS2)方法采取不同要素个数生成的典型气象年

城市	1981—2010	1 月	2 月	3 月	4 月	5 月	6 月	7 月	8 月	9 月	10 月	11 月	12 月
哈尔滨	8 要素	1997	1997	1995	2001	2004	1996	2002	2003	2009	1988	1999	1989
	7 要素	1997	1997	1995	2001	1996	1996	2002	2003	1995	1988	1999	1999
	6 要素	1997	1997	1995	2001	2004	1996	2002	2003	1995	1988	1999	1999
乌鲁木齐	8 要素	1993	2009	1992	1992	2005	1981	2010	2004	2008	1995	1990	1995
	7 要素	1983	2009	1992	1992	1990	1982	2010	2004	1982	1995	1990	1995
	6 要素	1983	2009	1992	1992	1990	1982	2010	1989	1982	1995	1990	2006
北京	8 要素	2004	1997	2009	2001	2008	1989	2009	1982	1992	1991	1984	1981
	7 要素	1993	1997	2009	2001	2008	1989	2009	1982	2000	1991	1984	1981
	6 要素	1993	1997	2009	2001	2008	1989	2009	1982	2000	1999	1984	1981
天津	8 要素	1997	1991	1983	2001	2004	1990	2004	1998	2008	1991	1991	1996
	7 要素	1997	1991	1983	2001	2004	1990	2004	1998	2008	1991	1991	1996
	6 要素	1997	1993	1983	2001	2004	1990	2004	1990	2008	1991	1991	1990
上海	8 要素	1996	2010	2003	1997	1990	1998	1991	1986	1992	2005	1999	1990
	7 要素	1996	2010	1997	1997	2004	1998	1997	2000	1992	2005	1999	1990
	6 要素	1996	2010	1997	1997	2004	1998	1997	2000	1992	1993	1999	1990
南昌	8 要素	1992	1992	1989	1992	1992	1992	1984	1992	1992	2005	1985	1986
	7 要素	1992	1992	1989	1992	2006	1992	1984	1992	1992	2005	1985	1986
	6 要素	1992	1992	1989	1992	2006	1992	1984	1992	1992	2005	1985	1986
昆明	8 要素	1988	1989	1996	1998	1993	1989	1988	2007	1990	2007	2008	1993
	7 要素	1988	1989	1988	1998	1993	1989	1987	2007	1990	2000	1987	1993
	6 要素	1988	1989	1991	1998	1993	1989	1987	1993	1990	2000	1987	1993
贵阳	8 要素	1981	1981	1993	1995	1993	1993	1993	1999	1995	1995	1997	2008
	7 要素	1981	1981	1993	1999	1993	1993	1993	1999	1995	1995	1997	2008
	6 要素	1981	1981	1993	1999	1993	1993	1993	1999	1995	1995	1997	2008
广州	8 要素	2000	1981	1998	2005	1993	1992	2008	2002	2003	1998	1985	1986
	7 要素	2000	1981	1998	2005	1993	2003	2008	2002	2003	1998	1985	1996
	6 要素	2000	1981	2009	2005	1993	1992	2008	2002	2003	1998	1985	1996
南宁	8 要素	1981	2001	1993	1987	2006	2006	1991	2001	1995	2009	1999	1985
	7 要素	1981	1998	2006	1983	1997	1992	1991	2001	1995	2009	1993	1985
	6 要素	1981	1998	1993	1983	1997	1991	1991	2001	1995	2009	1993	2000

况下，其他气象要素，包括最小相对湿度和最大风速的减少（由8要素减少到6要素），生成的典型气象年影响不大，而且不同建筑气候区的各代表城市也没有明显差异。基于此，认为6个气象要素完全可以满足生成典型气象年的需求，无须应用7要素或8要素进行典型气象年的生成，这也与杨柳等的研究结果较为接近（杨柳 等，2006）。

7.2.2 典型气象年生成方法评估

由于当前建筑设计行业无相关技术标准或规范，典型气象年的生成方法国内外也有诸多不同。结合已有研究，选择了Sandia方法、Danish方法进行典型气象年的生成方法研究。其中，Sandia方法又分为FS1、FS1＋RMSD、FS2三种方法，所以共计涉及Danish方法、FS1、FS1＋RMSD、FS2四种方法。为了能够与Sandia方法进行对比，选择和Sandia方法相同气象要素进行分析，通过7.2.1节的分析表明，6要素可以满足典型气象年的生成方法的要求，本节也选用6要素进行各种方法的比较。以往典型气象年生成方法的可靠性评估主要基于气象要素的对比，也即将典型气象年数据与该地区多年平均气象要素数据进行比较；在此基础上，本节比较了基于典型气象年得到的负荷与多年平均负荷，从而进一步确定典型气象年的可靠性。

从表7-7可以看出，对于严寒地区的哈尔滨和乌鲁木齐，所有方法的相对偏差值均在16%以内，全年、制冷和供暖期负荷基于FS2方法得到的相对偏差值最小（约为4.02%～6.84%）。寒冷地区的北京和天津，全年负荷北京为Danish方法相对偏差最小（5.90%），天津为FS2方法最小（4.90%），两城市制冷期为FS1＋RMSD方法偏差最小（3.16%～3.41%），而供暖期负荷FS2方法相对偏差最小（4.26%～4.33%）。冬冷夏热地区的上海和南昌，全年负荷上海基于Danish方法的负荷相对偏差最小（8.11%），而南昌则为FS2方法的负荷相对偏差最小（6.54%），制冷期和供暖期均为FS2方法负荷相对偏差最小（1.77%～6.46%）。温和地区的昆明和贵阳均为Danish方法负荷的相对偏差最小（7.98%～15.72%）。夏热冬暖地区的广州和南宁，全年负荷广州FS2方法相对偏差最小（10.68%），南宁Danish方法相对偏差最小（11.53%），制冷期均是FS2方法相对偏差最小（2.22%～2.25%）。

从以上结果可以看出，不同地区利用不同方法挑选得到的典型气象年模拟得到的负荷与逐年负荷平均值相对偏差明显不同，而且制冷期和供暖期也有所不同。温和地区基于Danish方法挑选出的典型年计算得到的负荷更接近逐年负荷平均值，但是偏差也达到了7.89%（贵阳）和15.72%（昆明），而其他多个地区更适合采用FS2方法挑选典型年。严寒地区均是FS2方法最好，寒冷地区全年负荷差异和供暖期负荷差异均是FS2方法最小，而制冷期FS1＋RMSD方法（3.16%～3.41%）要略好于FS2方法（4.87%～6.46%），虽然FS2不是最优，但偏差较小，建议可以采用该方法挑选；夏热冬冷地区虽然全年负荷FS2不是最优，但在制冷期偏差仅为1.77%～2.92%，供暖期也仅为6.01%～6.46%，所以建议用FS2方法；夏热冬暖地区虽然全年负荷对比FS2不是最优，尤其是南宁更是达到18.22%，但是在制冷期偏差仅为2.22%～2.25%，所以也建议采用FS2方法生成典型气象年。

此外，在应用FS1方法筛选典型气象年时，进行太阳辐射的均方根偏差计算获得的典型气象年（也即FS1＋RMSD方法），其与多年负荷平均的相对偏差值与仅用FS1方法得到的相对偏差值进行对比，相对偏差在严寒地区、寒冷地区要明显减小，因此，可以认为，如果这些地区应用FS1方法生成典型气象年，可以再加上均方根偏差计算。也说明在这些地区，建筑负荷更易受到太阳辐射影响，所以筛选更接近太阳辐射多年平均值的典型气象年，其结果能更接

表 7-7　四种方法得出的 1981—2010 年各代表城市挑选的 TMY 对比逐年负荷模拟的相对偏差(单位:%)

	全年				制冷期				供暖期			
	Danish	FS1	FS1+RMSD	FS2	Danish	FS1	FS1+RMSD	FS2	Danish	FS1	FS1+RMSD	FS2
哈尔滨	9.95	13.50	8.90	6.84	7.91	10.63	5.83	6.11	10.22	9.50	8.13	4.03
乌鲁木齐	7.36	16.00	9.96	5.67	9.69	7.41	8.16	4.02	4.44	13.36	10.54	5.61
北京	5.90	7.04	6.56	7.39	3.18	5.25	3.41	6.46	5.22	7.36	8.17	4.33
天津	6.22	11.07	6.40	4.90	9.10	5.24	3.16	4.87	5.63	11.26	7.27	4.26
上海	8.11	10.71	13.34	10.54	5.08	1.48	7.79	2.92	5.88	5.65	7.69	6.01
南昌	13.68	13.07	10.36	6.54	6.49	10.86	2.54	1.77	14.12	12.67	13.36	6.46
昆明	15.72	20.58	16.01	17.30								
贵阳	7.98	22.65	14.09	8.94								
广州	21.46	19.33	21.37	10.68	3.96	3.30	3.44	2.22				
南宁	11.53	19.83	28.66	18.22	2.20	8.10	2.97	2.25				

近多年负荷平均值。夏热冬冷地区并不是这样，尤其是上海计算结果则完全相反，表明太阳辐射对这个地区的影响并不是主要的。另外，夏热冬暖地区进行太阳辐射的筛选后反而偏差值加大，说明在此地区太阳辐射并不是最主要的影响因素，筛选获得更接近太阳辐射平均值的典型气象年反而拉大了和多年负荷平均值的接近程度。

通过对比负荷确定了最优的典型气象年方法后（Danish 方法可用于温和地区，而 FS2 方法可用于其他建筑气候区），进一步比较了这两种方法得到的典型气象年气温和太阳辐射与多年平均值。从图 7-2 及图 7-3 可以发现，FS2 和 Danish 方法生成的典型气象年各月平均温度和 30 年平均温度相比均有较好的一致性，但 FS2 相对更好。

另外，对比表 7-7 和图 7-4 可以发现，FS2 方法虽然也可以很好地反映温和地区的温度和太阳辐射的变化，但是全年负荷模拟 Danish 方法相关偏差更小，表明 Danish 方法在温和地区更为适用。

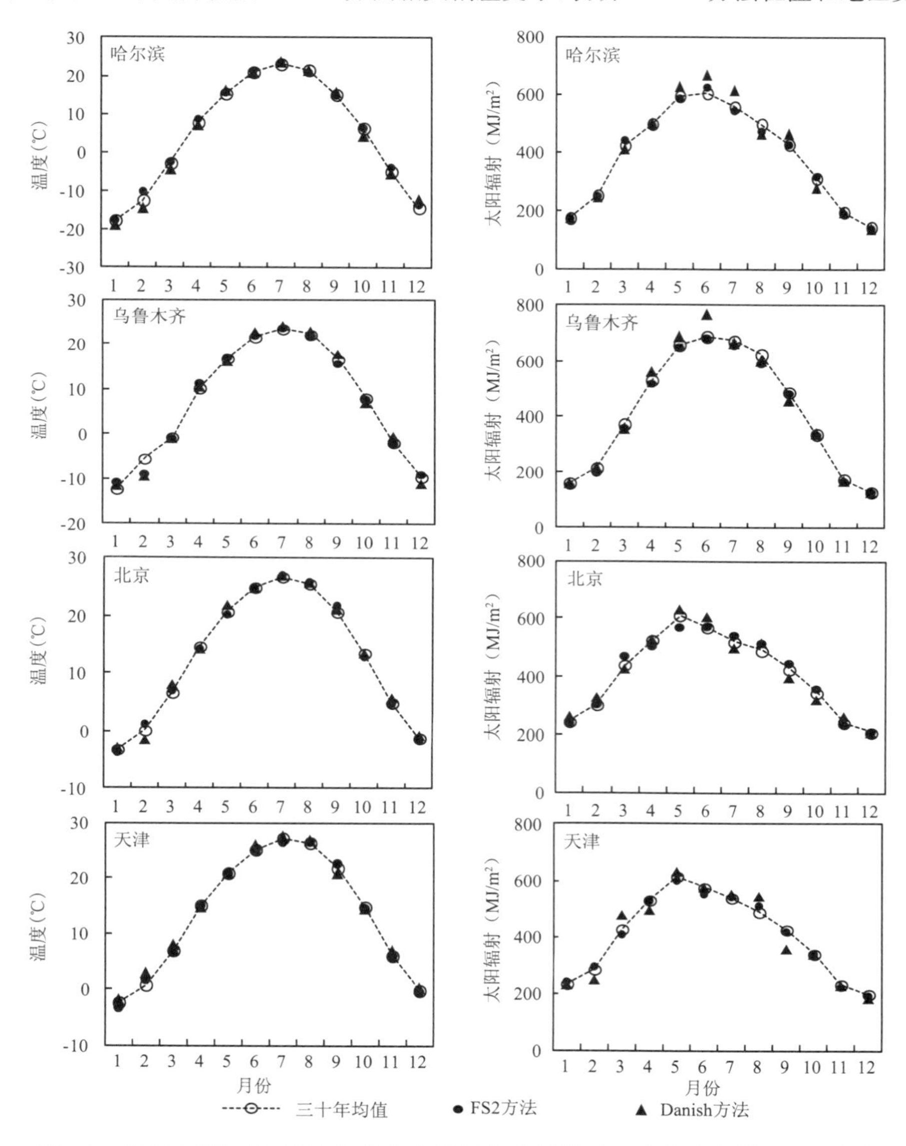

图 7-2　严寒和寒冷地区逐年平均与典型气象年气温（左）、太阳总辐射（右）月均值

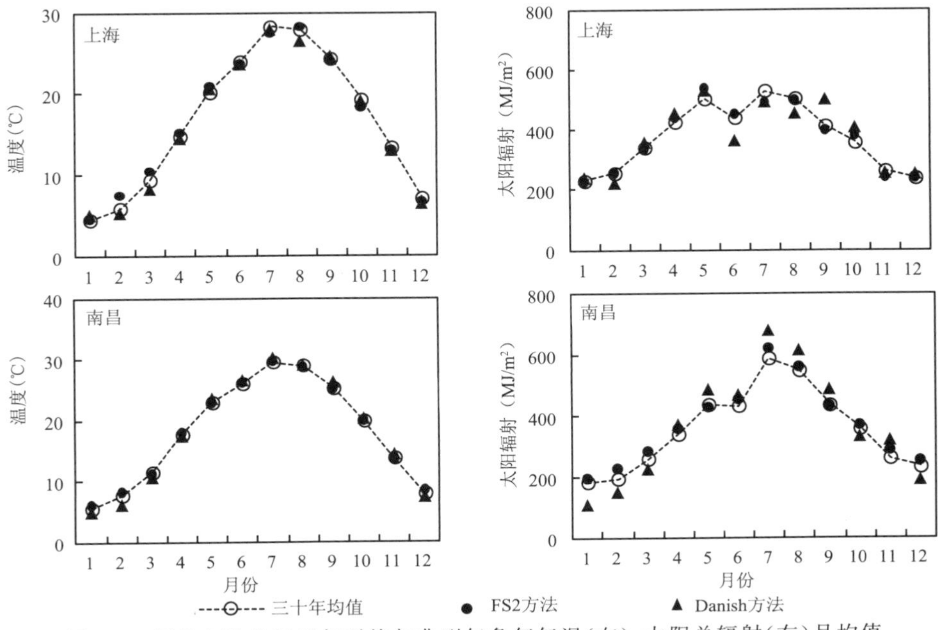

图 7-3　夏热冬冷地区逐年平均与典型气象年气温(左)、太阳总辐射(右)月均值

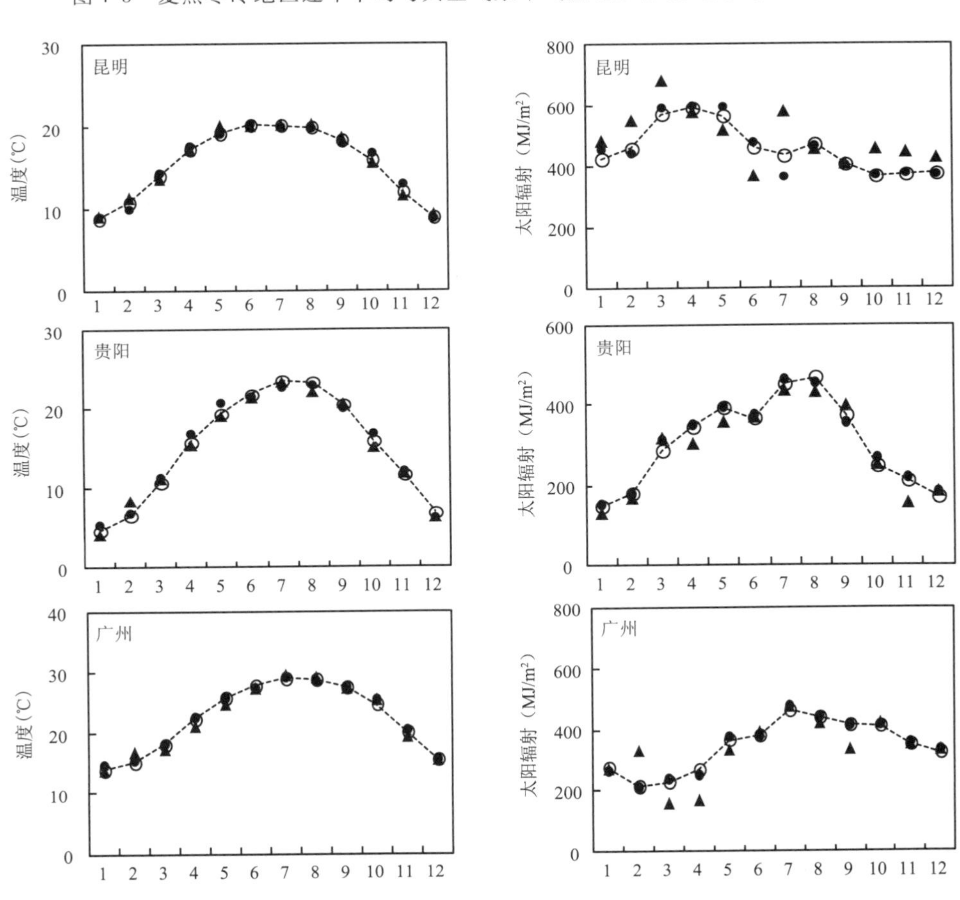

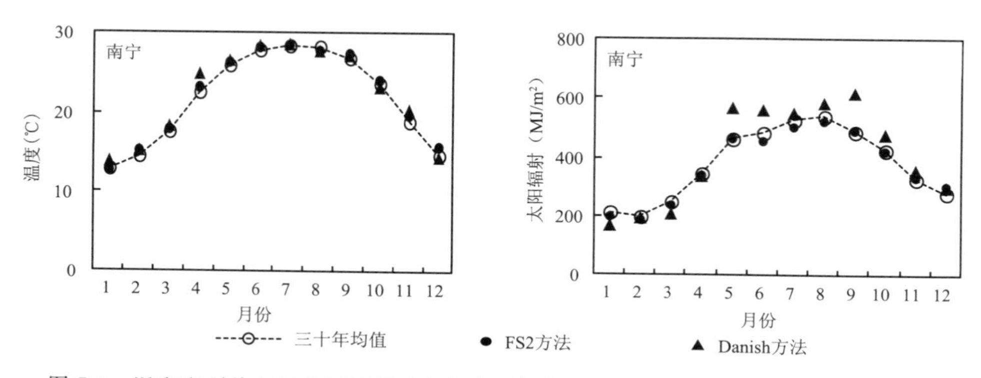

图 7-4　温和和夏热冬暖地区逐年平均与典型气象年气温(左)、太阳总辐射(右)月均值

总之，通过对比基于典型气象年和逐年气象要素得到的平均负荷偏差以及温度和太阳辐射变化趋势，发现以负荷作为依据能较好地确定典型气象年，最终认为严寒地区、寒冷地区、夏热冬冷地区、夏热冬暖地区典型气象年宜选用 FS2 方法，温和地区宜选用 Danish 方法(表 7-8)。

表 7-8　不同地区全年、制冷期、供暖期最适宜计算典型气象年的方法

地区	全年	制冷期	供暖期
哈尔滨	FS2	FS2	FS2
乌鲁木齐	FS2	FS2	FS2
北京	FS2	FS2	FS2
天津	FS2	FS2	FS2
上海	FS2	FS2	FS2
南昌	FS2	FS2	FS2
昆明	Danish	\	\
贵阳	Danish	\	\
广州	FS2	FS2	\
南宁	FS2	FS2	\

以上对比了典型气象年与多年平均(30 年)负荷、温度以及太阳辐射，确定了不同地区的最优典型气象年选择方法，进一步对比了最优方法生成典型气象年获得的各月负荷与 1981—2010 年 30 年负荷模拟的月平均值(图 7-5)。可以发现，虽然有个别月份的负荷略有差异外，逐月的变化趋势基本一致，最优典型气象年获得的逐月平均负荷不仅能反映逐月负荷平均值，并且变化趋势也趋于一致。

7.2.3　典型气象年的适用性分析

基于 1981—2010 年气象数据，确定了不同建筑气候区的最优方法，应用该方法选取了 1971—2000 年、1961—1990 年两个不同时段的典型气象年(表 7-9)。为了进一步验证该方法的适用性，基于 1961—1990 年和 1971—2000 年的典型气象年数据，模拟得到该时段的负荷，与 1961—1990 年以及 1971—2000 年两个时段 30 年负荷均值进行对比(图 7-6、图 7-7)。可以发现，最优典型气象年方法挑选得到 1961—1990 年和 1971—2000 年的月负荷与 30 年的月负荷均值的变化趋势基本一致，表明最优典型气象年方法可以较好地选择该两个时段典型气象年，选择的典型气象年方法是合适的。

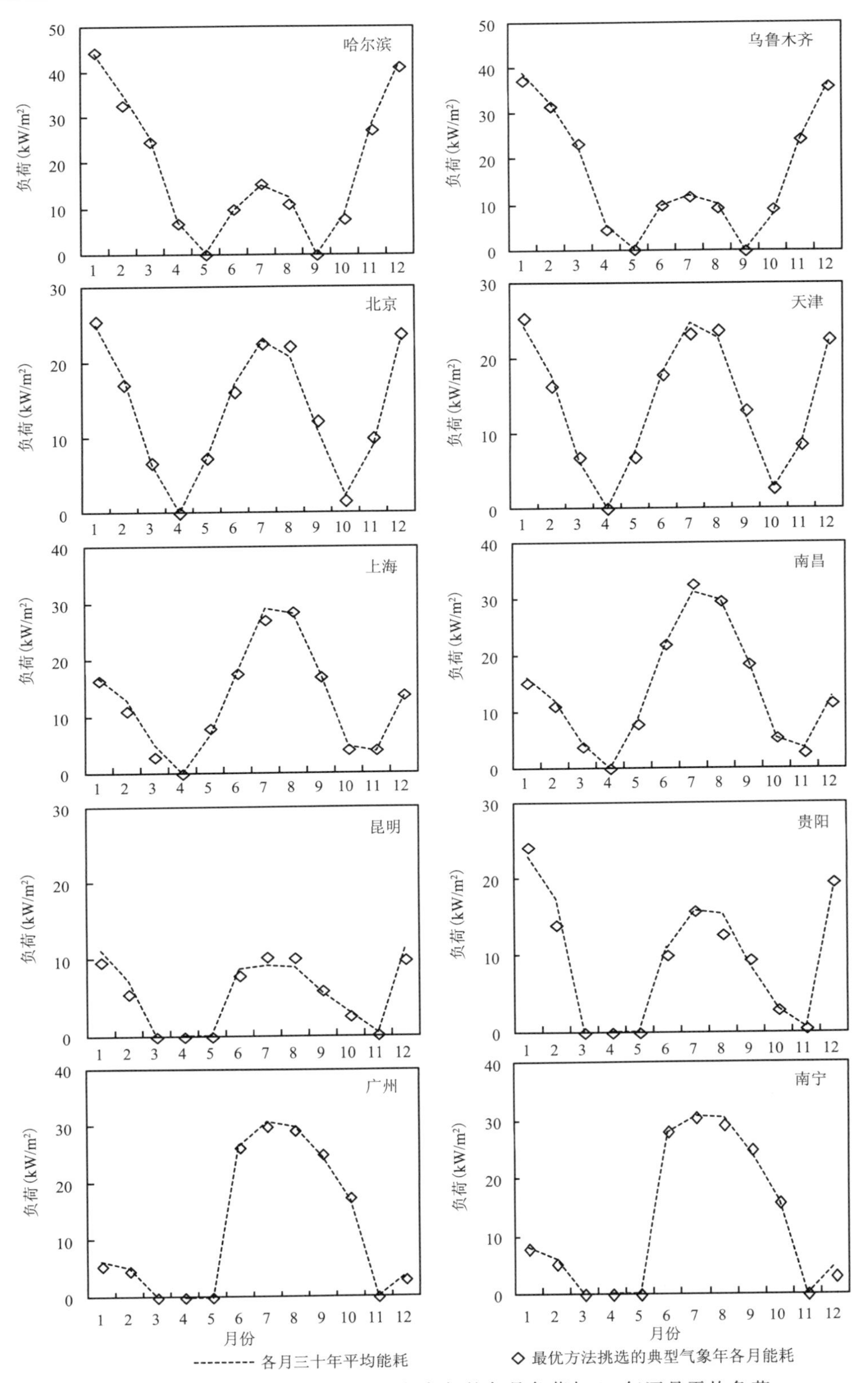

图 7-5　10 个城市基于最优典型气象年的各月负荷与 30 年逐月平均负荷

表 7-9　两种方法生成的各城市 1971—2000 年和 1961—1990 年典型气象年

城市	时期	1月	2月	3月	4月	5月	6月	7月	8月	9月	10月	11月	12月	最优方法
哈尔滨	1971—2000	1982	1983	1988	1986	1994	1971	1990	1999	1981	1987	1996	1983	FS
	1961—1990	1964	1983	1982	1986	1961	1961	1990	1961	1981	1987	1970	1961	FS
乌鲁木齐	1971—2000	1993	1990	1992	1993	1990	1982	1987	1980	1982	1989	1985	1995	FS
	1961—1990	1973	1973	1972	1962	1983	1982	1961	1972	1974	1989	1985	1986	FS
北京	1971—2000	1982	1981	1983	1985	1984	1985	1998	1983	1984	1984	1984	1987	FS
	1961—1990	1981	1970	1978	1969	1984	1975	1966	1977	1976	1984	1965	1972	FS
天津	1971—2000	1997	1987	1983	1983	1988	1989	1977	1988	1992	1975	1991	1990	FS
	1961—1990	1982	1987	1963	1977	1978	1975	1977	1974	1976	1962	1965	1972	FS
上海	1971—2000	1983	1983	1979	1991	1995	1995	1984	1986	2000	1976	1989	1990	FS
	1961—1990	1982	1983	1973	1979	1976	1972	1981	1975	1979	1976	1970	1972	FS
南昌	1971—2000	1980	1975	1978	1983	1978	1994	1981	1984	1985	1980	1985	1986	FS
	1961—1990	1983	1975	1978	1978	1972	1972	1985	1990	1985	1980	1970	1971	FS
昆明	1971—2000	1988	1990	1987	1981	1977	1994	1998	1979	1979	1974	1993	1977	Danish
	1961—1990	1981	1985	1987	1963	1977	1973	1963	1981	1981	1978	1963	1963	Danish
贵阳	1971—2000	1973	1995	1987	1981	1971	1993	1981	1975	1995	1988	1972	1980	Danish
	1961—1990	1975	1963	1969	1971	1971	1985	1981	1975	1970	1966	1972	1980	Danish
广州	1971—2000	1978	1978	1999	2000	1983	1992	1986	1987	1999	1986	1985	1986	FS
	1961—1990	1974	1978	1968	1967	1983	1983	1975	1987	1964	1963	1970	1986	FS
南宁	1971—2000	1981	1998	1982	2000	1976	1991	1991	1978	1995	1995	1993	2000	FS
	1961—1990	1978	1963	1968	1970	1976	1969	1982	1968	1977	1975	1966	1971	FS

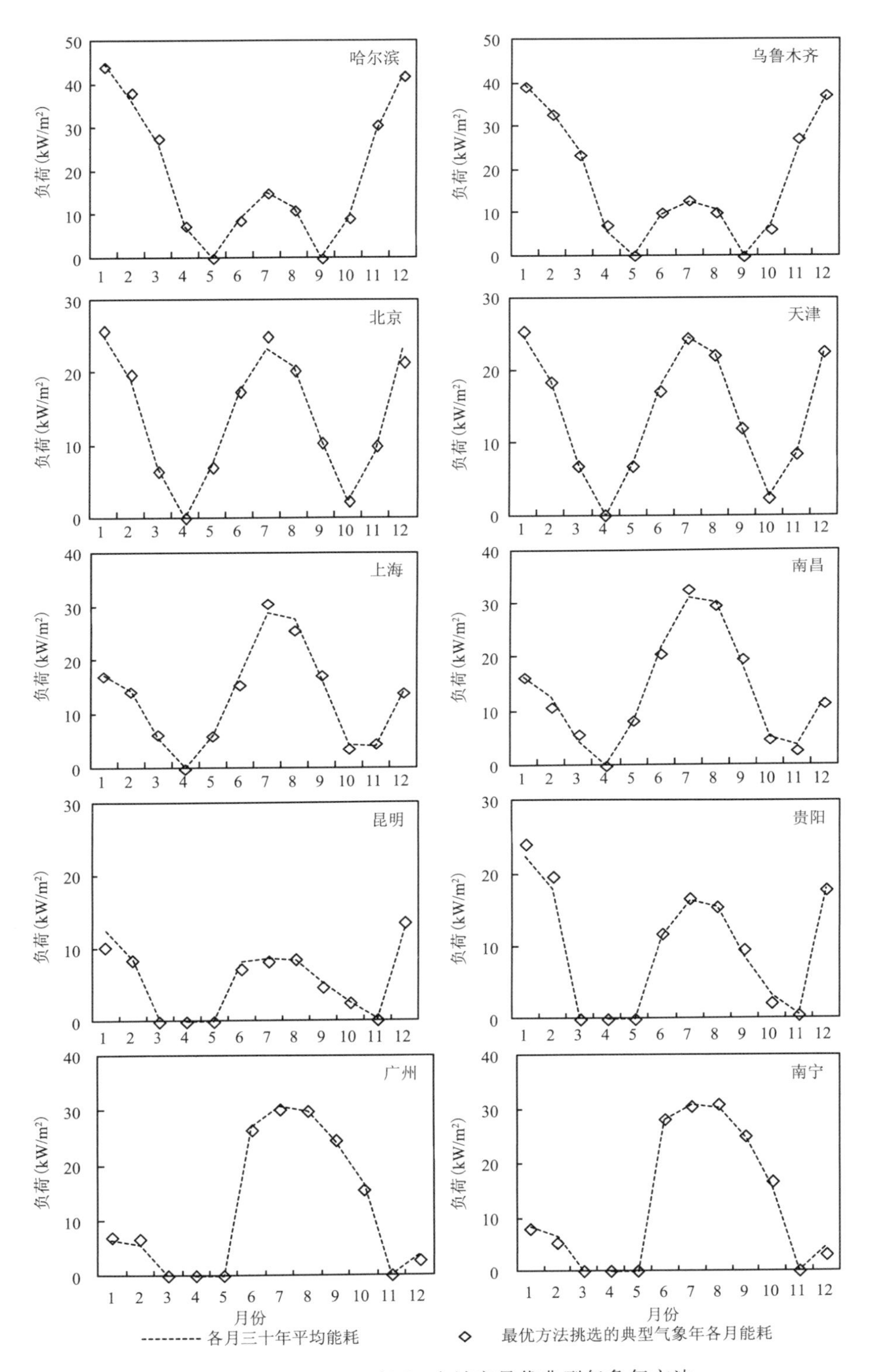

图 7-6　1971—2000 年 10 个城市最优典型气象年方法挑选的 TMY 对比逐年负荷模拟的偏差

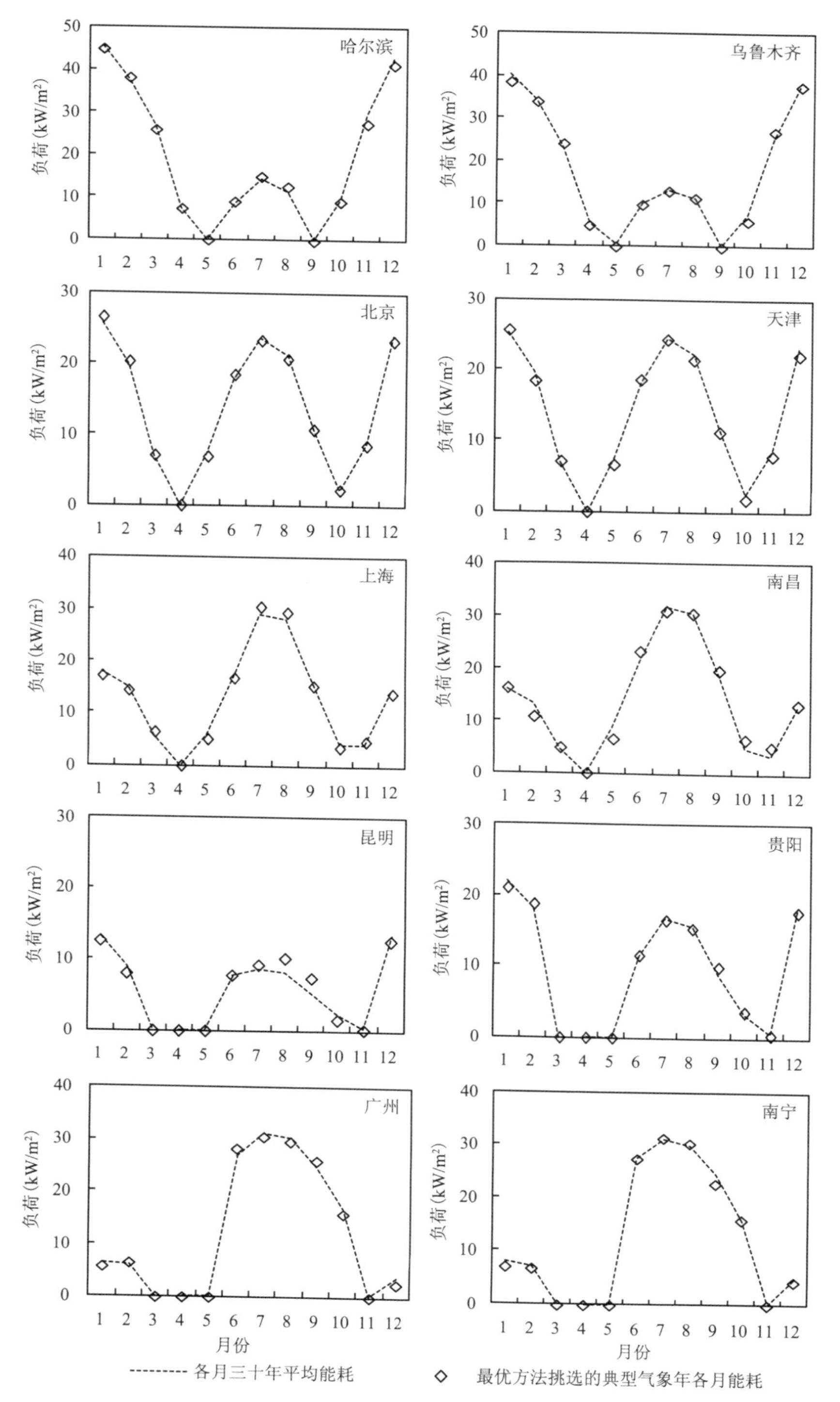

图 7-7　1961—1990 年 10 个城市最优典型气象年方法挑选的 TMY 对比逐年负荷模拟的偏差

从全年、制冷以及供暖期的负荷来看(表 7-10),基于典型气象年模拟得到 1961—1990 年和 1971—2000 年两时段的负荷和 30 年平均负荷的相对偏差除昆明、广州和南宁的全年负荷外,其他城市的偏差均控制在 10%以内,而且广州和南宁的制冷期偏差也在 10%以内,表明基于以上最优典型气象年确定方法同样适用于 1961—1990 年和 1971—2000 年两个时段,也进一步证实该典型气象年生成方法的适用性。基于该方法,选取了三个时段(1961—1990 年;1971—2000 年;1981—2010 年)的典型气象年数据(表 7-11)。

表 7-10 不同建筑气候区不同时期最优典型气象年方法挑选的 TMY 对比逐年负荷模拟的相对偏差(单位:%)

城市	1971—2000			1961—1990		
	全年	制冷期	供暖期	全年	制冷期	供暖期
哈尔滨	7.09	1.89	3.53	7.45	8.53	2.29
乌鲁木齐	8.20	4.69	5.47	10.68	1.99	5.46
北京	4.96	3.90	6.25	2.70	1.93	2.51
天津	3.15	1.87	1.85	6.59	2.64	4.07
上海	7.22	7.73	0.81	7.17	3.54	3.76
南昌	9.48	4.55	7.38	13.83	3.82	7.57
昆明	11.89			20.10		
贵阳	7.35			5.95		
广州	14.21	1.50		15.09	3.58	
南宁	18.69	1.57		5.33	2.52	

7.3 气候变化对典型气象年及模拟负荷的影响

7.3.1 气候变化背景下典型气象年数据的变化特征

7.3.1.1 气温

气候变化背景下,典型气象年数据有明显的改变(图 7-8),尤其是 1981—2010 年时段的典型气象年的气温要明显高于 1961—1990 年和 1971—2000 年两时段。但在不同气候区,升温的幅度以及月份有明显不同。比如,严寒地区的哈尔滨除 8 月外,其他各月 1981—2010 年典型气象年气温均最高,而乌鲁木齐 1981—2010 年典型气象年 7—10 月的气温呈降低的趋势。寒冷地区的北京和天津 1981—2010 年典型气象年气温均较 1961—1990 年和 1971—2000 年偏高或持平,北京 1981—2010 年典型气象年 12 月气温低于 1971—2000 年典型气象年除外。夏热冬冷地区的上海和南昌除个别月份外(上海 7 月;南昌 8 月),1981—2010 年典型气象年气温均高于 1961—1990 年和 1971—2000 年,但两个城市气温升幅有所不同,上海 2—6 月升幅更为明显,1981—2010 年较 1961—1990 年升高 1.0 ℃(3 月)~3.0 ℃(2 月),较 1971—2000 年升高 2.0 ℃(3 月)~3.0 ℃(2 月);相反,南昌各月差异仅 0.1~1.3 ℃。温和地区的昆明冬季典型气象年气温升高明显,1980—2010 年典型气象年 10 月、11 月、12 月和 1 月气温较 1961—1990 年偏高 1.1 ℃(12 月)~2.4 ℃(10 月),夏季尤其是 8 和 9 月气温偏低 0.5 ℃,

表 7-11 两种方法生成的各城市三个时段典型气象年

城市	时段(年)	1月	2月	3月	4月	5月	6月	7月	8月	9月	10月	11月	12月	方法
哈尔滨	1961—1990	1964	1983	1982	1986	1961	1961	1990	1961	1981	1987	1970	1961	FS
	1971—2000	1982	1983	1988	1986	1994	1971	1990	1999	1981	1987	1996	1983	FS
	1981—2010	1997	1997	1995	2001	2004	1996	2002	2003	1995	1988	1999	1999	FS
乌鲁木齐	1961—1990	1973	1973	1972	1962	1983	1982	1961	1972	1974	1989	1985	1986	FS
	1971—2000	1993	1990	1992	1993	1990	1982	1987	1980	1982	1989	1985	1995	FS
	1981—2010	1983	2009	1992	1992	1990	1982	2010	1989	1982	1995	1990	2006	FS
北京	1961—1990	1981	1970	1978	1969	1984	1975	1966	1977	1976	1984	1965	1972	FS
	1971—2000	1982	1981	1983	1985	1984	1985	1998	1983	1984	1984	1984	1987	FS
	1981—2010	1993	1997	2009	2001	2008	1989	2009	1982	2000	1999	1984	1981	FS
天津	1961—1990	1982	1987	1963	1977	1978	1975	1977	1974	1976	1962	1965	1972	FS
	1971—2000	1997	1987	1983	1983	1988	1989	1977	1988	1992	1975	1991	1990	FS
	1981—2010	1997	1993	1983	2001	2004	1990	2004	1990	2008	1991	1991	1990	FS
上海	1961—1990	1982	1983	1973	1979	1976	1972	1981	1975	1979	1976	1970	1972	FS
	1971—2000	1983	1983	1979	1991	1995	1995	1984	1986	2000	1976	1989	1990	FS
	1981—2010	1996	2010	1997	1997	2004	1998	1997	2000	1992	1993	1999	1990	FS
南昌	1961—1990	1983	1975	1978	1978	1972	1972	1985	1990	1985	1980	1970	1971	FS
	1971—2000	1980	1975	1978	1983	1978	1994	1981	1984	1985	1980	1985	1986	FS
	1981—2010	1994	1997	1989	2003	2006	2006	1984	1995	1991	2005	1985	1986	FS
昆明	1961—1990	1981	1985	1987	1963	1977	1973	1963	1981	1981	1978	1963	1963	DM
	1971—2000	1988	1990	1987	1981	1977	1994	1998	1979	1979	1974	1993	1977	DM
	1981—2010	1996	1994	1987	1989	1988	1991	1994	1981	1994	1994	1993	1994	DM
贵阳	1961—1990	1975	1963	1969	1971	1971	1985	1981	1975	1970	1966	1972	1980	DM
	1971—2000	1973	1995	1987	1981	1971	1993	1981	1975	1995	1988	1972	1980	DM
	1981—2010	1998	2002	2002	1997	1993	2007	1993	2005	1995	2007	1982	1981	DM
广州	1961—1990	1974	1978	1968	1967	1983	1983	1975	1987	1964	1963	1970	1986	FS
	1971—2000	1978	1978	1999	2000	1983	1992	1986	1987	1999	1986	1985	1986	FS
	1981—2010	2000	1981	2009	2005	1993	1992	2008	2002	2003	1998	1985	1996	FS
南宁	1961—1990	1978	1963	1968	1970	1976	1969	1982	1968	1977	1975	1966	1971	FS
	1971—2000	1981	1998	1982	2000	1976	1991	1991	1978	1995	1995	1993	2000	FS
	1981—2010	1981	1998	1993	1983	1997	1991	1991	2001	1995	2009	1993	2000	FS

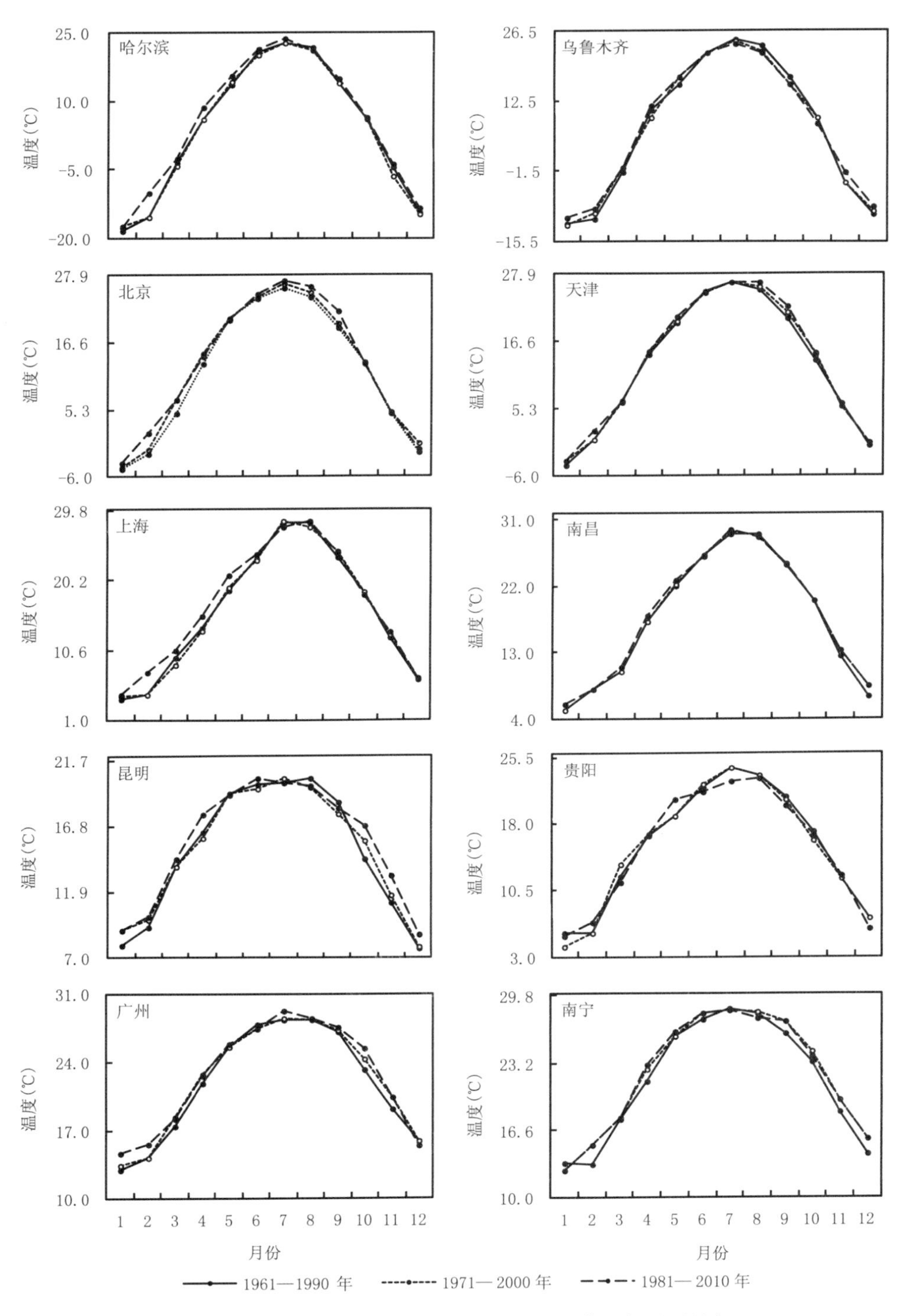

图 7-8　不同建筑气候区各代表城市不同时段典型年月平均气温

与此不同，温和地区的贵阳多数月份气温降低，1981—2010 年典型气象年较 1961—1990 年有 8 个月份气温降低，其中 7 月降低 1.6 ℃，12 月降低 1.2 ℃，9 月降低 1.0 ℃，1981—2010 年典型气象年较 1971—2000 年有 6 个月份气温降低，降幅最大为 3 月 2.1 ℃，7 月 1.6 ℃，12 月 1.2 ℃。夏热冬暖地区的广州和南宁总体上典型气象年气温升高，广州 1981—2010 年较 1961—1990 年和 1971—2000 年分别有 2 和 3 个月气温降低，其他月份均升高，1981—2010 年较 1961—1990 年气温升高最高为 2.2 ℃(10 月)，1981—2010 年较 1971—2000 年气温升高最高为 1.4 ℃(2 月)。同样，南宁 1981—2010 年较 1961—1990 年和 1971—2000 年分别有 3 和 2 个月气温降低，其他月份均升高，1981—2010 年较 1961—1990 年气温升高最高为 1.9 ℃(2 月)，1981—2010 年较 1971—2000 年气温升高最高仅为 0.4 ℃(4 月)。

典型气象年主要用于建筑热环境设计以及供暖制冷期能耗评估，因此，本章重点将供暖和制冷期进行了分析。供暖期各城市 1981—2010 年典型气象年气温均升高(表 7-12)，1981—2010 年较 1961—1990 年升高 0.7 ℃(南昌)～1.4 ℃(哈尔滨)，较 1971—2000 年升高 0.3 ℃(南昌)～0.7 ℃(哈尔滨、乌鲁木齐)。制冷期各城市中除乌鲁木齐外，其他各城市 1981—2010 年典型气象年气温均升高(表 7-13)，其中北方城市的升温幅度要明显高于南方城市，比如，哈尔滨、北京、天津和上海 1981—2010 年较 1961—1990 年分别升高 0.7 ℃、0.9 ℃、0.8 ℃和 0.9 ℃，较 1971—2000 年分别升高 0.5 ℃、0.6 ℃、0.5 和 0.7 ℃。南昌 1981—2010 年较 1961—1990 年和 1971—2000 年分别升高 0.1 ℃和 0.3 ℃，广州分别为 0.5 ℃和 0.3 ℃，而南宁仅为 0.1 ℃和没有升高。

表 7-12　不同建筑气候区各代表城市不同时段供暖期平均气温及温差

城市	时间段	平均值(℃)	1981—2010 较 1961—1990 温差(℃)	1981—2010 较 1971—2000 温差(℃)
哈尔滨	1961—1990	−9.0	1.4	0.7
	1971—2000	−8.3		
	1981—2010	−7.6		
乌鲁木齐	1961—1990	−5.1	1.1	0.7
	1971—2000	−4.7		
	1981—2010	−4.0		
北京	1961—1990	−1.2	1.3	0.6
	1971—2000	−0.5		
	1981—2010	0.1		
天津	1961—1990	−0.5	1.2	0.6
	1971—2000	0.1		
	1981—2010	0.7		
上海	1961—1990	4.9	1.3	0.6
	1971—2000	5.6		
	1981—2010	6.2		
南昌	1961—1990	6.4	0.7	0.3
	1971—2000	6.8		
	1981—2010	7.1		

表 7-13　不同建筑气候区代表城市不同时段制冷期平均气温及温差

城市	时间段	平均值(℃)	1981—2010 较 1961—1990 温差(℃)	1981—2010 较 1971—2000 温差(℃)
哈尔滨	1961—1990	21.3	0.7	0.5
	1971—2000	21.5		
	1981—2010	22.0		
乌鲁木齐	1961—1990	23.5	−0.7	−0.1
	1971—2000	22.9		
	1981—2010	22.8		
北京	1961—1990	23.7	0.9	0.6
	1971—2000	24.0		
	1981—2010	24.6		
天津	1961—1990	24.4	0.8	0.5
	1971—2000	24.7		
	1981—2010	25.2		
上海	1961—1990	25.7	0.9	0.7
	1971—2000	25.9		
	1981—2010	26.6		
南昌	1961—1990	27.4	0.1	0.3
	1971—2000	27.2		
	1981—2010	27.5		
广州	1961—1990	27.9	0.5	0.3
	1971—2000	28.1		
	1981—2010	28.4		
南宁	1961—1990	27.9	0.1	0.0
	1971—2000	28.0		
	1981—2010	28.0		

7.3.1.2　太阳辐射

气候变化背景下，典型气象年太阳辐射有明显的改变(图 7-9)，尤其是 1981—2010 年时段的典型气象年太阳辐射总体上明显低于 1961—1990 年和 1971—2000 年两时段，尤其是明显低于 1961—1990 年时段。比如天津，1981—2010 年较 1961—1990 年典型气象年太阳辐射降幅最大为 16.7%，较 1971—2000 年仅两个月下降，6 月降低 8.4%，9 月降低 8.6%。南宁 1981—2010 年典型气象年太阳辐射较 1961—1990 年降幅最大为 22.9%，较 1971—2000 年均无变化或者升高。具体来看，各区的城市存在明显的差异，乌鲁木齐、北京、天津、上海、昆明和广州降幅更为明显，其他城市相对较弱。另外，一年中不同月份也存在明显差异，比如昆明，1981—2010 年较 1961—1990 年，一年中有 9 个月太阳辐射降低，降幅 2.2%～23.6%，其他 3 个月中，1 月升高 20.4%，6 月升高 24.5%，8 月升高 2.0%。

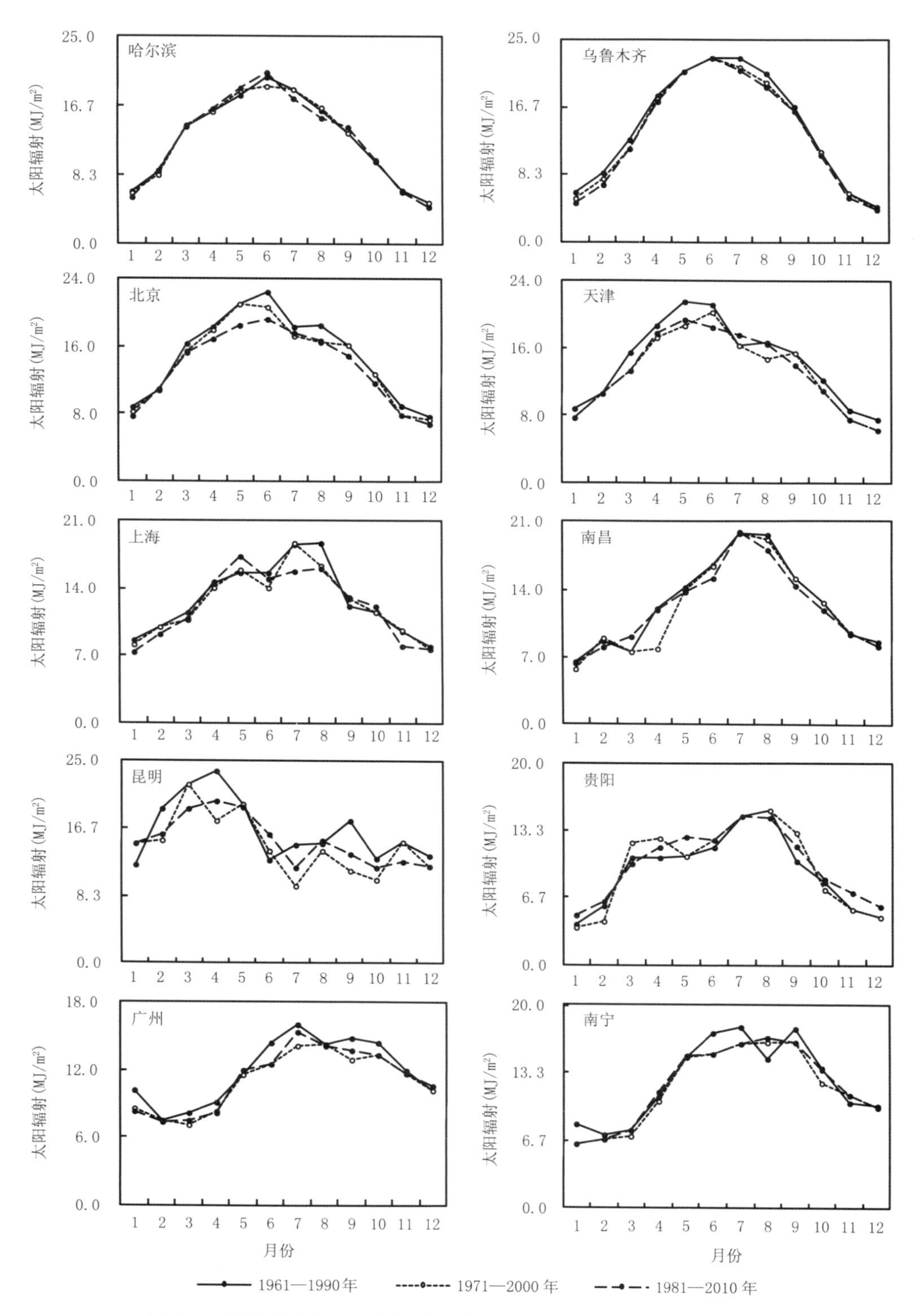

图 7-9　不同建筑气候区各代表城市不同时段典型年月平均太阳辐射

表 7-14 给出了供暖期三个时段的太阳辐射，可以看出，各气候区城市 1981—2010 年典型气象年太阳辐射较 1961—1990 年和 1971—2000 年均降低，较 1961—1990 年降低 2.6%（哈尔滨）～13.2%（南昌），较 1971—2000 年降幅为 1.1%（乌鲁木齐）～5.3%（南昌）。制冷期与供暖期相比，太阳辐射下降幅度明显偏小（表 7-15），1981—2010 年典型气象年太阳辐射较 1961—1990 年哈尔滨升高 1.4%，其他城市降低 1.6%（乌鲁木齐）～10%（北京），较 1971—2000 年乌鲁木齐升高 0.2%，南宁升高 0.7%，其他城市降低 0.2%（广州）～4.8%（北京）。

表 7-14　不同建筑气候区各代表城市不同时段供暖期平均太阳辐射及变化率

城市	时间段	平均值（MJ/m^2）	1981—2010 年较 1961—1990 年变化率（%）	1981—2010 年较 1971—2000 年变化率（%）
哈尔滨	1961—1990	8.9	−2.6	−3.8
	1971—2000	9.0		
	1981—2010	8.6		
乌鲁木齐	1961—1990	8.7	−7.9	−1.1
	1971—2000	8.1		
	1981—2010	8.1		
北京	1961—1990	10.0	−10.8	−4.7
	1971—2000	9.3		
	1981—2010	8.9		
天津	1961—1990	9.3	−8.1	−1.7
	1971—2000	8.7		
	1981—2010	8.5		
上海	1961—1990	8.5	−6.1	−2.9
	1971—2000	8.2		
	1981—2010	8.0		
南昌	1961—1990	7.8	−13.2	−5.3
	1971—2000	7.2		
	1981—2010	6.8		

表 7-15　不同建筑气候区各代表城市不同时段制冷期平均太阳辐射及变化率

城市	时间段	平均值（MJ/m^2）	1981—2010 年较 1961—1990 年变化率（%）	1981—2010 年较 1971—2000 年变化率（%）
哈尔滨	1961—1990	17.8	1.4	−0.3
	1971—2000	18.1		
	1981—2010	18.0		
乌鲁木齐	1961—1990	22.0	−1.6	0.2
	1971—2000	21.6		
	1981—2010	21.6		

续表

城市	时间段	平均值（MJ/m²）	1981—2010 年较 1961—1990 年变化率(%)	1981—2010 年较 1971—2000 年变化率(%)
北京	1961—1990	18.3	−10.0	−4.8
	1971—2000	17.3		
	1981—2010	16.4		
天津	1961—1990	17.6	−5.1	−1.1
	1971—2000	16.9		
	1981—2010	16.7		
上海	1961—1990	16.1	−4.0	−0.5
	1971—2000	15.5		
	1981—2010	15.5		
南昌	1961—1990	17.8	−7.5	−0.8
	1971—2000	16.6		
	1981—2010	16.5		
广州	1961—1990	14.7	−5.7	−0.2
	1971—2000	13.9		
	1981—2010	13.9		
南宁	1961—1990	17.0	−1.7	0.7
	1971—2000	16.6		
	1981—2010	16.7		

7.3.1.3　相对湿度

总体来看，我国不同气候区除乌鲁木齐典型气象年相对湿度呈弱的升高趋势外，其他城市均呈下降趋势，但下降幅度明显不同，不同月份变化趋势也不相同(图 7-10)。北京、上海和广州典型气象年相对湿度下降更为明显，如北京除 1 月和 4 月外，其他月份 1981—2010 年较 1961—1990 年相对湿度均降低，其中 7 月下降 12%；上海除 1 月和 2 月外，其他月份 1981—2010 年较 1961—1990 年相对湿度均下降，其中 5 月下降幅度最大，为 9%；广州除 2 月和 6 月外，其他月份 1981—2010 年较 1961—1990 年相对湿度均下降，其中 10 月和 12 月下降幅度最大，为 9%。

表 7-16 和表 7-17 给出了供暖期和制冷期相对湿度的变化特征以及不同时段的差异。可以看出，供暖期相对湿度变化幅度较小，各城市中，天津没有变化，北京 1981—2010 年较 1961—1990 年均降低了 4%，较 1971—2000 年没有变化，哈尔滨、南昌较 1961—1990 年降低 3%和 1%，较 1971—2000 年降低 1%和 2%，乌鲁木齐和上海 1981—2010 年较 1961—1990 年均增加 2%，较 1971—2000 年均增加 1%。制冷期乌鲁木齐相对湿度呈弱的升高趋势，其他各城市均下降，1981—2010 年较 1961—1990 年下降 1%(南宁)～10%(北京)，较 1971—2000 年下降 1%(天津)～5%(北京)，上海和南宁无变化。

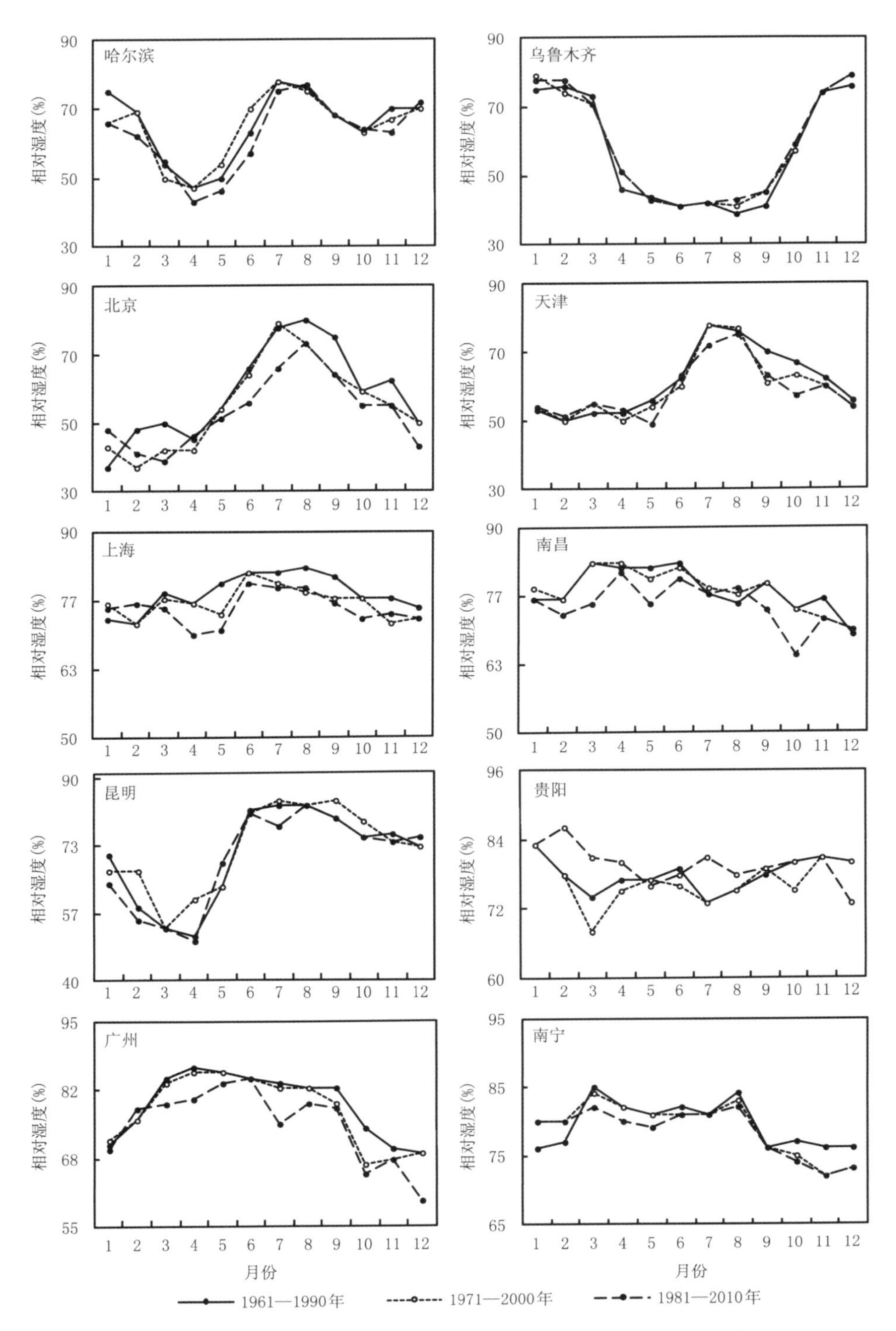

图 7-10　不同建筑气候区各代表城市不同时段月平均相对湿度

表 7-16　不同建筑气候区各代表城市不同时段供暖期平均相对湿度及差异

城市	时间段	平均值(%)	1981—2010 年较 1961—1990 年差值(%)	1981—2010 年较 1971—2000 年差值(%)
哈尔滨	1961—1990	64	−3	−1
	1971—2000	62		
	1981—2010	61		
乌鲁木齐	1961—1990	68	2	1
	1971—2000	69		
	1981—2010	70		
北京	1961—1990	49	−4	0
	1971—2000	45		
	1981—2010	45		
天津	1961—1990	55	0	0
	1971—2000	55		
	1981—2010	55		
上海	1961—1990	73	2	1
	1971—2000	74		
	1981—2010	75		
南昌	1961—1990	74	−1	−2
	1971—2000	75		
	1981—2010	73		

表 7-17　不同建筑气候区各代表城市不同时段制冷期平均相对湿度及差异

城市	时间段	平均值(%)	1981—2010 年较 1961—1990 年差值(%)	1981—2010 年较 1971—2000 年差值(%)
哈尔滨	1961—1990	72	−2	−4
	1971—2000	74		
	1981—2010	70		
乌鲁木齐	1961—1990	41	1	1
	1971—2000	41		
	1981—2010	42		
北京	1961—1990	75	−10	−5
	1971—2000	70		
	1981—2010	65		
天津	1961—1990	72	−4	−1
	1971—2000	69		
	1981—2010	68		
上海	1961—1990	82	−3	0
	1971—2000	79		
	1981—2010	79		

续表

城市	时间段	平均值(%)	1981—2010 年较 1961—1990 年差值(%)	1981—2010 年较 1971—2000 年差值(%)
南昌	1961—1990	79	−2	−2
	1971—2000	79		
	1981—2010	77		
广州	1961—1990	83	−4	−3
	1971—2000	82		
	1981—2010	79		
南宁	1961—1990	81	−1	0
	1971—2000	80		
	1981—2010	80		

7.3.2　气候变化对建筑供暖制冷负荷的影响

7.3.2.1　供暖

通过比较基于三个时段(1961—1990 年;1971—2000 年;1981—2010 年)典型气象年数据得到三个时段的供暖制冷负荷,研究了气候变化背景下建筑供暖制冷能耗的影响。不同建筑气候区供暖负荷受气候变化影响均呈降低的趋势(图 7-11),但变化幅度在不同气候区或城市

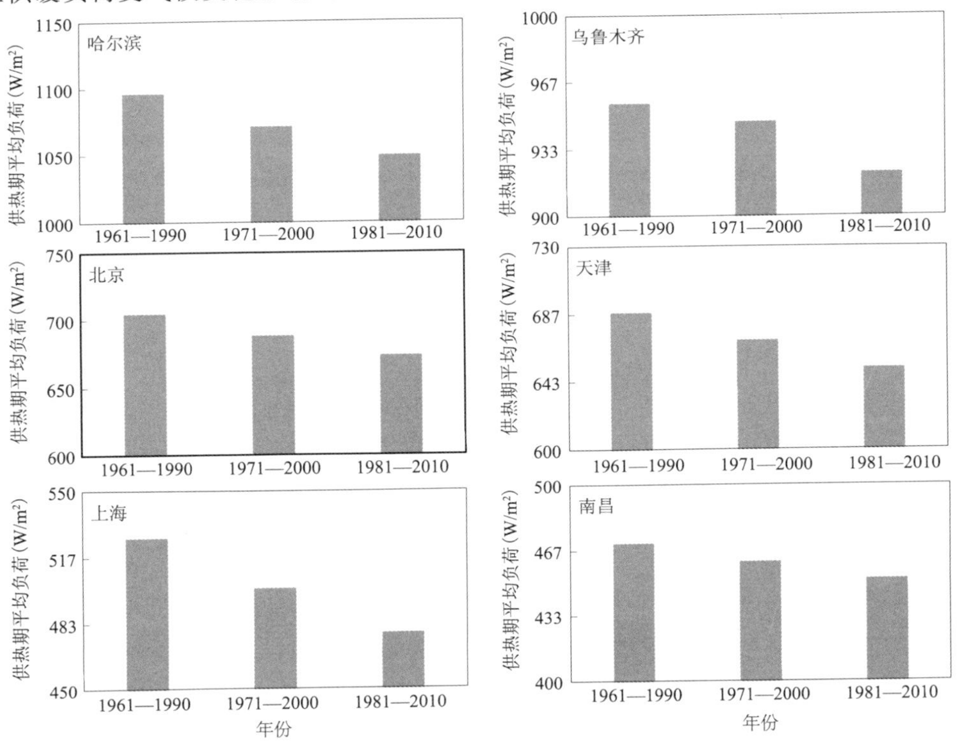

图 7-11　不同建筑气候区各代表城市不同时段供暖期平均负荷

之间有所不同(表 7-18)。上海供暖负荷降幅最为明显,1981—2010 年较 1961—1990 年降低 9.1%,较 1971—2000 年降低 4.6%。其他各城市降幅没有明显差异,1981—2010 年较 1961—1990 年降低 3.7%(乌鲁木齐)~5.2%(天津),较 1971—2000 年降低 2.0%(哈尔滨、南昌)~2.7%(乌鲁木齐、天津)。

不同气候区建筑供暖能耗的降低与各区气温的升高有关(表 7-19)。供暖能耗与气象要素的多元回归分析表明,不同气候区的各城市供暖能耗影响要素均是气温首先进入回归模型,而且气温可以解释供暖能耗的 87.9%(天津)~98.4%(哈尔滨),尽管太阳辐射和湿度也进入回归模型,但决定系数并没有明显升高,表明太阳辐射和湿度也影响到冬季供暖能耗,但影响不大。

表 7-18 不同建筑气候区各代表城市不同时段供暖期平均负荷及变化率

城市	1981—2010 较 1961—1990 变化率(%)	1981—2010 较 1971—2000 变化率(%)
哈尔滨	−4.2	−2.0
乌鲁木齐	−3.7	−2.7
北京	−4.4	−2.1
天津	−5.2	−2.7
上海	−9.1	−4.6
南昌	−4.0	−2.0

表 7-19 不同建筑气候区各代表城市供暖负荷与气象要素的多回归分析
(表中给出多元回归模型的气象要素以及模型的决定系数 R^2)

	第一要素	第二要素	第三要素
哈尔滨	温度	太阳辐射	湿度
	0.984	0.990	0.993
乌鲁木齐	温度	太阳辐射	湿度
	0.977	0.990	0.994
北京	温度	太阳辐射	湿度
	0.903	0.937	0.95
天津	温度	太阳辐射	湿度
	0.879	0.957	0.996
上海	温度	太阳辐射	湿度
	0.949	0.983	0.995
南昌	温度	太阳辐射	湿度
	0.914	0.980	0.993

7.3.2.2 制冷

基于三个时段典型气象年模拟得到了 1961—1990 年,1971—2000 年和 1981—2010 年的制冷能耗。与供暖能耗的一致降低趋势不同,制冷能耗变化趋势在不同气候区有明显差异,相同气候区不同代表城市也存在明显不同(图 7-12)。哈尔滨制冷负荷呈明显上升趋势,乌鲁木齐降低,北京降低,天津升高,上海升高,南昌降低或无明显变化,广州降低,南宁无明显变化。

具体来看，严寒地区的哈尔滨 1981—2010 年较 1961—1990 年，制冷负荷升高 7.3%，较 1971—2000 年升高 3.5%（表 7-20）。处于相同气候区的乌鲁木齐制冷负荷却呈降低的趋势，1981—2010 年较 1961—1990 年降低了 7.3%，较 1971—2000 年降低了 1.5%（表 7-20）。寒冷地区的北京和天津也呈相反的变化趋势，气候变化背景下北京制冷负荷下降，而天津上升（表7-20）。1981—2010 年与 1961—1990 年相比，制冷负荷北京降低 2%，较 1971—2000 年降低 0.9%，相反，天津制冷负荷上升 1.6%。夏热冬冷地区的上海 1981—2010 年制冷负荷较 1961—1990 年和 1971—2000 年分别升高了 2.2%和 3%（表 7-20）。南昌 1981—2010 年制冷负荷较 1961—1990 年降低了 1.7%，而与 1971—2000 年持平（表 7-20）。夏热冬暖地区的广州制冷负荷 1981—2010 年较 1961—1990 年和 1971—2000 年分别下降 1.3%和 0.3%（表 7-20）。南宁地区制冷负荷三个时段没有明显差异（表 7-20）。

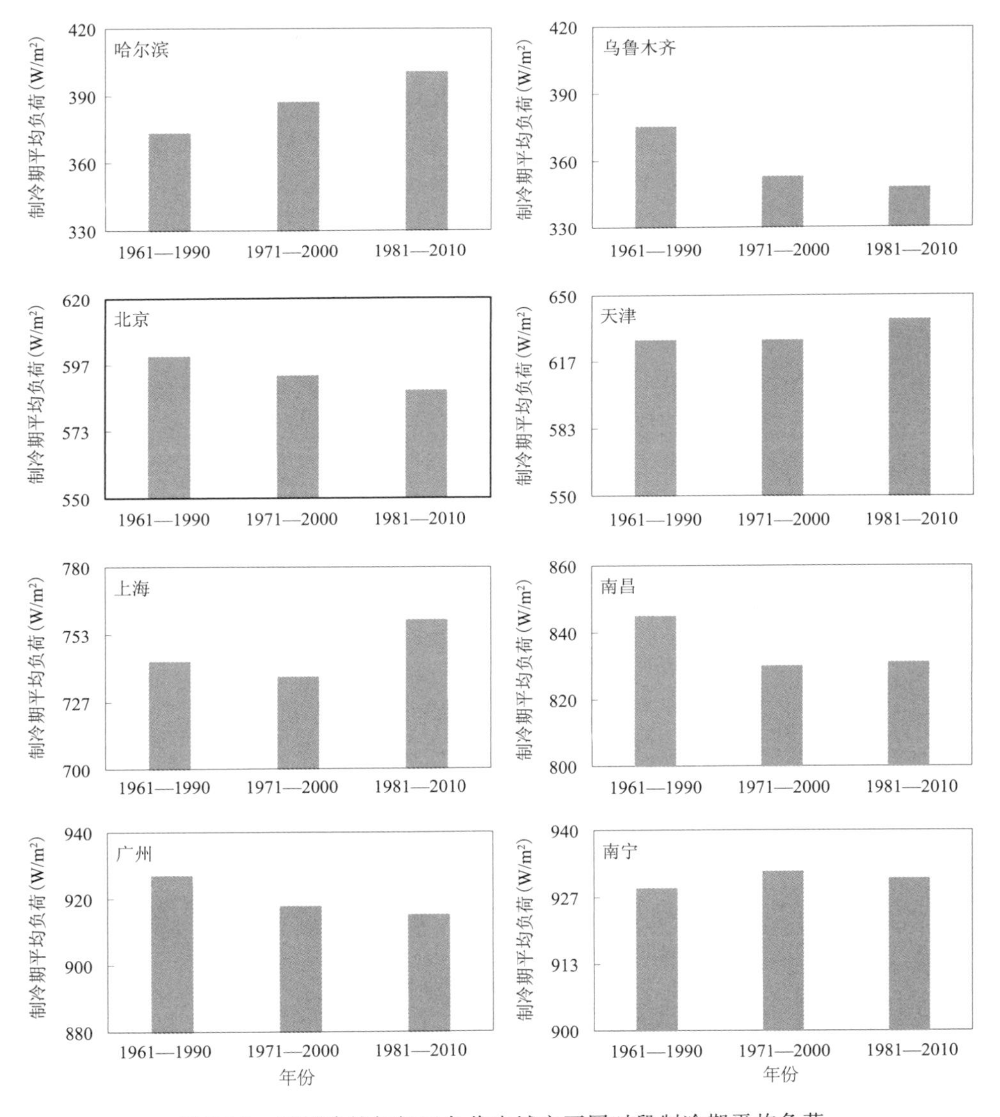

图 7-12　不同建筑气候区各代表城市不同时段制冷期平均负荷

表 7-20　不同建筑气候区各代表城市不同时段制冷期平均负荷及变化率

城市	1981—2010 年较 1961—1990 年变化率(%)	1981—2010 年较 1971—2000 年变化率(%)
哈尔滨	7.3	3.5
乌鲁木齐	−7.3	−1.5
北京	−2.0	−0.9
天津	1.6	1.6
上海	2.2	3.0
南昌	−1.7	0.1
广州	−1.3	−0.3
南宁	0.2	−0.2

总体来看，与以往研究不同，全国不同建筑气候区各代表城市制冷负荷在气候变化尤其是气候变暖的大背景下，并没有出现一致的升高趋势，有些城市呈明显的下降趋势。这与影响不同建筑气候区各代表城市制冷负荷的气候要素以及气候变化的变化趋势有关。以往在分析气候变化对制冷负荷的影响，主要基于度日数分析，度日数分析仅是基于气温的变化，事实上太阳辐射和湿度也起很大作用。具体来说，哈尔滨制冷负荷主要与气温显著相关($R^2=0.91$，表 7-21)，制冷负荷的上升与气温的升高有关，1981—2010 年较 1961—1990 年和 1971—2000 年气温均明显升高，导致制冷负荷明显升高。与严寒地区各城市制冷负荷主要受气温的影响不同，寒冷地区的北京和天津制冷负荷不仅与气温有关，与太阳辐射及湿度均呈显著相关(表 7-21)。

北京的制冷负荷与气象要素的回归分析表明，太阳辐射首先进入回归模型，并且可以解释制冷负荷的 37.1%，而太阳辐射和温度共同可以解释制冷负荷的 63.3%，太阳辐射、温度和湿度共同可以解释制冷负荷的 86.4%。通过对比三个时段的典型气象年数据可以看出，1981—2010 年较 1961—1990 年和 1971—2000 年北京的气温分别升高了 0.9 和 0.6 ℃，太阳辐射分别降低了 10%和 4.8%，而湿度降低了 10%和 5%。由于太阳辐射和湿度的降低影响可能超过了气温升高的影响，导致制冷负荷出现降低的趋势。与此相反，天津制冷负荷与气象要素的回归分析表明，温度首先进入回归模型，其次是太阳辐射和湿度，气温可以解释制冷负荷的 46.3%，气温和太阳辐射共同可以解释制冷负荷的 72.8%，气温、太阳辐射和湿度共同可以解释制冷负荷的 96.3%。天津市三个时段的气温升高幅度与北京类似，但是太阳辐射下降速度明显低于北京，1981—2010 年较 1961—1990 年和 1971—2000 年降低了 5.1%和 1.1%，而湿度降低了 4%和 1%。由于受气温升高的影响，太阳辐射和湿度的影响又较弱，导致天津市制冷负荷上升。

上海的制冷负荷与气象要素的回归分析可以看出，温度首先进入回归模型，可以解释制冷负荷的 69.5%，其次是湿度和太阳辐射，温度和湿度可以共同解释制冷负荷的 85.4%，温度、湿度和太阳辐射共同可以解释制冷负荷的 98.4%。1981—2010 年较 1961—1990 年和 1971—2000 年温度分别升高了 0.9 ℃和 0.7 ℃，而太阳辐射仅下降了 4%和 0.5%，湿度下降 3%和无变化，受气温升高影响制冷负荷呈升高趋势，湿度的影响较大，但无明显变化特征，太阳辐射的影响也较弱，导致上海制冷负荷总体上升高。南昌的制冷负荷与气象要素回归分析结果与上海相同，气温、湿度和太阳辐射是影响制冷负荷的第一、第二和第三气象要素(表 7-21)。三个时段气温并没有明显的变化，1981—2010 年较 1961—1990 年和 1971—2000 年分别升高仅为

0.1 ℃和 0.3 ℃，而湿度降低 2%，太阳辐射下降 7.5%和 0.8%，由于湿度和太阳辐射的降低超过气温的影响，导致南昌市制冷负荷降低，尤其是较 1961—2000 年制冷负荷降低了 1.7%。

从广州的制冷负荷与气象要素的多元回归分析可以看出，太阳辐射首先进入回归模型，太阳辐射可以解释制冷负荷的 30.4%，太阳辐射和气温共同可以解释制冷负荷的 39.4%，而太阳辐射、气温和湿度共同可以解释制冷负荷的 97.2%(表 7-21)，表明湿度在夏热冬暖地区对制冷能耗有很大的影响。从不同时段的制冷负荷来看，1981—2010 年较 1961—1990 年和 1971—2000 年分别降低了 1.3%和 0.2%，这主要与太阳辐射和湿度的下降有关，尽管温度升高了 0.5 ℃和 0.3 ℃，但太阳辐射分别降低了 5.7%和 0.2%，湿度降低了 4%和 3%，太阳辐射和湿度的下降导致了广州制冷负荷的下降。南宁的制冷负荷与气象要素多元回归分析表明，受气温、太阳辐射和湿度的共同影响，气温可以解释制冷负荷的 69%，气温和太阳辐射可以解释制冷负荷的 77.7%，气温、太阳辐射和湿度可以解释制冷负荷的 98.2%。不同时段气温、太阳辐射及湿度均无明显差异，导致南宁制冷负荷不同时段相同。

表 7-21　不同建筑气候区制冷负荷与气象要素的多元回归分析

(表中给出多元回归分析的要素以及决定系数 R^2)

	第一要素	第二要素	第三要素
哈尔滨	温度	湿度	太阳辐射
	0.913	0.957	0.983
乌鲁木齐	温度	太阳辐射	湿度
	0.971	0.992	0.995
北京	太阳辐射	温度	湿度
	0.371	0.633	0.864
天津	温度	太阳辐射	湿度
	0.463	0.728	0.963
上海	温度	湿度	太阳辐射
	0.695	0.854	0.984
南昌	温度	湿度	太阳辐射
	0.568	0.785	0.981
广州	太阳辐射	温度	湿度
	0.304	0.394	0.972
南宁	温度	太阳辐射	湿度
	0.69	0.777	0.982

7.3.3　当前典型气象年数据的适用性评估

基于我国五个建筑气候区城市当前正在使用的典型气象年数据，模拟得到各城市供暖制冷负荷，与基于 1981—2010 年典型气象年数据模拟得到的负荷进行了对比分析，研究当前正在使用的典型气象年供暖制冷负荷的可靠性和可用性。图 7-13 表明研究的 6 个城市当中，南昌现行典型气象年与 1981—2010 年典型气象年供暖负荷一致，其他城市二者出现较大偏差。具体来说，哈尔滨和北京典型气象年供暖负荷较 1981—2010 年典型气象年供暖负荷偏高，分别偏高 3.18%和 7.88%，乌鲁木齐、天津和上海现行典型气象年供暖负荷较 1981—2010 年典型气象年供暖负荷偏低，分别偏低 6.51%、9.26%和 3.23%(表 7-22)。

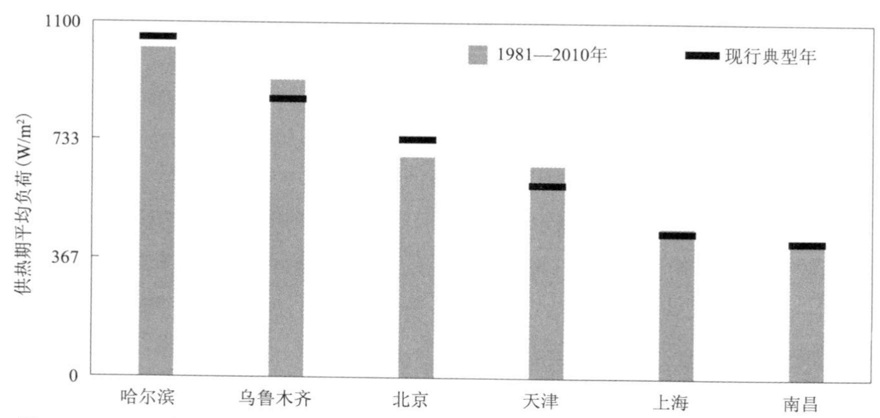

图 7-13 不同建筑气候区各代表城市现行典型年与 1981—2010 年供暖期平均负荷

表 7-22 不同建筑气候区各代表城市现行典型年与 1981—2010 年供暖期平均负荷及变化率

城市	1981—2010 年(W/m²)	现行典型年(W/m²)	现行典型年与 1981—2010 年变率(%)
哈尔滨	1018.8	1051.2	3.18
乌鲁木齐	919.0	859.2	−6.51
北京	681.8	735.5	7.88
天津	654.7	594.1	−9.26
上海	461.7	446.8	−3.23
南昌	422.4	420.4	−0.47

图 7-14 表明制冷期负荷在现行典型气象年和 1981—2010 年典型气象年之间也有较大的偏差，其中哈尔滨、南昌和南宁现行典型气象年制冷负荷明显低于 1981—2010 年典型气象年制冷负荷，南宁偏低最多，偏低 3.41%(表 7-23)，南昌和哈尔滨分别偏低 0.94%和 0.63%(表 7-23)。乌鲁木齐、北京、天津、上海和广州现行典型气象年较 1981—2010 年典型气象年制冷负荷偏高，其中上海偏高最多，达到 12.71%，其次是北京，偏高 7.13%，天津偏高 5.43%，乌鲁木齐偏高 5.15%，广州偏高 1.5%(表 7-23)。

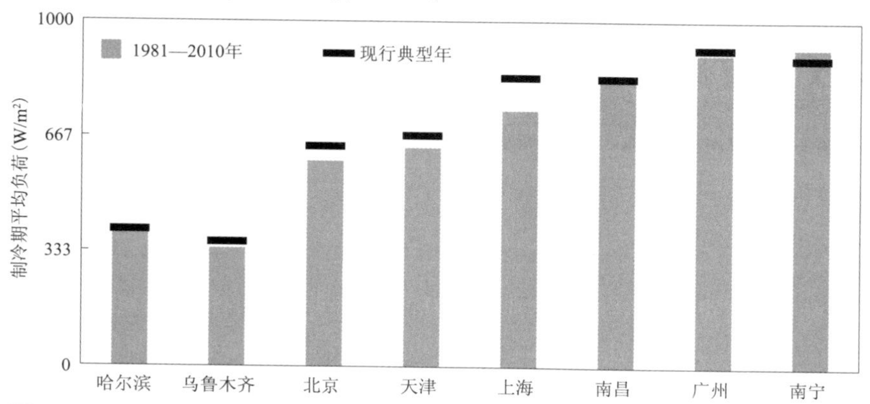

图 7-14 不同建筑气候区各代表城市现行典型年与 1981—2010 年制冷期平均负荷

表 7-23　不同建筑气候区各代表城市现行典型年与 1981—2010 年制冷期平均负荷及变化率

城市	1981—2010 年(W/m²)	现行典型年(W/m²)	现行典型年与 1981—2010 年变率(%)
哈尔滨	396.6	394.1	−0.63
乌鲁木齐	341.7	359.3	5.15
北京	595.7	638.2	7.13
天津	635.3	669.8	5.43
上海	742.2	836.5	12.71
南昌	843.4	835.5	−0.94
广州	906.8	920.4	1.50
南宁	924.7	893.2	−3.41

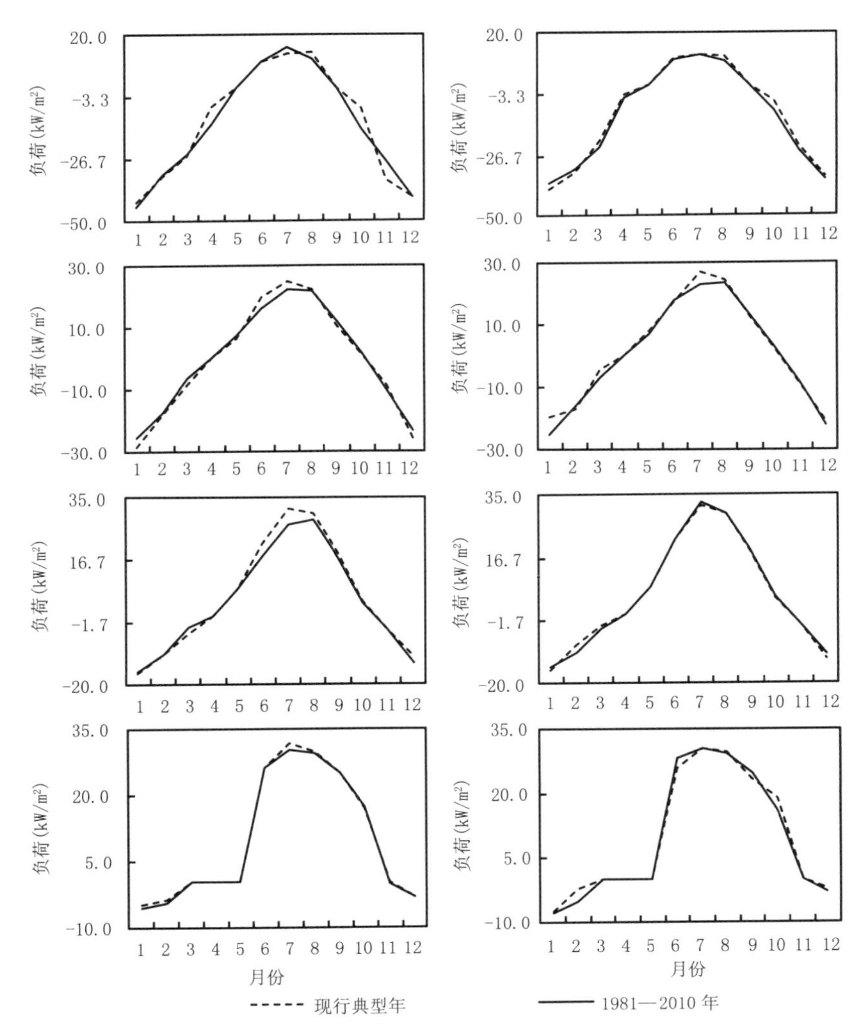

图 7-15　不同建筑气候区各代表城市现行典型年与 1981—2010 年典型气象年全年负荷

从全年逐月负荷来看(图 7-15),现行典型气象年逐月负荷与 1981—2010 年逐月负荷有较好的一致性,但北京、天津和上海夏季制冷负荷差异较大,在应用典型气象年进行建筑负荷计算或者建筑室内热环境评估时,在制冷期将产生较大的偏差,无法真实、准确反映室内负荷特征。另外,哈尔滨多数月份差异较大,当前典型气象年不能准确用于室内热环境评估和负荷模拟。广州和南宁在制冷期当前典型气象年制冷负荷也存在一定偏差,但偏差较小。

第8章　气候变化背景下我国建筑气候区划

建筑能源消耗的多寡以及室内舒适环境的优劣，不但与建筑本身热工性能有关，还受建筑所在地区气候影响。在建筑设计阶段，必须充分考虑气候条件(Guan，2009；Mahmoud，2011)。中国幅员辽阔，地形复杂，地理纬度、地势等条件不同，各地气候相差悬殊，因此，针对不同气候条件，各地区建筑的节能设计都有对应不同的做法(刘加平 等，2010)。研究建筑与气候的关系，按照各地建筑气候的相似性和差异性进行建筑气候区划，有利于合理利用当地气候资源，创建适宜于地域气候的低能耗建筑，同时提高居住环境舒适度(张慧玲，2009；张慧玲和付祥钊，2012)。

目前我国行业内关于建筑分区的标准仅有两个：《建筑气候区划标准》(GB 50178—93)和《民用建筑热工设计规范》(GB 50176—2016)。《民用建筑热工设计规范》(GB 50176—2016)是中国地区使用最广泛的建筑设计气候分区标准，然而，GB 50176使用了1951—1980年的平均气温，2016年该标准修订时气温数据也没有更新。20世纪以来，中国地区表现为明显的变暖趋势，1901—2015年气温上升了1.56 ℃，远高于全球平均结果(IPCC，2013；Cao et al，2017)。然而，增温幅度存在明显空间差异，其中增温最显著的是中国的西北和东北地区(Chen and Frauenfeld，2014；Guan et al，2015)。受全球变暖的影响，现行区划标准已经不适用于当前的气候条件，会造成建筑设计不适用于当地的气候条件，从而进一步导致能源的浪费以及环境舒适度的下降。亟须对我国的建筑气候区划进行进一步研究，解决随气候变化产生的建筑气候区划的变化问题，提出气候变化背景下适用于我国的建筑气候区划。

气候变暖有利于降低供暖能耗，以供暖为主要耗能方式的严寒和寒冷地区是我国建筑节能的重点区域，合理地、精细化地规划严寒和寒冷地区各城市所属建筑气候子区是城市选择节能措施的基础依据。此外，已有研究表明，气候变暖造成了中国集中供暖区和过渡供暖区的界线比1980年以前明显北移(陈莉 等，2006；2007)，中国北方地区供暖期缩短、供暖能耗普遍减少(周自江，2000；陈莉 等，2009)。但研究均基于气象台站的观测数据，由于站点分布不均、序列长短不一、台站观测环境变迁等问题，在气候分析和研究中，站点资料不能完全有效地代表研究区域的气候变化特征。高分辨率、格点化的气候数据，尤其是气温和降水，在天气气候变化研究中具有极其重要的作用。利用空间插值技术将离散的站点资料转换成规则的网格点序列，可大大提高序列在对应网格范围的气候代表性(张强 等，2008)。

本章基于目前中国应用最广泛的建筑分区标准——《民用建筑热工设计规范》(GB 50176—2016)，采用完整的气象数据，揭示气候变暖背景下中国地区气候区划是否发生了变化，中国供暖气候指标是否发生了变化，这对于精准建筑节能设计以及建筑用能效率的提高具有重要意义。

8.1 数据和方法

8.1.1 数据

采用1961—2015年全国2479个站点1月和7月逐日平均气温观测数据，该数据集被广泛应用于数据同化、天气和气候模式初始场以及气候变化评估中（Yang et al，2015；Xu et al，2009；Huang et al，2017）。月平均数据是由日数据计算所得。考虑到日数据的缺失会影响到月平均和年平均气温的准确性，因此，如果某一年中存在一个日缺失值，则将该年的数据全部设为缺失。如果某一站点研究所使用的55年（1961—2015年）中超过5个年数据缺失，则将该站点去除。在这种筛选条件下，保留了2039个站点的观测数据（图8-1），其中，26.5%的站点不含缺失值，29.8%的站点在55年的数据中只有一年的数据缺失。为了保障气候区划要素空间分布均匀，基于自然临近插值法将不规则分布的站点数据插值成0.1°×0.1°的格点数据。建筑气候分区是用来指导建筑设计，因此，气候分区必须能够代表当地的气候特征，所使用的气象数据不能剧烈变化。所以，根据IPCC第五次评估报告的建议，使用30年滑动平均的气温数据代表气候的平均状态（IPCC AR5）。通过对比1961—1990年、1971—2000年、1981—2010年、1991— 2015年4个时间段的气候区划结果，揭示气候变化对建筑区划的影响。

8.1.2 研究方法

8.1.2.1 建筑气候区划标准

《民用建筑热工设计规范》（GB 50176—2016）是目前我国使用最广泛的建筑气候分区标准，主要为使民用建筑热工设计与地区气候相适应，保证室内基本的热环境要求，符合国家节约能源的方针，提高投资效益（Wang et al，2018；Ren et al，2012；Lam et al，2005；Lam et al，2008）。基于1月和7月平均气温，GB 50176共划分为5个气候区，分别为严寒地区、寒冷地区、夏热冬冷地区、夏热冬暖地区和温和地区（表8-1）。图8-1是《民用建筑热工设计规范》（GB 50176—2016）中建筑气候分区的空间分布，严寒地区主要位于高原和中国北部地区，比如青海省、内蒙古和中国东北地区。严寒地区1月和7月气温都较低，必须充分考虑冬季防寒保温要求，一般可以不考虑夏季防热。寒冷地区主要位于严寒地区的南部，包括中国西北地区东部，华北大部分地区以及新疆和西藏的部分地区。与严寒地区相比，除应满足冬季保温要求外，部分地区需要兼顾夏季防热。夏热冬冷地区主要位于中国中部地区，包括湖北、湖南、重庆、安徽、江西、浙江，以及福建、江苏、河南、四川的部分地区。必须满足夏季防热要求，适当兼顾冬季保温。作为5个气候区中面积最小的地区，夏热冬暖地区主要位于中国华南地区，该区域主要包括海南省、港澳地区、台湾省的全部，广东、广西和福建的大部分地区。与严寒地区相反，夏热冬暖地区必须充分考虑夏季防热，一般可以不考虑冬季防寒。温和气候区主要位于云南省及其周围地区，比如四川和贵州省的部分地区。该区域是冷暖气候区的过渡区域，具有较高的气候舒适度，非常适宜居住，冬季防寒和夏季防热一般都可忽略。为了便于相互比较，本章使用《民用建筑热工设计规划》（GB 50176—2016）中的气候分区标准研究气候变化对建筑气候区划的影响。

表 8-1　建筑热工设计分区及设计要求(GB 50176—2016)

分区名称	分区指标		设计要求
	主要指标	辅助指标	
严寒地区	最冷月平均温度≤－10 ℃	日平均温度≤5℃的天数≥145 天	必须充分满足冬季保温要求，一般可不考虑夏季防热
寒冷地区	最冷月平均温度 0～－10 ℃	日平均温度≤5 ℃的天数 90～145 天	应满足冬季保温要求，部分地区兼顾夏季防热
夏热冬冷地区	最冷月平均温度 0～10 ℃，最热月平均温度 25～30 ℃	日平均温度≤5 ℃的天数 0～90 天，日平均温度≥25 ℃的天数 40～110 天	必须满足夏季防热要求，适当兼顾冬季保温
夏热冬暖地区	最冷月平均温度>10 ℃，最热月平均温度 25～29 ℃	日平均温度≥25 ℃的天数 100～200 天	必须充分满足夏季防热要求，一般可不考虑冬季保温
温和地区	最冷月平均温度 0～13 ℃，最热月平均温度 18～25 ℃	日平均温度≤5 ℃的天数 0～90 天	部分地区应考虑冬季保温，一般可不考虑夏季防热

图 8-1　气象观测站点的空间分布以及 5 种气候区的边界

(图中红点表示观测站点的位置)(Cheng et al，2019)

根据《严寒和寒冷地区居住建筑节能设计标准》(JGJ 26—2010)中严寒和寒冷地区建筑节能设计气候子区的分区标准，依据不同的 HDD18 和 CDD26 范围，将严寒和寒冷地区划分为五个气候子区，详见表 8-2。

表 8-2　严寒和寒冷区建筑节能设计气候子区

	气候子区	分区标准
严寒区	严寒 A 区	HDD18∈[6000,∞)
	严寒 B 区	HDD18∈[5000,6000)
	严寒 C 区	HDD18∈[3800,5000)
寒冷区	寒冷 A 区	HDD18∈[2000,3800)且 CDD26∈(0,90]
	寒冷 B 区	HDD18∈[2000,3800)且 CDD26∈(90,∞)

8.1.2.2 集中供暖区域及气候指标

中国集中供暖的地区主要包括：北京、天津、河北、山西、内蒙古、山东、黑龙江、吉林、辽宁、甘肃、青海、宁夏、新疆、西藏等省（区、市）的全部地区，江苏、安徽、河南、陕西省的部分地区。本章按照网格选取 119.5～134.8°E，38.8～53.7°N 为东北地区，包括黑龙江、吉林、辽宁以及内蒙古东部，110～119.5°E，35.5～42.0°N 为华北地区，包括北京市、天津市、河北、山西、山东以及内蒙古中部，73～110°E，33～49°N 为西北地区，包括新疆、甘肃、宁夏、陕西、河南以及青藏高原的北部。

按照《民用建筑供暖通风与空气调节设计规范》(GB 50736—2012)，定义当 5 天滑动平均气温低于或等于 5 ℃时，5 天中的最后一天作为供暖开始日期，称作供暖初日。当 5 天滑动平均气温高于或等于 5 ℃时，5 天中的最后一天作为供暖截止日期，称作供暖终日。中国东北地区、西北地区基本上是 11 月 1 日之前开始供暖，华北地区基本上是 11 月 15 日开始供暖。供暖结束日期大多数地区定于 3 月 15 日。因此，以 11 月 15 日平均气温等值线作为供暖初日特征线、3 月 15 日平均气温等值线作为供暖终日特征线，这两条线南北位置的移动可表示气候变暖对中国集中供暖气候指标的影响程度。当累年日平均气温稳定低于或等于 5 ℃的日数大于或等于 90 天被界定为集中供暖的地区，将 90 天的等值线称作集中供暖南边界，该线的南北移动代表中国供暖范围的变化。通常是以供暖度日作为供暖强度，供暖度日是指日平均气温与规定的基础温度的离差，以 5 ℃作为基础温度来计算每年集中供暖期内的供暖度日。

$$HDD = \sum_{i=1}^{n}(1-\alpha)(T_0 - T_i) \tag{8.1}$$

式中，HDD 是供暖期的供暖度日，单位为℃ · d，n 为供暖期长度；T_0 是基础温度，这里取 5℃；α 是参数，如果日平均气温大于基础温度，则为 1，否则为 0。HDD 值大，说明供暖期温度低，供暖强度大，也即供暖需求大。

8.2 中国地区气温及度日数变化特征

图 8-2 为 1961—2015 年 1 月和 7 月气温距平的时间序列，其中距平是相对于 1961—1990 年的平均气候态。1 月平均气温 55 年来表现为显著的上升趋势，气候倾向率为 0.26 ℃/10a，通过了 99%的显著性检验。需要注意的是，快速的升温开始于 20 世纪 60 年代初期，并且 2000 年之后增温出现“停滞”现象，这与北半球平均气温的变化趋势基本一致(Wallace et al，2012)。最近 15 年(2001—2015 年)与最初 10 年(1961—1970 年)两个时间段的平均气温距平分别为 0.84 ℃和－0.31 ℃，差异非常明显。与 1 月平均气温相比，7 月平均气温距平也表现为显著的上升趋势。然而，变化趋势明显比 1 月小(0.13 ℃/10a)，这主要是因为 7 月气温的长期趋势以 1985 年为界被分成了两个时间段，表现为先减小后增加。因此，使得 1 月气温的变化趋势表现为 7 月的两倍，这与 Huang 等(2012)冷季增温比暖季更显著的研究结论相一致。

尽管中国地区总体表现为显著的变暖，但是气温变化具有较大的空间差异性。图 8-3 为 1961—2015 年 1 月和 7 月平均气温变化趋势的空间分布，如图所示，1961—2015 年中国大部分地区为增温趋势，增温幅度为 1～3℃，其中增温最显著的地区为中国北部，特别是中国的西北部地区，该区域主要为我国的干旱半干旱区，地表植被稀疏，生态环境脆弱，这与全球的增温

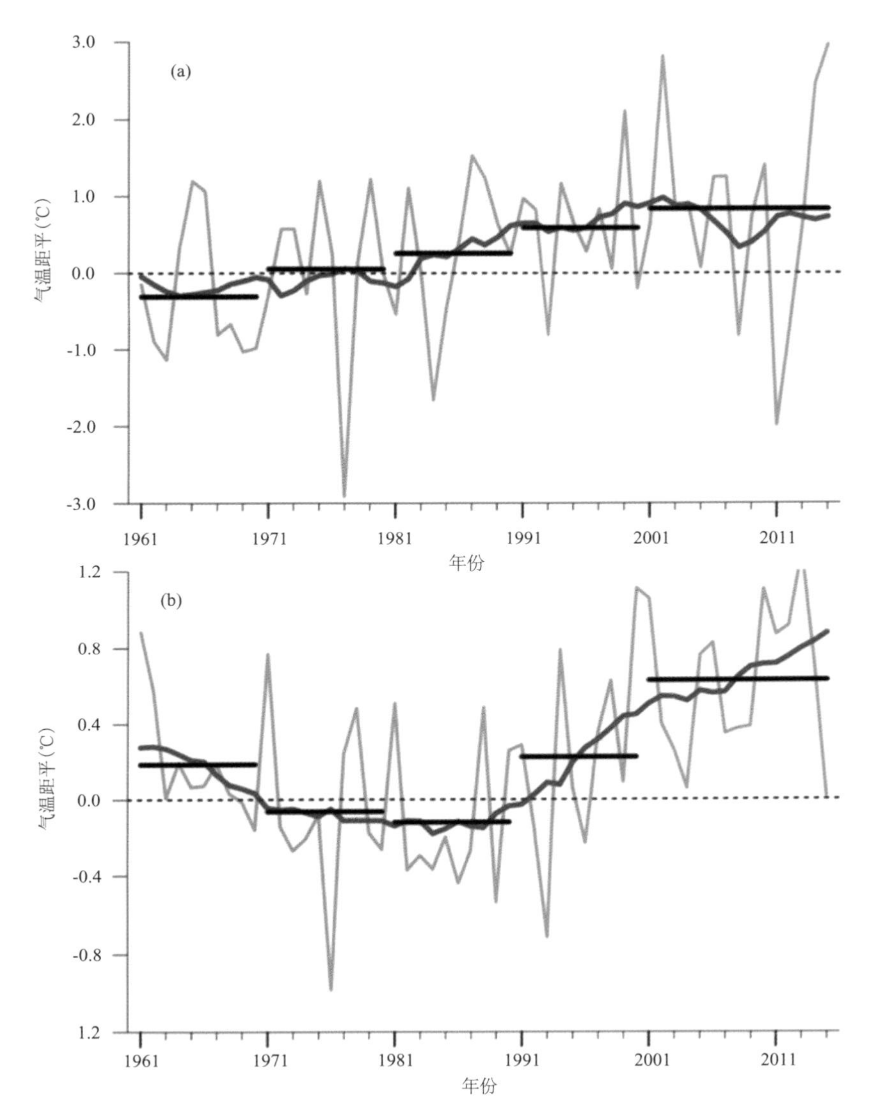

图 8-2　1961—2015 年 1 月(a)和 7 月(b)平均气温距平的时间序列(距平为相对于 1961—1990 年平均值)
(图中深蓝色实线为 7 年滑动平均，黑线分别为 1961—1970 年、1971—1980 年、1981—1990 年、1991—2000 年、2001—2015 年的平均值)(Cheng et al，2019)

现象一致(Huang et al，2012)。对于 1 月平均气温，97.2%的区域表现为上升趋势，其中 29.7%通过了 99%的显著性检验，主要位于青海、四川以及西藏东部等高海拔地区，以及华北地区。7 月气温的变化与 1 月基本一致，92.5%的区域表现为增温趋势，最明显的区域位于青海西部，增温趋势超过 0.7 ℃/10a，但发生显著变化的面积更大，其中 57.6%通过了 99%的显著性检验，与 1 月气温不同之处在于东北和华北地区的升温幅度小于 1 月平均气温，但是部分地区的变化是显著的，另外，西藏西部以及新疆大部分地区变化趋势也通过了显著性检验。此外，7 月气温减小的面积大于 1 月气温，河南、湖北、重庆、贵州等部分地区表现为变冷趋势，但是变化不显著。

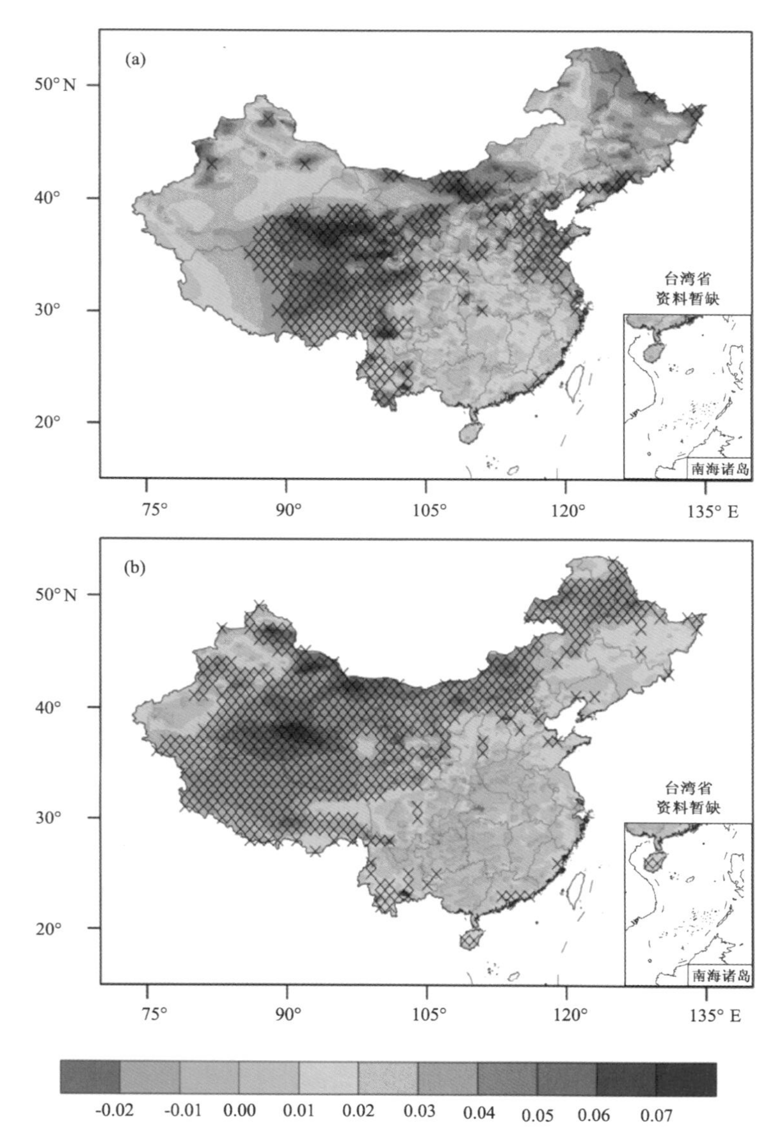

图 8-3　1961—2015 年 1 月(a)和 7 月(b)平均气温变化趋势的空间分布
(图中阴影区为变化趋势通过 99%显著性检验的区域)

度日数是重要的建筑节能气象参数之一,在一定程度上反映建筑供暖空调系统能耗水平。当室内温度、内部得热量和空调系统效率恒定时能较好地估算建筑能耗,分析度日数可以间接地表征建筑能耗的变化规律。1961—2015 年供暖度日数(HDD18)和制冷度日数(CDD26)的时间序列如图 8-4 所示,HDD18 总体呈下降趋势,气候倾向率为−6.60 ℃·d/a,通过了 99%的显著性检验。特别是 1984—2000 年,显著减小,减小速率是整个时间段的近 3 倍(−17.69 ℃·d/a),这表现为供暖能耗的减小。CDD26 在整个时间段上表现为增加,气候倾向率为 0.38 ℃·d/a,通过了 99%的显著性检验,但表现为明显的阶段特征。20 世纪 70 年代前期之前,CDD26 减小,之后处于平稳期,变化不大,1971—1980 年和 1981—1990 年两个阶段的平均值分别为 83.0 ℃ · d 和 82.8 ℃ · d，没有明显差异。1991 年之后显著增加，这将导致空调制冷能耗的增加，不利于节能。对比图 8-4 和图 8-2 表明，HDD18 和 CDD26 的时间序列与 1 月和 7 月气温距平具有较高的相关性，相关系数分别为－0.61 和 0.82，都通过了 99％的显著性检验，这说明气温变化直接导致了建筑冷暖度日数的改变。

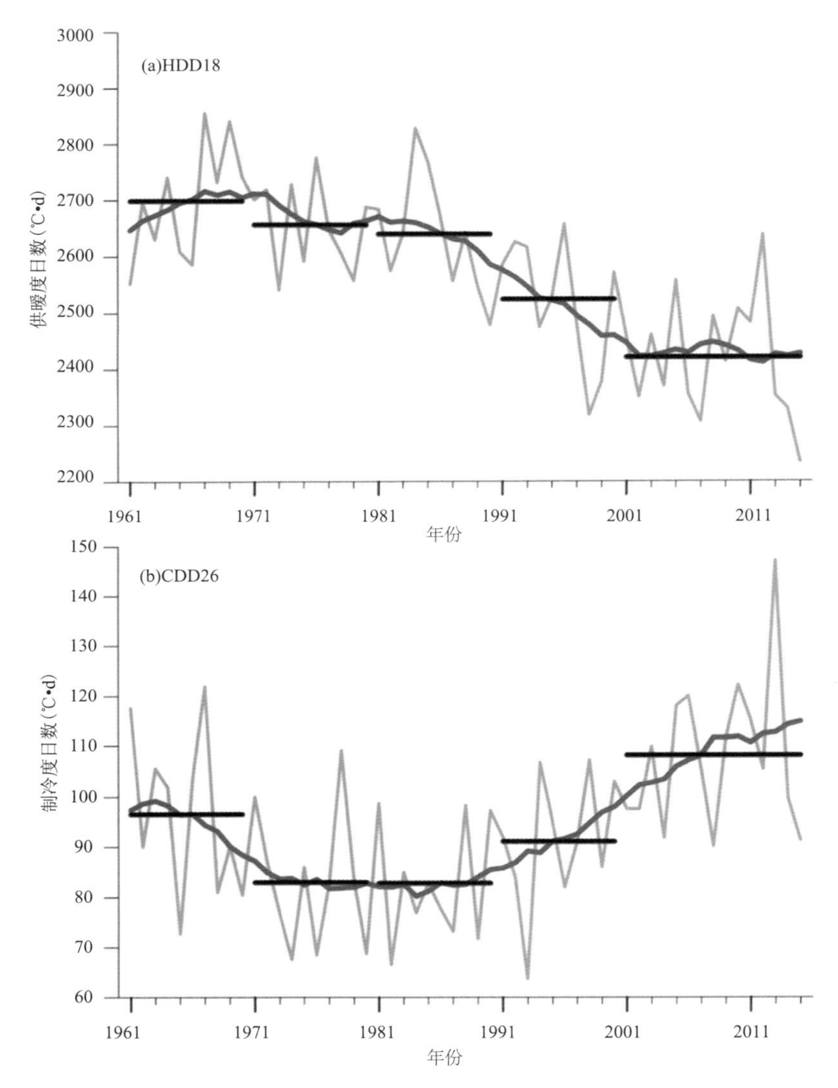

图 8-4　1961—2015 年供暖度日数(HDD18)和制冷度日数(CDD26)的时间序列
(图中深蓝色实线为 7 年滑动平均，黑线分别为 1961—1970 年，1971—1980 年，1981—1990 年，1991—2000 年，2001—2015 年的平均值)

图 8-5 为 1961—2015 年供暖度日数(HDD18)和制冷度日数(CDD26)变化趋势的空间分布。受气温升高的影响，中国 94.8％的地区 HDD18 表现为显著减小(99％的置信度)，其中减小最显著的地区为青海、西藏、东北和内蒙古的部分地区，这与 1 月气温增加最显著的区域基本一致，HDD18 的增加表明有利于冬季供暖能耗的减少。CDD26 的变化以增加为主，83.3％的区域表现为增加，其中 42.8％通过了 99％的显著性检验，增加最显著的地区位于新疆南部、

内蒙古西部和中国东南沿海地区，这将导致夏季制冷能耗的增加。

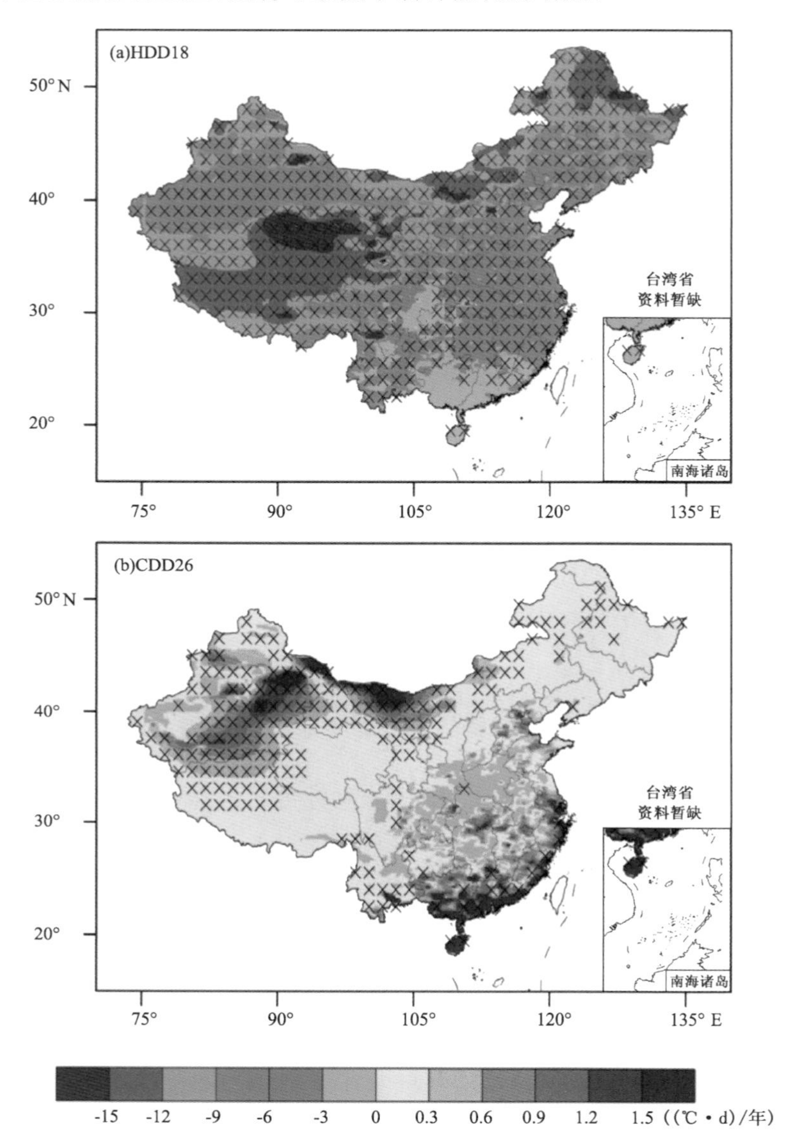

图 8-5 1961—2015 年供暖度日数(a)和制冷度日数(b)变化趋势的空间分布
(图中阴影区为变化趋势通过 99%显著性检验的区域)

8.3 气候变化背景下的建筑气候区划

随着气温的显著升高，建筑气候分区也发生了明显的变化。图 8-6 为 1991—2015 年 5 种气候分区面积变化百分率的时间序列，其中变化是相对于 1990 年。在全球变暖的背景下，严寒地区面积表现为显著和近似单调的下降趋势，只是在 2010 年短暂地上升。严寒地区的面积百分比在 2015 年相对于 1990 年减小了 12.1%。相反，其他四种气候分区扩展，其中扩展最显著的为寒冷地区，2015 年相对于 1990 年面积增加了 19.9%，并且主要是由严寒地区转化而来。因此，寒冷地区面积百分率的时间序列与严寒地区基本相反。作为 5 种分区中气候最热的分区，夏热冬暖地区几乎没有变成其他气候分区，该区域 1999 年之前面积变化很小，之后显著扩张。由别的气候分区转化成的温和气候区面积在整个时间段内持续上升，但是该区域变成别的气候区的面积百分比的时间序列可以分成两个阶段：1980 年之前基本处于平稳期，之后下降。因此，温和气候区的面积总体上在 2000 年之前增加，之后处于平稳的时期，面积变化不大。最近 5 年的平均面积与 2000—2005 年的基本相当。与其他四种气候分区相比，夏热冬冷气候区发生变化的面积百分比较小，截至 2015 年面积仅仅增加了 5.6%。

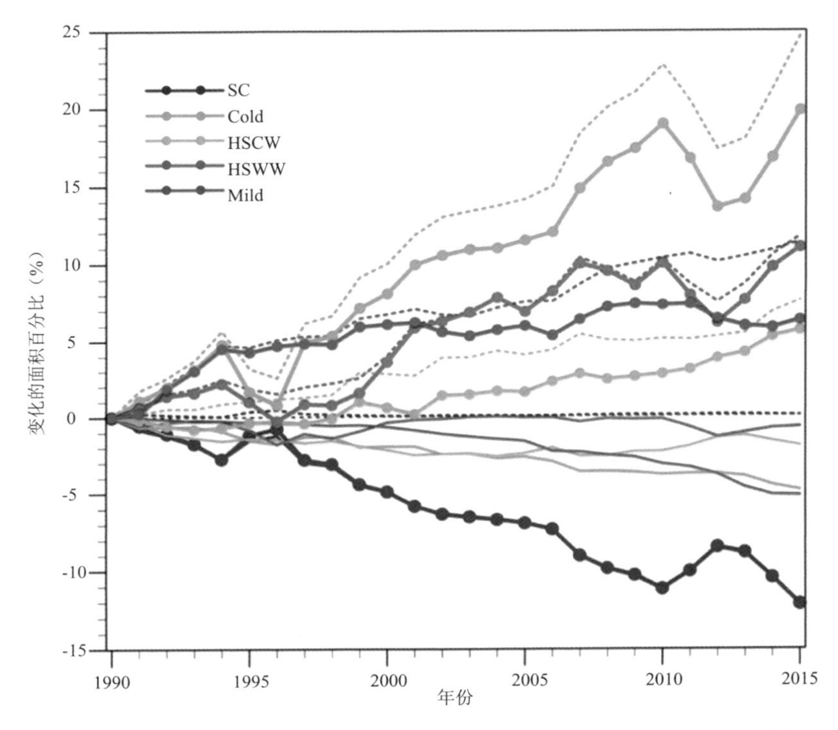

图 8-6 相对比 1990 年，1991—2015 年 5 种气候区变化面积百分比的时间序列（SC 为严寒地区；Cold 为寒冷地区；HSCW 为夏热冬冷地区；HSWW 为夏热冬暖地区；Mild 为温和地区）、（图中虚线为由别的气候区转变而来的面积百分比，细实线为变成其他气候区的面积百分比，带标记的粗实线为总变化。为了代表气候的长期特征，每一年的面积百分比为从该年往前 30 年的平均值）（Cheng et al，2019）

图 8-7 为 1961—1990 年、1971—2000 年、1981—2010 年、1991—2015 年四个时间段的建筑气候分区，空间分布与图 8-1 中 GB 50176 的分布基本一致，并且四个时间段的空间分布也非常相似，但存在一定的区域差异。对 1961—2015 年整个时间段的平均结果，严寒地区、寒冷地区、夏热冬冷地区、夏热冬暖地区和温和地区分别占全国陆地面积的 41.9%、29.0%、16.1%、4.6%、8.4%（表 8-3）。为了更清楚地表明建筑气候区发生变化的区域以及变化的类型，在整个时间段上都没有变化的区域用空白色填充，只保留发生了变化的区域，并且分成了 6 种主要的变化类型。以 1961—1990 年的气候分区为基准，1971—2000 年、1981—2010 年和 1991—2015 年三个时期变化的空间分布如图 8-8 所示。三个时期的空间模态基本一致，并且随着时间的增加，变化的面积增加，1991—2015 年的变化面积最大。三个时间段气候区发生

变化的区域面积为 31.8×10⁴ km²、70.0×10⁴ km²、78.5×10⁴ km²，分别占陆地总面积的 3.4%、7.4%、8.3%。受气温升高的影响，这些气候区的转变主要是从冷气候区转为较暖的气候区。其中，严寒地区变为寒冷地区是最主要的变化类型，三个时间段的变化面积分别为 22.1×10⁴ km²、52.5×10⁴ km²、56.1×10⁴ km²，分别占严寒地区的 69.7%、75.1%、71.5%。这种转变主要发生在新疆、西藏部分地区，呈东西向的带状分布。寒冷地区变为夏热冬冷地区也是一种重要的变化类型，7.6×10⁴ km² 的寒冷地区在 1991—2015 年相对于 1961—1990 年发生了变化。这种变化主要发生在河南省北部以及山东和江苏省的交界处。虽然这种转化的面积比严寒地区转化为寒冷地区的面积小，但这些变化的区域主要位于我国经济发达的地区，人口密集，影响较大，其中包括宝鸡、郑州、连云港、开封、枣庄、日照和三门峡等重要的城市(图 8-9)。此外，温和地区主要有两种变化类型：北部地区主要变为夏热冬冷地区，南部地区主要变为夏热冬暖地区。以上四种变化都是由较冷的气候区变为较暖的，也有一种相反的变化类型：寒冷地区变为温和地区，但是面积相对较小，三个时间段的变化面积分别为 2.2×10⁴ km²、5.6×10⁴ km²、6.7×10⁴ km²(表 8-4)。总体来讲，中国北方变化的面积大于南方地区，并且严寒地区和寒冷地区两种气候区的变化面积占所有变化面积的 90%以上。这主要是因为这两种气候区只考虑了 1 月平均气温，而冷季的增温比暖季显著，北方增温比南方显著(Chen and Frauenfeld，2014)。

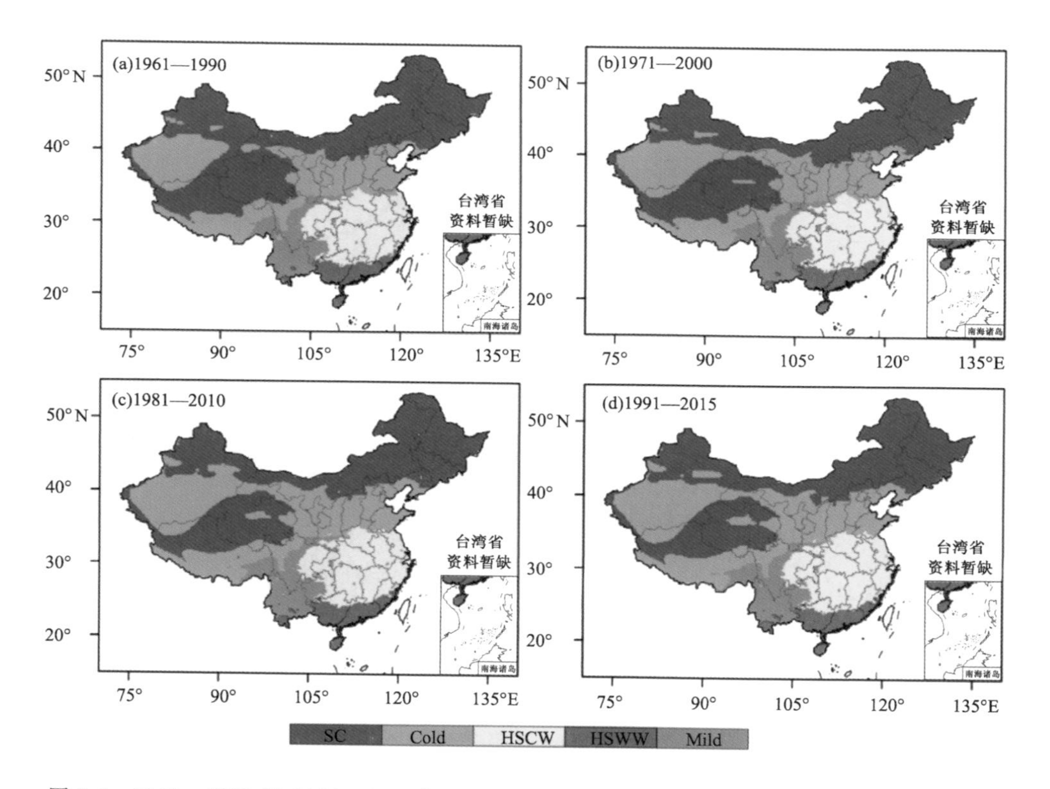

图 8-7　1961—1990 年、1971—2000 年、1981—2010 年、1991—2015 年 5 种气候区的空间分布
(SC 为严寒地区；Cold 为寒冷地区；HSCW 为夏热冬冷地区；HSWW 为夏热冬暖地区；Mild 为温和地区)
(Cheng et al，2019)

表 8-3　1961—2015 年、1961—1990 年、1971—2000 年、1981—2010 年、1991—2015 年 5 种气候区的面积百分比

	严寒地区	寒冷地区	夏热冬冷地区	夏热冬暖地区	温和地区
1961—2015	41.9%	29.0%	16.1%	4.6%	8.4%
1961—1990	44.4%	27.3%	15.7%	4.4%	8.2%
1971—2000	42.0%	29.1%	15.7%	4.6%	8.6%
1981—2010	38.8%	31.7%	15.9%	4.9%	8.7%
1991—2015	38.4%	31.7%	16.5%	4.9%	8.5%

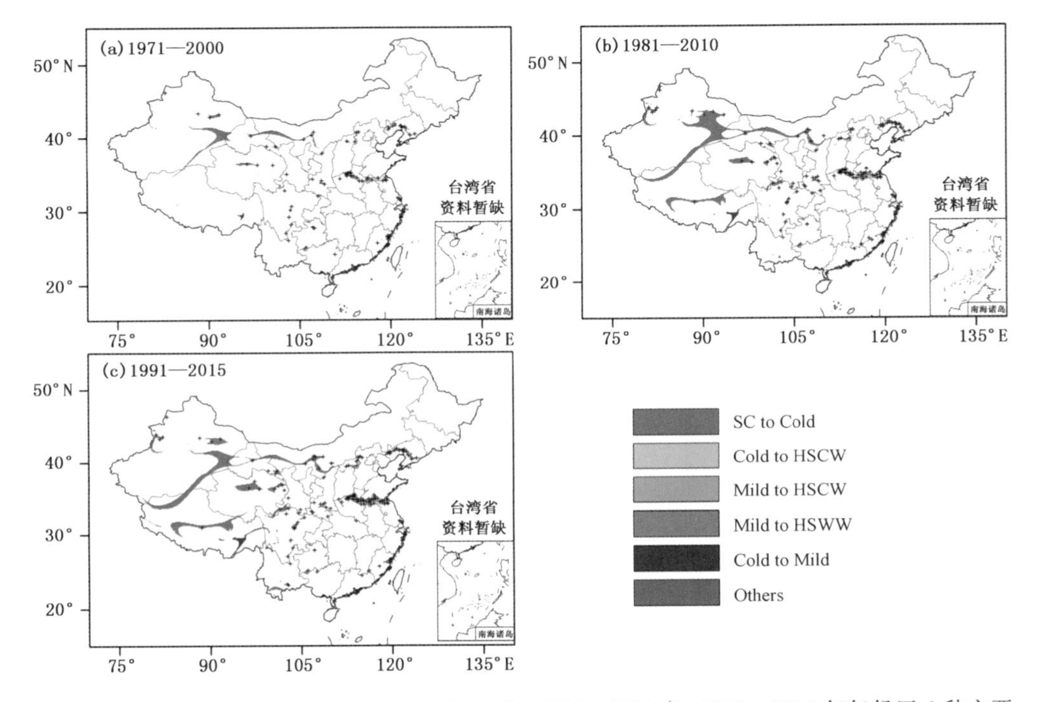

图 8-8　相对于 1961—1990 年，1971—2000 年、1981—2010 年、1991—2015 年气候区 6 种主要变化类型的空间分布（SC 为严寒地区；Cold 为寒冷地区；HSCW 为夏热冬冷地区；HSWW 为夏热冬暖地区；Mild 为温和地区）（图中+代表位于市或者县的气象观测站）(Cheng et al，2019)

气候区的转变主要是由较冷的气候区变为较暖的气候区，并且可以分成 6 种主要类型。其中，严寒地区变为寒冷地区是最主要的变化类型，主要发生在新疆和西藏地区，以及两种气候区之间东西向的过渡带上。与 1961—1990 年相比，1971—2000 年、1981—2010 年、1991—2015 年三个时间段，这种变化类型分别占总变化的 69.7%、75.1%、71.5%。在这些发生变化的地区，冬季供暖和空气调节的容量需要调整以适应这种气候区的转变。因为对这两种气候区来讲，冬季供暖是建筑设计必须考虑的主要标准，而夏季防暑一般可以忽略，因此，这种转变是有利于建筑节能的。另外，对冬季建筑防寒的要求，比如建筑墙体的传热系数，也可以适当降低。因此，选择保温性能略低的墙体和窗户的建筑材料也可满足建筑的基本要求，从而降低了建筑成本。寒冷地区转变为夏热冬冷地区也是一种重要的变化类型，尽管这种转变的面积小于严寒变为寒冷地区的面积,但这些区域主要位于人口密集、经济发达的中国东部地区,因此影响也更大。这种转变有利于冬季供暖节能,但是需要调整夏季空调系统以满足更严格的夏季制冷要求。建筑设计中也要增加夏季防暑的措施,比如增强自然通风,增加建筑遮阳等。根据以往的研究,采取适当的防暑措施能够有效降低夏季制冷30%以上的能源消耗(Hooybergs et al,2017)。此外,一些寒冷地区变为温和地区,由于温和地区具有较高的舒适度,因此,这种转变是有利的。温和地区的转变在北部主要变为夏热冬冷地区,南部地区主要变为夏热冬暖地区,受此影响,这些地区的建筑设计将需要考虑夏季制冷。

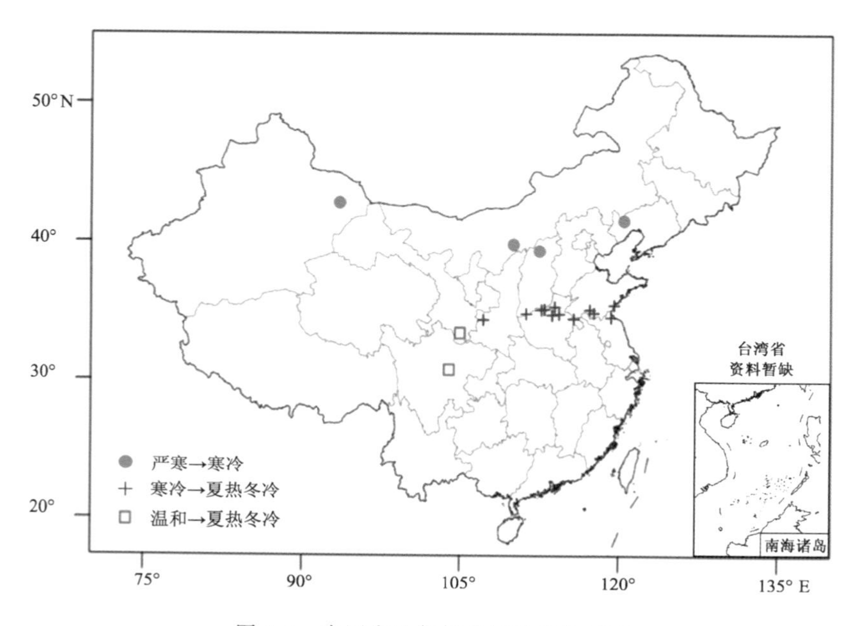

图 8-9　中国发生气候分区改变的城市

表 8-4　相对于 1961—1990 年,1971—2000 年、1981—2010 年、1991—2015 年 6 种主要变化类型的面积(单位:10^4 km²)

	严寒变为寒冷	寒冷变为夏热冬冷	温和变为夏热冬冷	温和变为夏热冬暖	寒冷变为温和	其他类型	总计
1971—2000	22.1	3.2	0.1	0.5	2.2	3.7	31.8
1981—2010	52.5	5.2	1.0	1.6	5.6	4.1	70.0
1991—2015	56.1	7.6	2.7	2.5	6.7	2.9	78.5

虽然中国超过91.7%的区域在1961—2015年整个时间段上气候区都没有发生改变,但事实上这些地区的气温已经发生了巨大变化。如图8-10所示,这些地区近15年(2001—2015年)的1月和7月平均气温远大于1961—1990年的平均值。增温最显著的为严寒地区,其次为寒冷地区、温和地区、夏热冬冷地区和夏热冬暖地区。此外,在典型浓度路径(RCP)情景下,中国所有地区都将进一步增温,特别是对于中国北方的冷季,增温更加显著(Chong-Hai and Ying,2012)。RCP8.5情景下,到21世纪末,中国地区年平均气温将会上升6 ℃(Wang and Chen,2014)。在这种情景下,这些地区的气候区也会发生改变。并且建筑一旦建成将会持续

使用50～100年《建筑结构可靠度设计统一标准》(GB50068—2001)。因此,考虑未来气候变化对建筑气候区划的影响,为建筑节能减排做好前瞻性布局也很有必要。

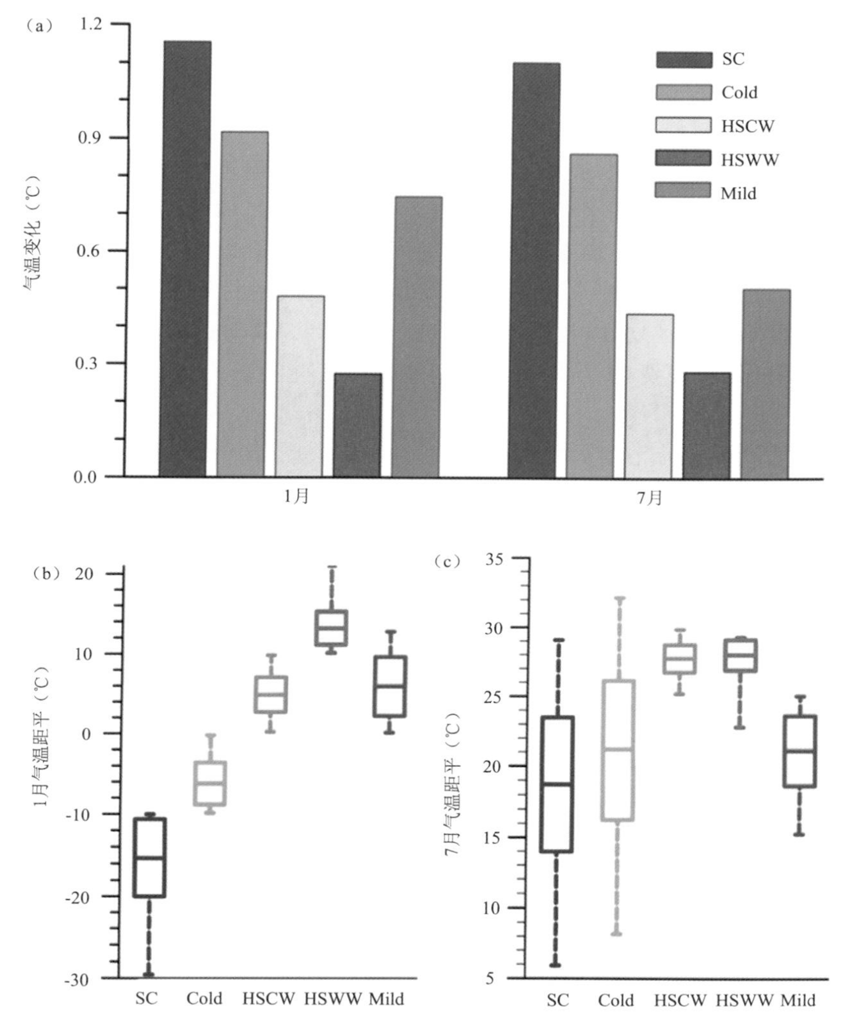

图8-10 (a)相对于1961—1990年,2001—2015年5种气候区1月和7月平均气温的变化(SC为严寒地区;Cold为寒冷地区;HSCW为夏热冬冷地区;HSWW为夏热冬暖地区;Mild为温和地区)(5种气候区的1月(b)和7月(c)气温的平均值、标准差以及最大值和最小值。只保留了1961—2015年气候区完全保持不变的区域)(Cheng et al,2019)

需要注意的是,本章研究使用的标准和气候变量与《民用建筑热工设计规划》(GB 50176—2016)的区划标准一致。尽管该方法的分区指标物理意义明确,区划方法简单,可通过某地区的气象数据依据区划指标和区划方法直接判定该地区所属气候区,具备一定的扩展性,但区划临界值的制定带有一定主观性,这种标准只考虑了1月和7月的平均气温,忽略了太阳辐射、湿度等对建筑能耗影响显著的气候因子(Dong et al,2005; Neto and Fiorelli,2008; Zhao and Magoulès,2012; Li et al,2018a)。因此,需要综合多种气候因子建立合适的气候分区方法。近年来,部分研究通过聚类分析研究建筑气候分区的新方法,聚类分析能够同时考虑多种气候因子(Lau et al,2007;Wan et al,2010; Zhang and Yan,2014),但是该方法过于依赖聚类中心,并且分区结果没有实际的物理意义(Khan and Ahmad,2004)。因此,综合考虑气温、湿度和太阳辐射等气候因子,建立合适的气候区划方法很有必要。此外,GB 50176 中的标准仅将中国地区分为 5 个建筑气候区,过于简单,不足以反映中国地区复杂的气候类型。如图 8-10 所示,即使对于同一气候区,内部的气温差异也非常大,特别是对于严寒地区来说,7 月气温的最大值与最小值差异超过 23 ℃。比如,尽管哈尔滨和沈阳都属于严寒地区,但是两个城市的 1 月平均气温分别为−18.3 ℃和−11.6 ℃。如果考虑相对湿度,则这种差异更大。尽管两个城市属于同一气候区,使用相同的建筑设计标准,但建筑能耗和空调负荷也会存在巨大差异。

总体来说,没有疑问的是气候变化对建筑气候区划有重要影响。这会导致现行的建筑设计标准不适用于当前的气候条件,造成能耗的增加和用能效率的降低。因此,必须充分考虑气候变化建立新的建筑气候区划,以促进精准建筑节能设计。这对适应气候变暖,防止气候对建筑的不利影响,降低能源浪费,提高供暖空调用能效率有重要意义。

8.4　中国集中供暖气候指标变化

8.4.1　供暖期长度变化特征

集中供暖期长度全部呈减少趋势(图 8-11),除内蒙古中部、河北西部、山西东部等地区减少趋势略小外,东北地区大部、北京、天津、山东等地区供暖期气候变化倾向率在−3～−2 d/10a($P<0.05$),青藏高原部分地区达−4～−3 d/10a($P<0.01$)。

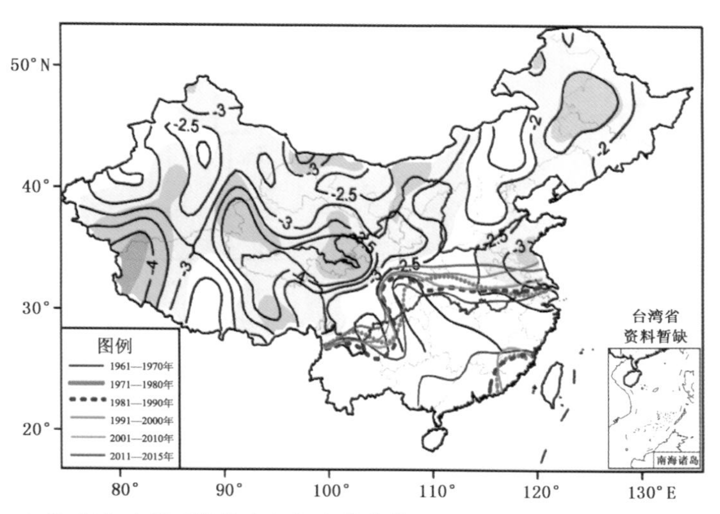

图 8-11　1961—2015 年集中供暖期长度气候变化趋势(d/10a)(黑色等值线为趋势系数,阴影为通过 0.05 显著性检验;集中供暖南边界逐 10 年位置变化(彩色等值线,下同))(郭军 等,2018)

集中供暖南边界在 105°E 以东沿纬度走向,20 世纪 60 年代集中供暖南边界位于 30°N 左右,基本上是沿长江一带,20 世纪 70—90 年代该边界线略微北抬,位于 31～31.5°N 一带,这 3 个年代的南边界位置基本一致,进入 21 世纪后南边界线大幅北抬,到达淮河一带,较 60 年代往北移动了 200 km 左右。

8.4.2　集中供暖初日变化

从东北、华北、西北区域的平均供暖初日(图 8-12)可以看出，东北和西北地区供暖初日比较接近，平均为 10 月 12 日前后，最早是 10 月初，最晚是 10 月中旬末。华北地区供暖初日平均为 10 月 27 日前后，最早是 10 月 20 日，最晚是 11 月 7 日。1961—2015 年 3 个地区平均供暖初日均呈增加趋势(即日期后延)，其中东北、西北地区的气候倾向率为 1.0 d/10a($P<0.01$)，华北地区的气候倾向率为 0.9 d/10a($P<0.05$)。利用滑动 T 检验和累计距平法，对序列突变点进行检验(图略)，发现东北地区供暖初日 20 世纪 80 年代末发生了突变($P<0.01$)，突变点前后平均供暖初日后延了 2～3 天。华北地区 2003 年前后发生显著突变，突变前后相差了 4～5 天。西北地区在 1995 年前后发生显著突变，突变后供暖初日后延了 3～4 天。

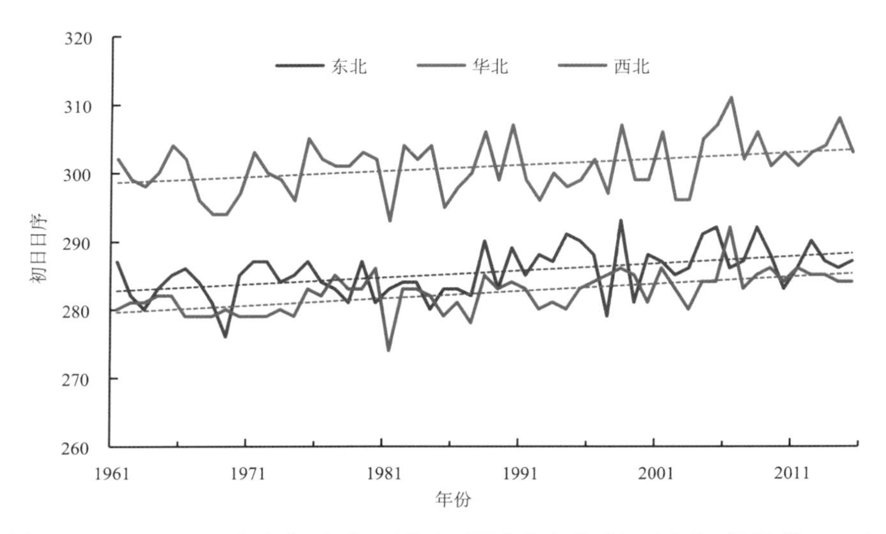

图 8-12　1961—2015 年东北、华北、西北地区平均集中供暖初日变化(郭军 等，2018)

集中供暖初日均呈现延后趋势，华北地区、山东、江苏、安徽、河南等集中供暖地区的初日以 0.55～1d /10a 的速率后延，东北地区中部、西北地区大部供暖初日以 1.5～2.5 d/10a 的速率后延($P<0.05$)。

从集中供暖初日特征线年代际变化来看，位置变化较南边界线北抬幅度要小，20 世纪 60 年代集中供暖初日特征线沿河北南部、山西南部、陕西中部至甘肃南部。70 年代、80 年代初日特征线略有北抬，河北南部北抬的距离要大于西部地区，90 年代的特征线又回落到 60 年代的位置，局部地区还略靠南。进入 21 世纪以后，特征线稳定北抬，特别是近 5 年的特征线较 60 年代的位置北抬了 50～60 km(图 8-13)。

8.4.3　集中供暖终日变化特征

图 8-14 分别给出了东北、华北、西北地区平均供暖终日的变化情况，东北和西北地区的终日平均在 4 月 22 日前后，最早是 4 月 14 日，最晚是 4 月底。华北地区的供暖终日平均是 4 月 6 日前后，最早是 3 月 29 日，最晚到 4 月 15 日。1961—2015 年东北、华北、西北地区集中供暖终日均呈下降趋势(即日期提前)，3 个地区的供暖终日气候倾向率分别为 −1.0 d/10a、

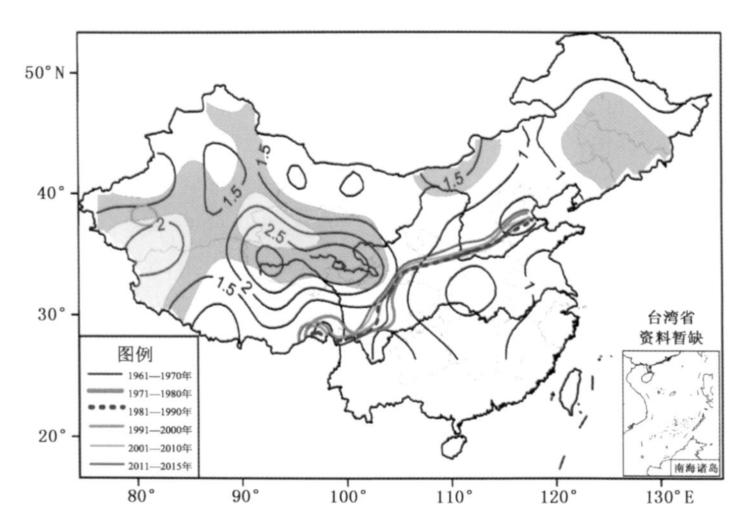

图 8-13　1961—2015 年集中供暖初日气候变化趋势(d/10a)和初日特征线逐年代位置(郭军 等,2018)

−1.1 d/10a、−0.8 d/10a($P<0.01$)。从突变检验结果上看:东北地区供暖终日在 20 世纪 80 年代末发生突变($P<0.05$),突变后终日提前了约 4 天;华北地区供暖终日在 1995 年前后发生突变,突变后终日提前了约 5 天;西北地区供暖终日在 1995 年前后发生突变,突变后终日提前了约 3 天。

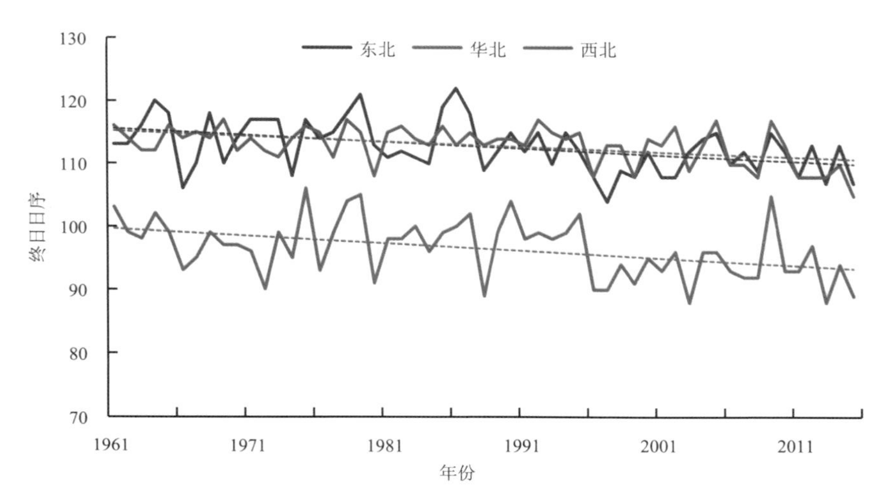

图 8-14　1961—2015 年东北、华北、西北地区平均集中供暖终日变化(郭军 等,2018)

从全国集中供暖终日变化空间分布图上看(图 8-15),全国集中供暖地区的供暖终日均呈现减小趋势(即提前趋势),青藏高原东部及甘肃南部一带集中供暖终日以 2.0~2.5 d/10a 的速率提前,内蒙古北部、东北地区西北部供暖终日以 1.0~1.5 d/10a 的速率提前,京津冀东南部、山东大部供暖终日以 1.5~2.0 d/10a 的速率提前,这 3 个区域的减小趋势均通过信度 0.05 的显著性检验。

从集中供暖终日特征线位置年代际变化来看,青藏高原东部、甘肃南部供暖终日特征线位置南北变化较小，110°E 以东集中供暖地区的终日特征线南北位置变化较大。20 世纪 60 年代集中供暖终日特征线沿山东南部至河南郑州、洛阳一线，基本上与 34°N 平行。1970—1990 年南北摆动，最北部到黄河，最南部到河南南部。2000 年以后终日特征线到达了胶东半岛、天津南部、石家庄南部至山西中部一带，比 20 世纪 60 年代北抬了 200～300 km。

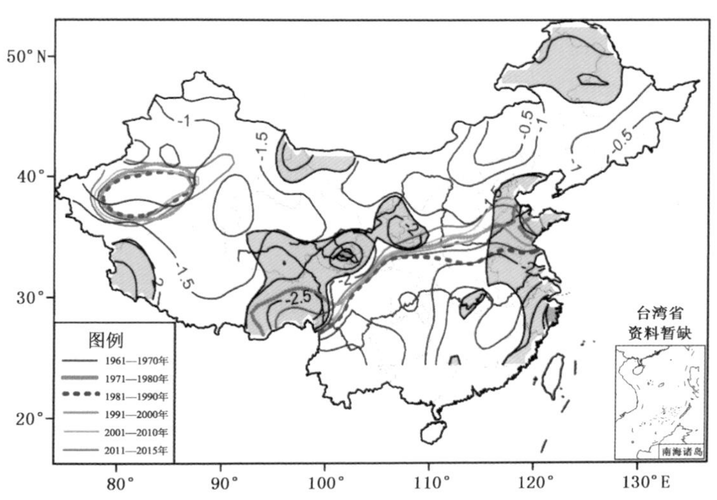

图 8-15　1961—2015 年集中供暖终日气候变化趋势(d/10a)和终日特征线逐年代位置(郭军 等,2018)

8.4.4　集中供暖度日变化特征

图 8-16 分别给出了东北、华北、西北地区平均供暖度日的变化情况，东北供暖度日最大，为 2866 ℃ · d；西北地区次之，为 2263 ℃ · d；华北地区最小，为 1520 ℃ · d。

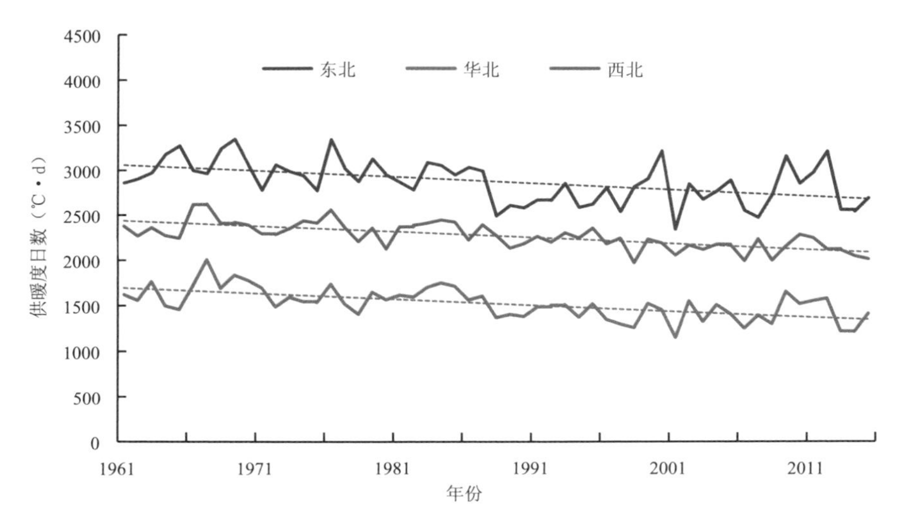

图 8-16　1961—2015 年东北、华北、西北地区供暖度日变化(郭军 等,2018)

1961—2015 年东北、华北、西北地区集中供暖度日均呈减少趋势，即供暖强度减弱。其中华北地区供暖度日数减少趋势最大，气候倾向率为－63.4 ℃ · d/10a，呈极显著减少趋势($P<$

0.001)，近 50 年来供暖强度减少了约 20%；西北地区次之，供暖度日数气候倾向率为 −63.7 ℃ · d/10a，也通过信度 0.001 显著性检验，近 50 年来供暖强度减少了约 15%；东北地区供暖度日减少幅度最小，气候倾向率为 −71.0 ℃ · d/10a($P<0.01$)，近 50 年来供暖强度减少了约 12%。从突变检验结果上看：东北地区供暖度日在 1988 年前后发生突变（通过 0.05 显著性检验），突变后供暖强度减少了 252 ℃ · d，占总供暖强度的 8.8%；华北地区供暖度日也在 1988 年前后发生突变，突变后供暖强度减少了 212 ℃ · d，占总供暖强度的 13.9%；西北地区供暖度日没有明显的突变点。

全国集中供暖地区的供暖度日均呈减小趋势（空间分布图略），除了东北地区、新疆西北部外，均通过了 0.01 显著性检验，其中河北南部、山西南部、陕西南部、河南北部以及山东全省，供暖度日气候倾向率在 −50 ℃ · d/10a 以上外，其他地区均在 −50～−100 ℃ · d/10a。

第 9 章　城市热岛对建筑节能设计气象参数的影响——以天津为例

室外气象参数是建筑负荷计算和暖通空调系统设备选型的基础(Xu et al,2014)。精准的气象参数对建筑在设计、建造以及运行过程中能效的提升非常重要。在气候变化和快速城市化的背景下,室外气象条件呈现较大的变化,从而影响到与供暖和制冷相关的建筑能耗。前人的许多研究都集中于气候变化对建筑能耗或者负荷需求的影响,也相应地提出了许多重要的应对气候变化和降低能耗的对策(Papakostas et al,2010; Chan,2011; Wan et al,2011)。相反,关于城市热岛效应对建筑能耗的影响研究却十分有限(Li and Yao,2009; Kolokotroni et al,2012)。20 世纪初到 20 世纪末全球地表气温升高了 0.74 ± 0.18 ℃(IPCC,2013)。由于存在明显的热岛效应,大城市温度的上升更为迅速(Stathopoulou and Cartalis,2007; Jankovic and Hebbert,2012)。热岛效应一个明显的影响因素是各站点到城市中心的距离,距离中心城区越近气温越高(Smith and Levermore,2008; Kolokotron et al,2009; Kolokotroni et al,2012; Yang et al,2013; Wang et al,2013; Zhou et al,2014)。乡村和中心城区或者中心城区与距离中心城区不同距离的其他区域气温差值导致室外设计气象条件不同。因此,设计人员在估算供暖或者制冷能耗时应该充分考虑建筑所处的不同位置(Kolokotroni et al,2012)。

然而,在建筑节能设计中热岛效应或者位置效应没有得到充分考虑。比如,中国北方两个特大型城市,北京和天津过去几十年被发现存在明显的热岛效应(Cheng et al,2010; Wang et al,2013; Yang et al,2013),中心城区气温最高,对能耗和环境有明显的影响(Yao et al,2005; Cai et al,2009; Li et al,2015)。然而,气候变化和热岛效应对负荷计算以及暖通空调设备选型的影响并没有被充分考虑,室外气象参数仅基于中心城区观测站的数据。这主要是因为缺乏气候变化和热岛效应对建筑节能设计气象参数影响的相关研究,建筑专家或设计者无可用参数,因此,有必要揭示热岛效应在多大程度上影响气象参数。

天津市作为中国北方第二大城市和京津冀城市圈的主要城市之一,过去 30 年经历了城市人口的快速增加和快速城市化过程,导致明显的热岛效应(Ren et al,2008; 郭军 等,2009)。本章选择天津市区、近郊和远郊地区,研究了热岛效应对建筑供暖空调室外气象参数的影响。研究成果将有利于评估与热岛效应有关的微气候对室外气象参数以及供暖空调系统设计负荷的影响。

9.1　数据和方法

9.1.1　数据

气象数据包括两部分:一是 9 个国家站(图 9-1,表 9-1)1961—2017 年逐日平均气温。其中，天津市区的气象站代表中心城区，根据到中心城区的距离，环城郊区气象站（即东丽、津南、西青和北辰）代表近郊，武清、静海、宝坻和宁河气象站代表远郊站（图 9-1）。台站基本信息见表 9-1。值得注意的是，近郊和远郊也经历了不同程度的城市化影响，并不能用于代表乡村气候，但可以反映中心城区和郊区的气候环境的差异（刘德义 等，2010；Ren et al，2008；郭军 等，2009）。此外，前人研究也证实热岛效应可以通过与中心城区的距离反映（Kolokotroni et al，2012）。

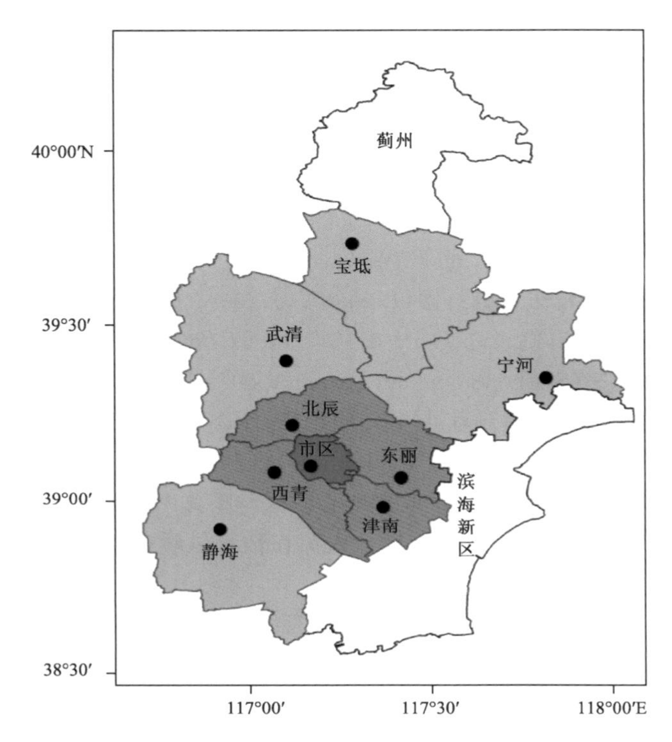

图 9-1　研究区位置图（实心圆表示所选气象站。市中心气象站代表中心城区；环城四区北辰、西青、津南、东丽代表近郊；宝坻、武清、静海、宁河代表远郊）

表 9-1　气象站信息

站号	站名	经度(°E)	纬度(°N)	海拔(m)	观测开始时间(年)	迁站时间(年.月.日)
54517	天津	117.12	39.04	2.2	1932	2001.1.1
54526	东丽	117.20	39.05	1.9	1954	2006.1.1
54622	津南	117.22	38.59	3.7	1974	1980.1.1
54527	西青	117.03	39.05	3.5	1957	1974.1.1/2010.1.1
54528	北辰	1170.8	39.14	3.4	1958	1989.7.1
54529	宁河	117.49	39.21	3.9	1964	/
54619	静海	116.55	38.55	5.5	1959	/
54523	武清	117.01	39.23	4.5	1959	2005.1.1
54525	宝坻	117.17	39.44	5.1	1959	1982.4.18

二是国家站和区域自动站(图 9-2)2007—2017 年逐时气温。天津市共 272 个自动观测站,选取 193 个自动观测站的观测数据作为研究基础。选择依据为:一是具有 10 年及以上统计时长观测数据;二是观测数据连续缺测时间不超过一个月。

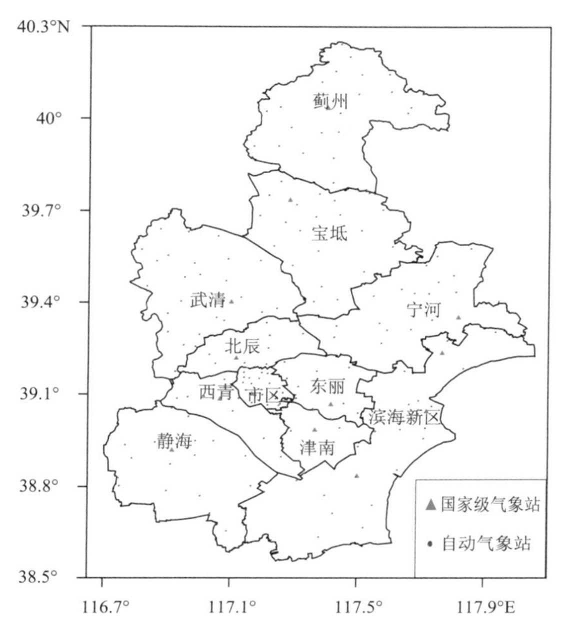

图 9-2　所选国家级和自动气象站空间分布图

9.1.2　研究方法

9.1.2.1　室外设计温度

供暖和冬季空调室外设计温度利用日温度数据计算。夏季空调设计温度利用逐小时干球温度数据计算。

根据《中国供暖空调设计手册》(GB 50019—2003),供暖和空调设计温度应该基于至少 30 年的气象数据。供暖和冬季空调设计温度被定义成历年"不保证 5 天"日平均温度、历年"不保证 1 天"日平均温度,而夏季空调设计温度被定义成历年"不保证 50 小时"温度。具体来说,30 年的日平均温度被从低到高进行排列,之后前 150 日平均温度(5 日×30 年)被去除,第 151 个值被记作供暖设计温度。类似的,前 50 个日平均温度(1 日×30 年)被去除,第 51 个值被记作冬季空调设计温度。夏季空调室外设计温度基于逐小时数据进行计算。30 年逐小时温度从低到高进行排列,最低的前 1500 个值被去除,第 1501 个值被记作夏季空调室外设计温度。因为需要 30 年的气象记录计算设计温度,因此,可以比较 3 个不同时期的设计温度(如 1961—1990 年,1971—2000 年和 1981—2010 年)。另外,为了得到过去几十年设计温度的变化趋势,20 个 30 年时段的设计温度进行了比较(也即,1961—1990 年,1962—1991 年,1963—1992 年,……,1978—2007 年,1979—2008 年和 1981—2009 年)。因此,也可以比较中心城区、近郊和远郊设计温度之间的差异。

9.1.2.2　度日(时)数

供暖度日数(HDD)即一年之中,室外日平均温度低于室内基础温度的度数之和;制冷度日数(CDD)为一年之中室外日平均温度高于室内基础温度的度数之和。具体计算公式如下:

$$HDD = \sum_{i=1}^{n}(T_{base} - Td_i)(Td_i \leqslant T_{base}) \tag{9.1}$$

$$CDD = \sum_{i=1}^{n}(Td_i - T_{base})(Td_i \geqslant T_{base}) \tag{9.2}$$

式中,Td_i 为日平均气温(℃),T_{base} 为基础温度(℃),HDD 为供暖度日数(℃·d),CDD 为制冷度日数(℃·d),n 为时间长度(d)。

供暖度时数(HDH)即一年之中,室外逐时气温低于室内基础温度的度数之和;制冷度时数(CDH)为一年之中室外逐时气温高于室内基础温度的度数之和。具体计算公式如下:

$$HDH = \sum_{i=1}^{n}(T_{base} - Th_i)(Th_i \leqslant T_{base}) \tag{9.3}$$

$$CDH = \sum_{i=1}^{n}(Th_i - T_{base})(Th_i \geqslant T_{base}) \tag{9.4}$$

式中,Th_i 为逐时气温(℃),T_{base} 为基础温度(℃),HDH 为供暖度时数(℃·h),CDH 为制冷度时数(℃·h),n 为时间长度(h)。

其中,计算供暖度日(时)数的基础温度为 18 ℃,计算制冷度日(时)数的基础温度为 26 ℃。

9.2　城市热岛对气象参数的影响

9.2.1　城市热岛对设计温度的影响

9.2.1.1　过去 20 年设计温度的变化特征

表 9-2 表明,除远郊的夏季空调设计温度外,过去 20 年所有的设计温度均呈明显的升高趋势。与 1961—1990 年时段相比,1981—2010 年供暖设计温度升高 1.1～1.5 ℃,冬季空调升高 0.4～0.9 ℃,而夏季空调升高 0.5～0.6 ℃(不考虑远郊)。气候变化对冬季空调设计温度的影响明显高于对夏季空调设计温度的影响,对冬季供暖影响最大。

表 9-2　不同时期中心城区、近郊和远郊设计温度(℃)(引自 Li et al,2018b)

	1961—1990 年	1971—2000 年	1981—2010 年
冬季供暖设计温度			
中心城区	−7.6	−6.7	−6.1
近郊	−8.6	−7.8	−7.3
远郊	−9.1	−8.5	−8.0
冬季空调设计温度			
中心城区	−9.7	−9.2	−8.8
近郊	−10.6	−10.3	−10.1
远郊	−11.2	−11.2	−10.8
夏季空调设计温度			
中心城区	33.6	33.9	34.2
近郊	33.5	33.7	34.0
远郊	33.6	33.4	33.6

设计温度和其他室外设计条件是暖通空调负荷计算和设备选型的基础(Xu et al,2014).设计温度的变化直接影响到建筑暖通空调的设计负荷,间接影响到建筑能耗。以往研究中,气候变化对建筑能耗的影响多是基于能耗模拟(Lam et al,2010; Wan et al,2011; Li et al,2014)或者度日数(Chen et al,2007; Papakostas et al,2010; Jiang et al,2012)。通过这些评估,可以得到不同时间尺度建筑能耗的预测模型,有助于能源政策制订者或者能源提供方调整能源使用策略(Lam et al,2010; Wan et al,2011; Li et al,2014)。

然而,这些影响评估在实践中很难被建筑设计者或者相关的专家在建筑设计之前或者建设过程中用于提升能源效率。相反,室外设计参数的变化能够提供建筑暖通空调设计负荷的信息。冬季供暖或者空调设计温度的升高将降低建筑能耗,而夏季空调设计温度的升高将会增加建筑能耗。与夏季空调设计温度的升高相比,冬季供暖或者空调设计温度的降低更为明显(表9-2)。这些应该在建筑供暖空调设计中给予充分考虑以促进节能。根据《暖通空调设计手册》,设计温度每升高1 ℃,单位面积供暖设计负荷将会降低2.9%,单位面积冬季空调设计负荷将会降低2.0%,而单位面积夏季空调将会升高1.5%(表9-3)。升高的设计温度将促进冬季供暖和空调的节能,而夏季空调设计负荷的升高一方面将会增加能耗,另一方面应该充分考虑通过改变空调系统的选型满足建筑制冷需求。

表9-3　设计温度变化对供暖空调设计负荷的影响(引自 Li et al,2018b)

	供暖	冬季空调	夏季空调
1 ℃升高	−2.89%	1.92%	1.50%
2 ℃升高	−5.78%	3.82%	3.00%

9.2.1.2　中心城区、近郊和远郊的设计温度差异

分析表明,中心城区逐月、供暖期、制冷期平均气温均高于近郊和远郊。另外,中心城区和近郊的平均气温差异明显低于中心城区和远郊的差异。设计温度呈现与平均气温相同的模式。中心城区的供暖空调设计温度最高,其次是近郊,远郊最低。过去20年中心城区与近郊和远郊设计温度的差异见图9-3。不同时期中心城区—近郊或者中心城区—远郊的设计温度差异均为正值。另外,中心城区—近郊的设计温度差异远低于中心城区—远郊差异。值得注意的是,过去20年中心城区与近郊或远郊供暖及空调室外设计温度的差值呈上升趋势。这些结果表明,热岛效应对设计温度有明显的影响。这与前人研究得出的城市化推进了城市气候变化,也即城市化对室外平均气温有明显的影响结论一致(Ren et al,2008; 郭军 等,2009; Ren,2015)。此外,以城市建成区的快速扩张和城区人口的快速增加为特征的城市化进程导致了热岛效应的增加(Ren,2015)将会导致中心城区、近郊和远郊设计温度差值的增加。

一些研究已经报道了城市化及热岛效应对能耗的影响(Li and Yao,2009; Hirano and Fujita,2012; Kolokotroni et al,2012),比如,Kolokotroni等(2012)通过对比中心城区和距中心城区不同距离区域的能耗,研究了城市热岛对当前以及未来建筑能耗的影响。Hirano和Fujita(2012)通过区分两种情景,即存在热岛效应以及缺乏热岛效应,评估了日本东京热岛效应对居住、商场建筑能耗的影响。需要指出的是,因为无法得到可以代表乡村气象站的气象记录,难以反映热岛效应对设计温度的直接影响,但是所选台站可以反映不同的城市化及热岛强度,揭示出热岛效应对建筑供暖空调设计温度的影响。Lee等(2014)也基于各代表城市化程度来反映城市热岛强度,研究了对建筑能耗的影响。

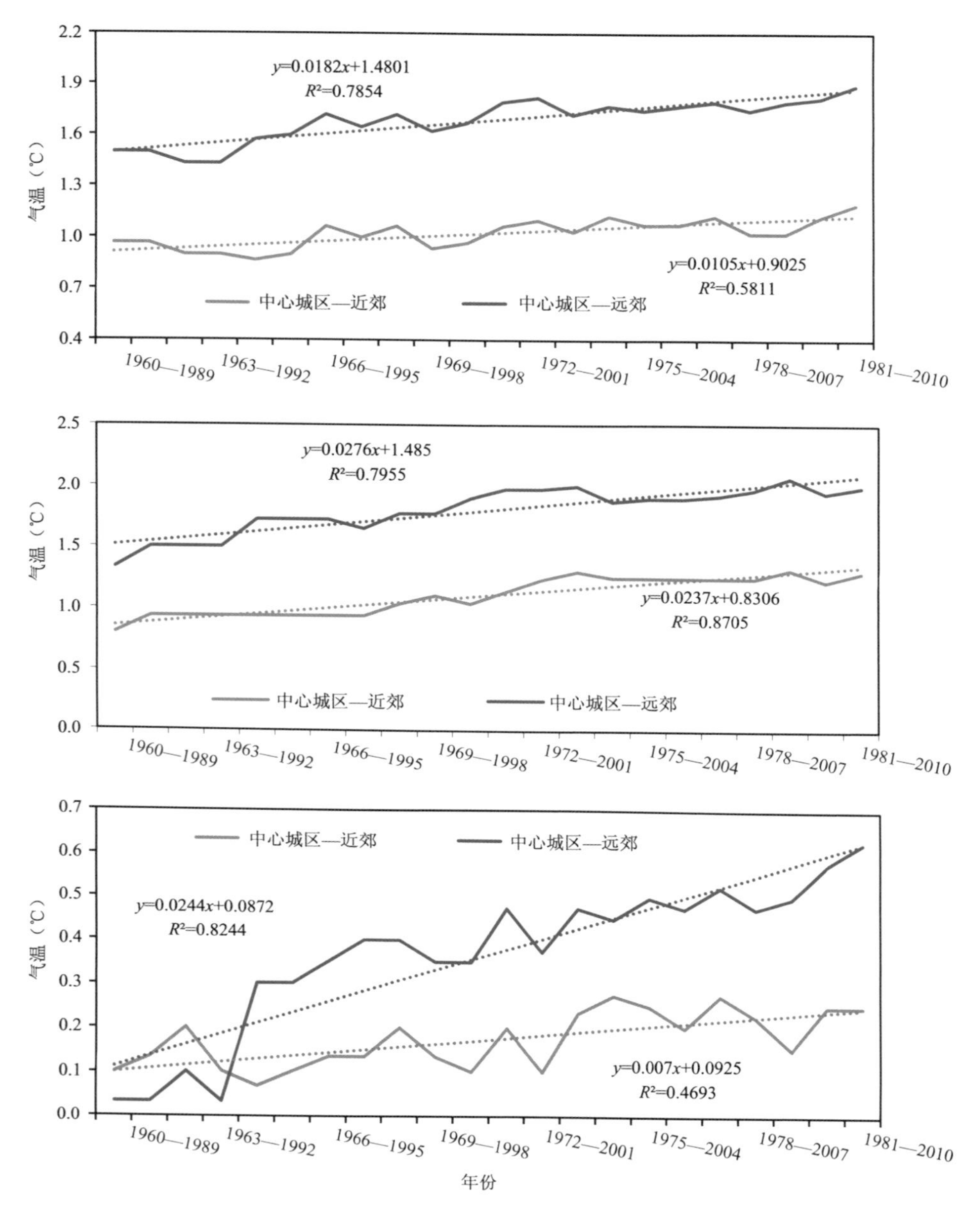

图 9-3　近 20 年中心城区，近郊和远郊供暖(a)，冬季空调(b)和夏季空调(c)设计温度变化趋势(引自 Li et al,2018b)

1981—2010 年中心城区与近郊或远郊供暖设计温度差值为 1.2～1.9 ℃，冬季空调差值为 1.3～2.0 ℃。这些设计温度的差异将导致中心城区、近郊或远郊建筑供暖或空调设计负荷的不同。根据表 9-3 计算的设计负荷，设计温度的变化将会使中心城区供暖设计负荷与近郊和远郊相比分别下降 3.47%和 5.49%，冬季空调设计负荷分别下降 2.49%和 3.84%。与冬季供暖或空调设计温度相比，中心城区与近郊或者远郊夏季空调设计温度的差异相对较小，与近郊差异仅为 0.2 ℃，与远郊差异仅为 0.6 ℃。这将导致中心城区建筑夏季空调设计负荷仅比近郊和远郊分别高 0.3% 和 0.9%。这些研究结果与 Kolokotroni 等(2012)一致,认为当建筑从乡村移到城市时,建筑热负荷下降而冷负荷上升。结果表明,不仅气候变化对设计温度有明显的影响,热岛效应也影响到设计温度。因此,中心城区的室外设计气象参数(如设计温度)难以满足近郊或远郊的暖通空调系统精确负荷计算或设备选型。设计人员在建筑节能设计过程中估算能耗时应该充分考虑建筑所在位置,特别是在应用供暖和冬季空调设计气象参数时。研究证实热岛效应增加了中心城区的建筑制冷能耗,降低了供暖能耗。值得注意的是,热负荷的下降超过冷负荷的上升,表明总设计负荷有所降低,这些有利于提升建筑节能水平。

9.2.2 城市热岛对度日(时)数的影响

9.2.2.1 近 60 年供暖/制冷度日变化趋势

基于天津市 13 个国家级地面气象观测站计算得到 1961—2017 年全市平均年度日数时间序列(图 9-4)。由图 9-4 可见,*HDD* 呈显著减少趋势,降幅为 9.5(℃ · d)/a($P<0.001$)。多年代际时间尺度也呈减少趋势,1961—1990 年、1971—2000 年、1981—2010 年和 1991—2017 年 *HDD* 年平均值分别为 3056.0 ℃ · d、2949.7 ℃ · d、2851.0 ℃ · d 和 2760.0 ℃ · d。与 1961—1990 年相比,1971—2000 年减少 3.5%,1981—2010 年减少 6.7%,1991—2017 年减少 9.7%。

相反地,*CDD* 呈显著增多趋势,增幅为 1.1(℃ · d)/a($P<0.001$),其中 1961—1993 年 *CDD* 并无明显增加趋势,1994 年至今明显增加。年代际 *CDD* 也呈增多的趋势,1961—1990 年、1971—2000 年、1981—2010 年和 1991—2017 年 *CDD* 平均值分别为 54.4 ℃ · d、63.3 ℃ · d、75.8 ℃ · d 和 93.7 ℃ · d,与 1961—1990 年相比,1971—2000 年增加 16.4%,1981—2010 年增加 39.3%,1991—2017 年增加 72.3%。

上述分析表明,受气候变暖影响,天津地区 *HDD* 显著减少,*CDD* 显著增多。相较 1961—1990 年,1991—2017 年 *HDD* 减少 9.7%,降幅强于我国大部分区域(李永安 等,2006;姜逢清 等,2007;廖麒翔 等,2014);相较 1961—1990 年,1991—2017 年 *CDD* 增加 72.3%,增幅是 1971—2000 年的 4 倍以上。

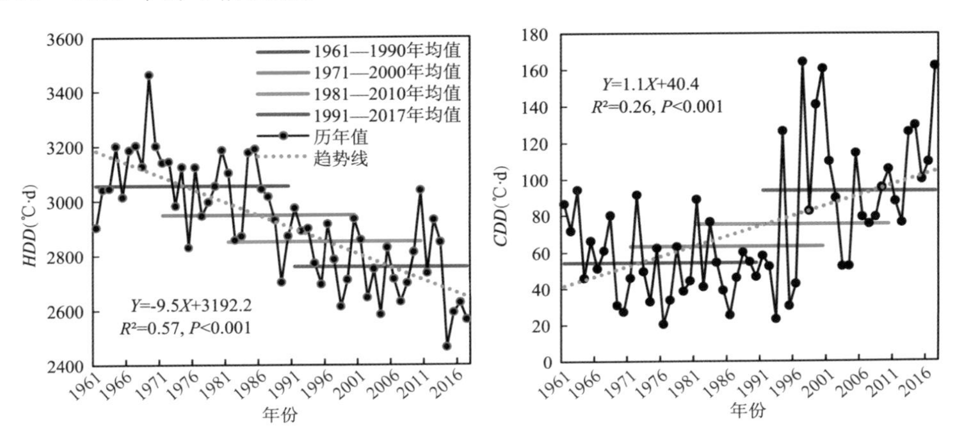

图 9-4　1961—2017 年天津市平均供暖度日数(*HDD*)和制冷度日数(*CDD*)年变化

9.2.2.2　供暖/制冷度日数空间分异

从空间分布来看(图 9-5),1961—1990 年、1971—2000 年、1981—2010 年和 1991—2017 年天津地区 *HDD* 均存在显著的空间差异,均表现为北多南少的分布特征。其中,四个时段 *HDD* 均为宝坻最大,分别为 3229.4 ℃·d、3139.6 ℃·d、3052.0 ℃·d 和 2989.0 ℃·d;市区最小,分别为 2872.1 ℃·d、2752.7 ℃·d、2630.6 ℃·d 和 2517.4 ℃·d;各时段最大差异依次为 12.4%、14.1%、16.0%和 18.7%。

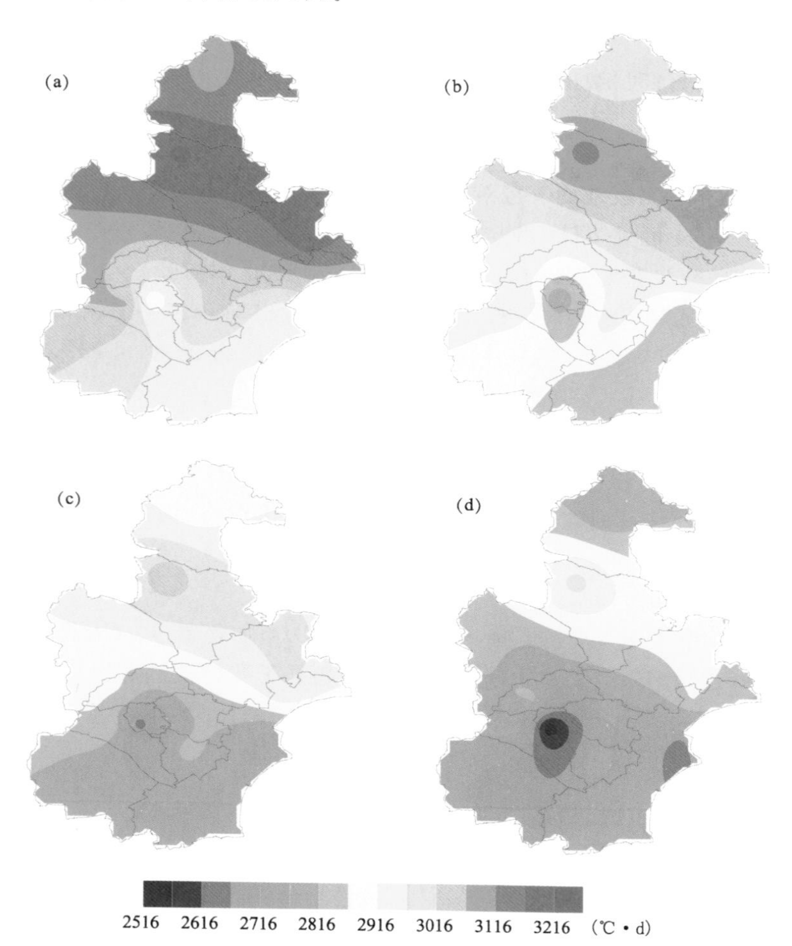

图 9-5　不同时段天津地区供暖度日数(HDD)空间分布
(a. 1961—1990 年;b. 1971—2000 年;c. 1981—2010 年;d. 1991—2017 年)

相似地,天津地区 *CDD* 空间分布差异显著(图 9-6),1961—1990 年、1971—2000 年、1981—2010 年和 1991—2017 年均表现为东北少西南多。其中,1961—1990 年市区 *CDD* 最大,为 69.8 ℃·d,汉沽最小,为 37.6 ℃·d,最大差异为 85.7%;1971—2000 年、1981—2010 年、1991—2017 年 *CDD* 均为市区最大,分别为 85.3 ℃·d、107.6 ℃·d、137.4 ℃·d,宝坻最小,分别为 43.4 ℃·d、49.1 ℃·d、58.5 ℃·d,最大差异分别为 96.4%、119.0%、134.9%。

上述分析表明,各时段天津地区 *HDD* 和 *CDD* 空间分布均存在显著差异,同时,受气候

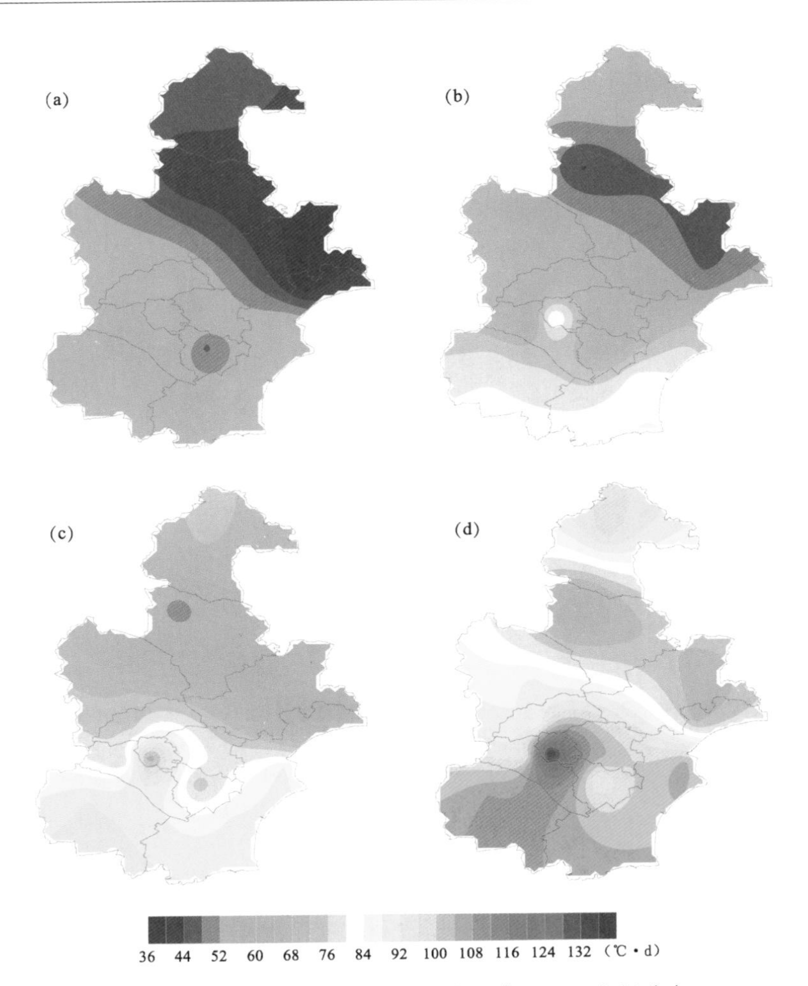

图 9-6 不同时段天津地区制冷度日数(*CDD*)空间分布

(a. 1961—1990 年;b. 1971—2000 年;c. 1981—2010 年;d. 1991—2017 年)

变暖及城市热岛效应影响,最大差值明显增强,尤其是近 30 年,*HDD* 天津地区最大差异为 18.7%,*CDD* 为 134.9%。可见,受气候变暖及城市热岛效应影响,天津地区度日数空间差异越来越大,对于整个地区而言,一个台站的度日数已不具有代表性。

9.2.2.3 供暖/制冷度时数空间分异

从 2006—2017 年天津地区供暖度时数(*HDH*)和制冷度时数(*CDH*)可以看出(图 9-7),*HDH* 空间分布差异明显(图 9-7a),市区最少,为 53,233.2 ℃·h,滨海新区中部、南部沿海地区以及东丽和津南东部交界处次之,北部蓟州山区最多,为 85,631.2 ℃·h。*CDH* 空间分布与 *HDH* 表现一致,空间分布差异明显(图 9-7b),北部蓟州山区最少,为 2076 ℃·h,滨海新区北部及中部沿海地区次之,而市区最多,为 5818.4 ℃·h,环城四区次之。受城市热岛效应影响,天津中心城区 *HDH* 最少、*CDH* 最多;受海拔影响,北部蓟州山区 *HDH* 最多、*CDH* 最少。相较蓟州而言,市区 *HDH* 偏少 37.8%,*CDH* 偏多 1.8 倍。另外,受海洋性气候影响,滨海新区冬季气温相对偏高,夏季偏低,导致 *HDH*、*CDH* 均相对偏少。

上述分析表明，度时数空间分布存在明显差异。然而，加密的自动气象站计算结果较 13 个国家气象站更精细地体现了天津度日(时)数空间分布特征，尤其是北部蓟州山区度时数的极值，以及滨海新区沿海区域制冷/供暖度时数均相对偏少。可见，精细化的计算结果准确地体现了天津热岛效应、山区海拔及海洋性气候的多样化区域气候特征，这表明一个站度日(时)数不能代表整个天津地区，且越精细的结果越能体现区域气候特征，有利于精准建筑节能设计。

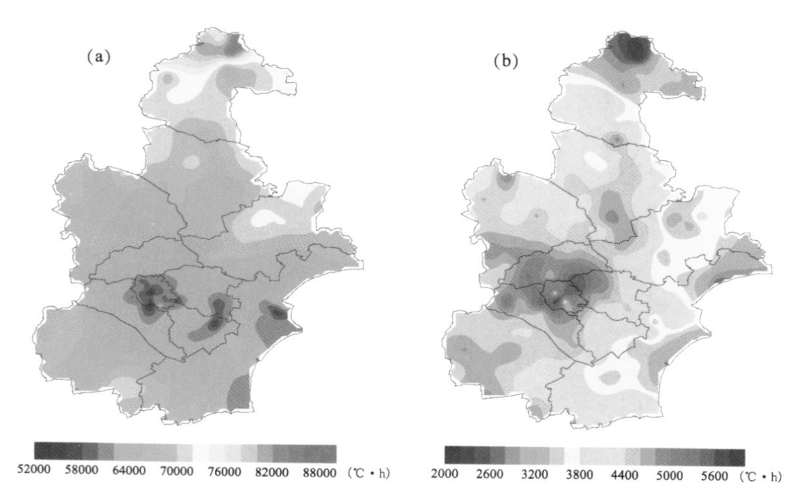

图 9-7　2007—2017 年天津地区供暖度时数(*HDH*)和制冷度时数(*CDH*)空间分布(a. *HDH*；b. *CDH*)

在建筑设计规范中，度日数对确定建筑围护结构热工性能、建筑耗热量指标及遮阳系数等起着非常重要的作用。现行的建筑行业标准中，每个城市仅选择 1～2 个台站作为代表计算度日(时)数。然而，一个台站的度日(时)数并不能代表整个城市，尤其是高程存在明显差异的地区。随着气候变暖，度日(时)数空间差异逐渐增加，一个台站的代表性越来越差。另外，随着城市化进程不断加快，各城市建设正向郊区大力发展，基于中心城区台站数据进行整个城市设计必然使供暖空调设计能耗理论值与实际不符，能源浪费(冬季供暖)或容量不足(夏季空调)将普遍存在。因此，为满足建筑精细节能设计，应充分考虑度日(时)数空间差异，挖掘有利的气候资源，因地制宜，使建筑节能设计和供暖空调系统用能更为精准。

值得注意的是，天津地区度时数与度日数空间分布存在一定程度的差异。从度时数与度日数的空间分布来看，供暖度时数极大值和制冷度时数极小值均出现在蓟州山区，而供暖度日数极大值和制冷度日数极小值则出现在宝坻；滨海新区东部沿海地区制冷度时数相对偏低，而制冷度日数则相对偏多。其中，计算度日数的日平均气温来自天津 13 个国家气象观测站，由于站点空间分布相对稀疏，同时，受城市化发展影响，气象站观测场在一定程度上受到周围环境的影响，这意味着 13 个站的计算结果对天津区域的代表性明显不足。相反地，193 个自动气象站逐时气温统计得到的度时数精确地表现了蓟州山区温度偏低，以及东部沿海区域冬暖夏冷的海洋性气候特征。可见，越精细的气象数据计算得到的度日(时)数越精确，越能体现当地实际气候特征，越能满足建筑节能设计要求。随着气象现代化建设的加快推进，气象部门已拥有 10 年以上加密逐时观测数据，可以满足建筑节能设计气象参数精细化计算所需，有助于建筑节能减排设计。

9.2.2.4　供暖度时数的日变化

图 9-8 给出了天津中心城区、近郊和远郊供暖期日内小时平均度时数分布，在 2009—2017 年期间，市区、近郊和远郊供暖期间平均每小时度时数分别为 16.59 ℃ · h、18.05 ℃ · h 和 18.50 ℃ · h；度时数日内均呈现单峰分布形态，极值出现时间一致，高值出现在清晨，07 时度时数最大，分别为 19.33 ℃ · h、21.49 ℃ · h 和 22.08 ℃ · h；低值发生在午后，15 时度时数最小，分别为 13.11 ℃ · h、13.58 ℃ · h 和 13.86 ℃ · h。图 9-7a、b 和 c 还表明，21 时到次日 09 时，三个区小时平均度时数均大于日平均值，而 09—21 时度时数则明显低于日平均水平（图 9-8a、b 和 c）。

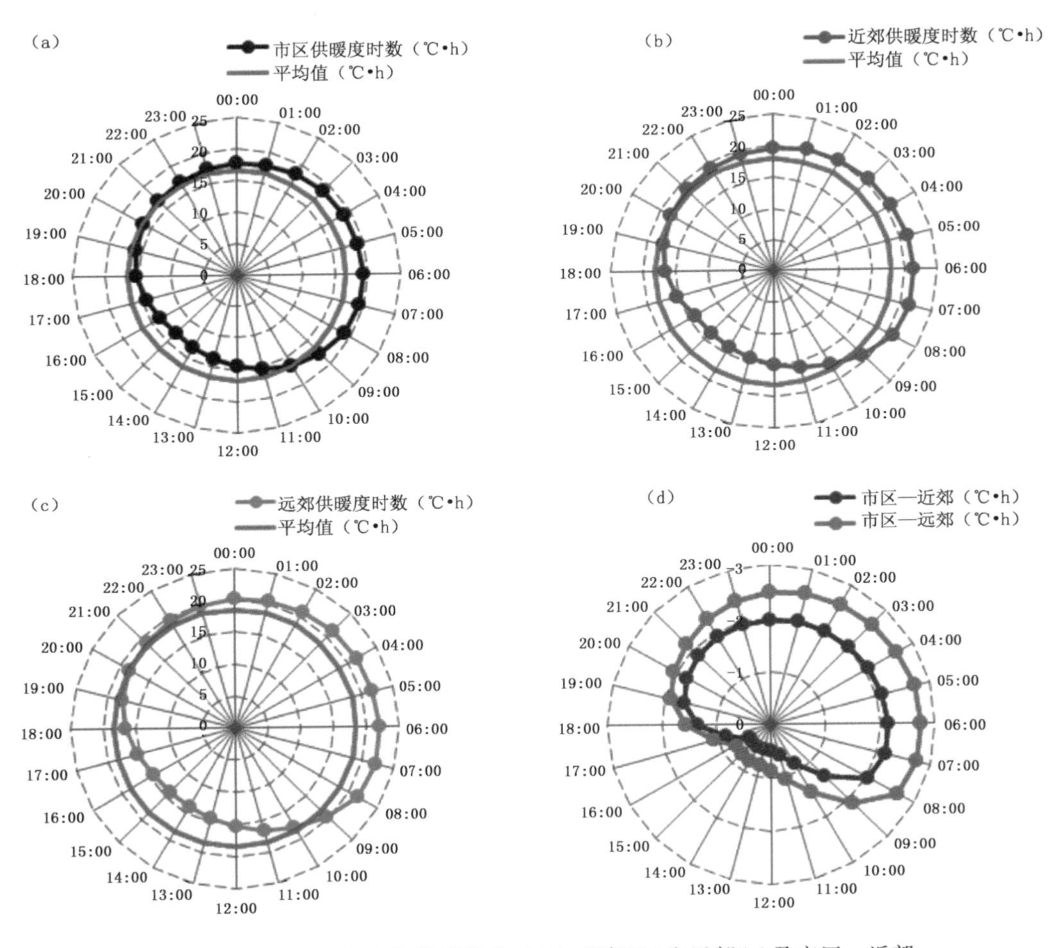

图 9-8　2009—2017 年天津供暖期市区(a)、近郊(b)和远郊(c)及市区—近郊、市区—远郊(d)小时平均度时数分布

图 9-8d 表明，市区的 24 小时度时数均少于近郊和远郊，07 时相差最大，分别少 2.16 ℃ · h 和 2.75 ℃ · h，16 时相差最小，分别少 0.46 ℃ · h 和 0.72 ℃ · h。白天市区度时数较近郊少 11.04 ℃ · h，而夜晚则少 23.99 ℃ · h，即夜晚比白天的减少值少约 117%；同理，白天市区度时数较远郊少 15.68 ℃ · h，而夜晚则少 30.04 ℃ · h，即夜晚比白天的减少值少约 92%，表明

夜晚热岛强度增加而引起度时数的减少。市区夜晚度时数较近郊减少了 9.99%，而较远郊减少了 12.20%。

图 9-9 所示为 2009—2017 年天津中心城区与近郊和远郊的供暖期各月平均的日内小时平均度时数差值分布。从 11 月到次年 3 月，各月平均小时度时数差值均为市区—远郊的值大于市区—近郊的值，从大到小排列顺序依次为：1 月>12 月>11 月>2 月>3 月，1 月市区较近郊和远郊分别少 1.63 ℃·h 和 2.12 ℃·h，3 月少 1.11 ℃·h 和 1.60 ℃·h。

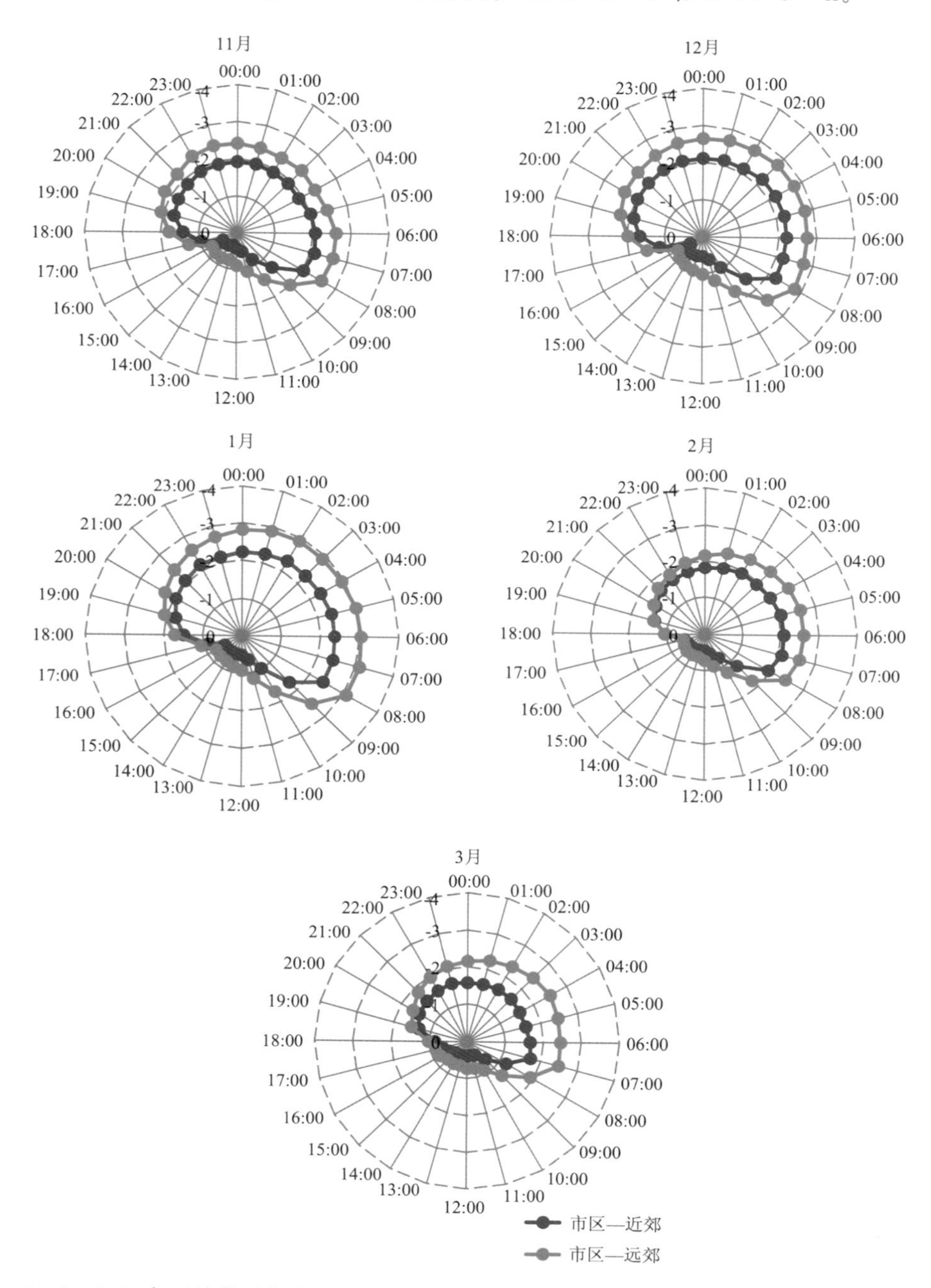

图 9-9　2009—2017 年天津供暖期各月市区—近郊、市区—远郊小时平均度时数差值分布（单位：℃·h）

11 月至次年 3 月，随着太阳高度角和日照时间的变化，日内各小时平均度时数差值分布存在明显差异。市区—近郊各月日内小时平均度时数相差最小值出现在 11:00(3 月)—16:00(12 月)，差值在 0.35 ℃ · h(11 月)～0.49 ℃ · h(1 月)；而市区—远郊各月日内小时平均度时数相差最小值出现在 13:00(3 月)—17:00(2 月)，差值在 0.58 ℃ · h(2 月)～0.75 ℃ · h(1 月)。市区—近郊和市区—远郊各月日内小时平均度时数相差最大值均出现在 06:00—08:00，07:00 达到最大，市区—近郊范围为 1.72 ℃ · h(3 月)～2.41 ℃ · h(1 月)，市区—远郊的范围为 2.48 ℃ · h(3 月)～3.11 ℃ · h(1 月)。这些结果表明：在隆冬时节小时平均度时数高时，尤其是 1 月，07 时市区较近郊和远郊度时数减少值达到最大，表明受城市热岛效应的影响达到最大。因此，这些结果可指导供暖期城市不同区域的合理供暖供给量，为科学、精细化供暖提供依据，达到节能减排的目的。

参考文献

步雪琳,2008.解读《民用建筑节能条例》[J].资源与人居环境,(20):52-54.

曹洁,邱粲,刘焕彬,等,2013.山东省供暖与降温度日数时空分布规律研究[J].气象,39(1):94-100.

陈莉,方修睦,方修琦,等,2006.过去20年气候变暖对我国冬季供暖气候条件与能源需求的影响[J].自然资源学报,21(4):590-597.

陈莉,方修琦,李帅,2008.吉林省城市住宅供暖气候耗能距平序列的建立方法[J].气候变化研究进展,4(1):32-36.

陈莉,李帅,方修琦,等,2009.中国严寒和寒冷地区城镇住宅采暖耗能影响因素分析[J].地理科学,29(2):212-216.

程晨,蔡喆,闫维,等,2010.基于LandsatTM/ETM+的天津城区及滨海新区热岛效应时空变化研究[J].自然资源学报,25(10):1728-1737.

丁一汇,任国玉,石广玉,等,2006.气候变化国家评估报告(I):中国气候变化的历史和未来趋势[J].气候变化研究进展,2(1):3-8.

顾骏强,杨军,陈海燕,等,2008.建筑能耗动态模拟气象资料的开发与应用[J].太阳能学报,29(1):119-124.

郭军,李明财,刘德义,2009.近40年来城市化对天津地区气温的影响[J].生态环境学报,18(1):29-34.

郭军,熊明明,李明财,等,2018.气候变化对中国集中供暖气候指标的影响[J].地理科学,38(10):1724-1730.

郭志梅,缪启龙,李雄,2005.中国北方地区近50年来气温变化特征及其突变性[J].干旱区地理,28(2):176-182.

国家技术监督局,中华人民共和国建设部,1994.建筑气候区划标准(GB50178—93)[S].北京:中国计划出版社.

姜逢清,胡汝骥,李珍,2007.新疆主要城市的供暖与制冷度日数(Ⅱ)—近45年来的变化趋势[J].干旱区地理(汉文版),30(5):629-636.

郎四维,2002.建筑能耗分析逐时气象资料的开发研究[J].暖通空调,32(4):1-5.

李明财,郭军,史珺,等,2014.气候变化对天津市商场和居住建筑极端能耗的影响[J].高原气象,3(2):574-583.

李明财,郭军,史珺,等.2013.利用供暖/制冷度日分析建筑能耗变化的适用性评估[J].气候变化研究进展,9(1):43-48.

李永安,常静,戎卫国,等,2006.山东省供暖空调度日数及其分布特征[J].可再生能源,2:13-15.

廖麒翔,徐仁鹏,谢雨竹,等.2014.绵阳市度日数特征及其变化趋势分析[J].高原山地气象研究,34(1):72-76.

刘德义,黄鹤,杨艳娟,等,2010.天津城市化对市区气候环境的影响[J].生态环境学报,19(3):610-614.

刘加平,等,2010.建筑物理(第四版)[M].北京:中国建筑工业出版社.

刘健,陈星,彭恩志,等,2005.气候变化对江苏省城市系统用电量变化趋势的影响[J].长江流域资源与环境,14(5):546-550.

刘魁星,2012.气候变化对空调室外计算参数的影响及确定方法研究[D].天津大学博士论文.

吕建,李星魁,张君美,2007.三步节能居住建筑的设计要点[J].煤气与势力,27(3):71-73.

马振峰,彭骏,高文良,等,2006.近40年西南地区的气候变化事实[J].高原气象,25(4):633-642.

司鹏,解以扬,2015.天津太阳总辐射资料的均一性分析[J].气候与环境研究,20(3):269-276.

孙玫玲,李明财,曹经福,等,2018.利用采暖/制冷度日分析不同气候区建筑能耗的适用性评估[J].气象与环境学报,34(05):137-143.

谭炳刚,田喆,刘魁星,等,2012.天津地区冷暖度日数年变化特征及趋势分析[J].可再生能源,4:102-105.

田胜元,李百战,1988.建筑空调能耗分析用气象资料构成方法的研究[C].全国暖通空调制冷1988年学术年会.

向操,田喆,刘魁星,等,2012.气候变化背景下室外计算干球温度统计时长的选取[J].暖通空调,42(12):27-31.

熊明明,李明财,李骥,等,2017.气候变化对典型气象年数据的影响及能耗评估——以中国北方大城市天津为例[J].气候变化研究进展,13(5):494-501.

杨柳,李昌华,刘加平,2006.典型气象年生成方法及原始气象数据质量分析[J].气象科技,34(5):596-599.

杨柳,李红莲,2017.建筑能耗模拟用气象数据研究[J].暖通空调,47(3):23-33.

袁顺全,千怀遂,2003.我国能源消费结构与气候特征[J].气象科技,31(1):29-32.

张海东,孙照渤,郑艳,等,2009.温度变化对南京城市电力负荷的影响[J].大气科学学报,32(4):536-542.

张慧玲,2009.建筑节能气候适应性的时域划分研究[D].重庆:重庆大学.

张慧玲,付祥钊,2012.基于主成分一聚类分析法的建筑节能气候区划[J].暖通空调,42(7):119-124.

张强,熊安元,阮新,2008.我国地面气温格点化数据集的研制[J].中国科技资源导刊,40(3):12-20.

张晴原,2004.中国建筑用标准气象数据库[M].北京:机械工业出版社.

赵春政,2008.浅谈在三步节能标准下的CS屋面板[J].科技创新导报,(17):130.

中华人民共和国建设部,中华人民共和国国家质量监督检验检疫总局,2015.公共建筑节能设计标准(GB 50189—2015)[S].北京:中国建筑工业出版社.

中华人民共和国住房和城乡建设部,2001.建筑结构可靠度设计统一标准(GB 50068—2001)[S].北京:中国建筑工业出版社.

中华人民共和国住房和城乡建设部,2010.严寒和寒冷地区居住建筑节能设计标准(JGJ26—2010)[S].北京:中国建筑工业出版社.

中华人民共和国住房和城乡建设部,2014.建筑节能气象参数标准(JGJT 346—2014)[S].北京:中国建筑工业出版社.

中华人民共和国住房和城乡建设部,2016.民用建筑热工设计规范(GB 50176—2016)[S].北京:中国建筑工业出版社.

中华人民共和国住房和城乡建设部,中华人民共和国国家质量监督检验检疫总局,2012.民用建筑供暖通风与空气调节设计规范(GB50736—2012)[S].北京:中国建筑工业出版社.

周自江,2000.我国冬季气温变化与供暖分析[J].应用气象学报,11(2):251-252.

Andersen B,Eidorff S,Lund H,et al,1977. Meteorological data for design of building and installation:a reference year (extract),report no. 66,2nd ed [M]. Denmark:Thermal Insulation Laboratory.

Bahadori M N,Chamberlain M J,1986. A simplification of weather data to evaluate daily and monthly energy needs of residential buildings [J]. Solar Energy,36(6):499-507.

Bartos M,Chester M V,2015. Impacts of climate change on electric power supply in the Western United States [J]. Nature Climate Change,4(8):748-752.

Bre F,Fachinotti V D,2017. A computational multi-objective optimization method to improve energy efficiency and thermal comfort in dwellings [J]. Energy and Buildings,154:283-294.

Büyükalaca O,Bulut H,Yilmaz T,2001. Analysis of variable-base heating and cooling degree-days for Turkey [J]. Applied Energy,69:269-283.

Cai W G,Wu Y,Zhong Y,et al,2009. China building energy consumption:Situation,challenges and corresponding measures [J]. Energy Policy,37:2054-2059.

Cao J F,Li M C,Wang M,et al,2017. Effects of climate change on outdoor meteorological parameters for building energy-saving design in the different climate zones of China [J]. Energy and Buildings,146:65-72.

Cao L,Yan Z,Zhao P,et al,2017. Climatic warming in China during 1901—2015 based on an extended dataset of instrumental temperature records [J]. Environmental Research of Letters,12(6):064005.

Chan A L S,2011. Developing future hourly weather files for studying the impact of climatechange on building energy performance in Hong Kong [J]. Energy and Buildings,43:2860-2868.

Chan A L S,2016. Generation of typical meteorological years using genetic algorithm for different energy systems [J]. Renewable Energy,90:1-13.

Chen L,Fang X Q,Li S,2007. Impacts of climate warming on heating energyconsumption and southern boundaries of severe cold and cold regions in China [J]. Chinese Science Bulletin,52:2854-2858.

Chen L,Frauenfeld O W,2014. Surface air temperature changes over the twentieth and twenty-first centuries in China simulated by 20 CMIP5 models [J]. Journal of Climate,27(11):3920-3937.

Chen T Y,Yik F,Burnett J,2005. A rational method for selection of coincident climate design conditions for required system capacity reliability [J]. Energy and Buildings,35:555-562.

Chen T Y,Chen Y M,Yik F,et al,2007. Rational selection of near-extreme coincident weather data with solar irradiation for risk-based air-conditioning design [J]. Energy and Buildings,39(12):1193-1201.

Chen Y H,Li M C,Xiong M M,et al,2018. Future Climate Change on Energy Consumption of Office Buildings in Different Climate Zones of China [J]. Polish Journal of Environmental Studies,27(1):45-53.

Cheng S J, Li M C, Sun M L, et al, 2019. Building climatic zoning under the conditions of climate change in China [J]. International Journal of Global Warming, 18(2): 173-187.

Xu Chong Hai,Xu Ying,2012. The projection of temperature and precipitation over China under RCP scenarios using a CMIP5 multi-model ensemble [J]. Atmospheric and Oceanic Science Letters,5(6):527-533.

Colliver D G,Gates R S,2000. Effect of data period of record on estimation of HVAC&R design temperature [J]. ASHRAE Transactions,106(2):466-474.

Dong B,Cao C,Lee S E,2005. Applying support vector machines to predict building energy consumption in tropical region [J]. Energy and Buildings,37(5):545-553.

Givoni B,1992. Comfort,climate analysis and building design guidelines [J]. Enery and Buildings, 18(1): 11-23.

Guan L,2009. Preparation of future weather data to study the impact of climate change on buildings [J]. Building and Environment,44(4):793-800.

Guan X,Huang J,Guo R,et al,2015. The role of dynamically induced variability in the recent warming trend slowdown over the Northern Hemisphere [J]. Scientific Reportes,5:12669. Doi:10. 1038/srep12669.

Gelegenis J J,2009. A simplified quadratic expression for the approximate estimation of heating degree-days to any base temperature [J]. Applied Energy,86:1986-1994.

Hall I J,Prairie R R,Anderson H E,et al,1978. Generation of typical meteorological year for 26 SOLMET stations. Sandia Laboratories Report,SAND 78-1601. Albuquerque,New Mexico.

HiranoY,Fujita T,2012. Evaluation of the impact of the urban heat island on residential and commercial energy consumption in Tokyo [J]. Energy,37:371-383.

Hooyberghs H,Verbeke S,Lauwaet D,et al,2017. Influence of climate change on summer cooling costs and heat stress in urban office buildings [J]. Climatic Change,144(4):721-735.

Huang J,Guan X,Ji F,2012. Enhanced cold-season warming in semi-arid regions [J]. Atmospheric Chemistry and Physics,12(12):5391-5398.

Huang R,Liu Y,Du Z,et al,2017. Differences and links between the East Asian and South Asian summer monsoon systems:Characteristics and Variability [J]. Advances in Atmospheric Sciences,34(10):1204-1218.

Huang J,van den Dool H M,Barnston A G,1996. Long-lead seasonal temperature prediction using optimal climate normal [J]. Journal of Climate,9(4):809-817.

Invidiata A,Ghisi E,2016. Impact of climate change on heating and cooling energy demand in houses in Brazil [J]. Energy and Buildings,130:20-32.

IPCC,2013. Climate Change 2013: The Physical Science Basis. Cambridge University Press,Cambridge.

Janjai S,Deeyai P,2009. Comparison of methods for generating typical meteorological year using meteorological data from a tropical environment [J]. Applied Energy,86(4):528-537.

Jankovic V,Hebbert M,2012. Hidden climate change-urban meteorology and the scales ofreal weather [J]. Climatic Change,113:23-33.

Jiang F Q,Li X M,Wei B G,et al,2012. Observed trends of heating and cooling degree-days in Xinjiang Province,China [J]. Theoretical and Applied Climatology,97:349-360.

Jiang Y,2010. Generation of typical meteorological year for different climates of China [J]. Energy,35(5):1946-1953.

Kenneth G H,Kenneth E K,2005. Sources of uncertainty in the calculation of design weather conditions in the ASHRAE Handbook of Fundamentals [J]. ASHRAE Transactions,111(2):317-326.

Khan S S,Ahmad A,2004. Cluster center initialization algorithm for K-means clustering [J]. Pattern Recognition Letters,25(11):1293-1302.

Kolokotroni M,Zhang Y,Giridharan R,2009. Heating and cooling degree day predictionwithin the London urban heat island area [J]. Building Services Engineering Research and Technology. 30:183-202.

Kolokotroni M,Ren X,Davies M,et al,2012. London's urban heat island:impact on current and future energy consumption in office buildings [J]. Energy and Buildings,47:302-311.

Lam J C, Hui S C M, 1995. Outdoor design conditions for HVAC system design and energy estimation for buildings in Hong Kong [J]. Energy and Buildings,22:25-43. Doi:10. 1016/0378-7788(94)00900-5.

Lam J C,Tsang C L, Yang L,et al,2005. Weather data analysis and design implications for different climatic zones in China [J]. Building and Environment,40(2):277-296.

Lam J C,Wan K K W,Tsang C L,et al,2008. Building energy efficiency in different climates [J]. Energy Conversion and Management,49(8):2354-2366.

Lam J C,Wan K K W,Lam T N T,er al,2010. An analysis of future building energy use in subtropical Hong Kong [J]. Energy,25:1482-1492.

Lau C C S,Lam J C,Yang L,2007. Climate classification and passive solar design implications in China [J]. Energy Conversion and Management,48(7):2006-2015.

Lee T W,Choi H S,Lee J,2014. Generalized scaling of urban heat island effect and itsapplications for energy consumption and renewable energy [J]. Advances in Meteorology,Doi:org/10. 1155/2014/948306.

Li B Z,Yao R M,2009. Urbanization and its impact on building energy consumption and efficiency in China [J]. Renewable Energy,34:1994-1998.

Li D H W,Wan K K W,Yang L,et al,2011. Heat and cold stresses in different climate zones across China:a comparison between the 20th and 21st centuries [J]. Building and Environment,46(8):1649-1656.

Li M C,Cao J F,Guo J,et al,2016. Response of energy consumption for building heating to climatic change and variability in Tianjin,China [J]. Meteorological Applications,23(1):123-131.

Li M C,Cao J F,Xiong M M,et al,2018a. Different responses of cooling energy consumption in office buildings to climatic change in major climate zones of China [J]. Energy and Buildings,173:38-44.

Li M C,Guo J,Tian Z,et al,2014. Future climate change and building energy demand in Tianjin,China [J]. Building Services Engineering Research and Technology,35(4):362-375.

Li M C,Guo J,Xiong M M,et al,2018 b. Heat island effect on outdoor meteorological parameters for building energy-saving design in a large city in northern China [J]. International Journal of Global Warming,14(2):224-237.

Li M C,Liang S J,Cao J F,2018c. Optimal period of record for air-conditiong outdoor design conditions in different climate of China [J]. Meteorological Applications,DOI:10. 1002/met. 1723.

Li M C,Shi J,Guo J,et al,015. Climate impacts on extreme energy consumption of different types of buildings [J]. Plos One,10(4): e0124413,doi: 10. 1371/journal. pone. 012413.

Li M C,Xiong M M,Xiang C,et al,2018d. How climate change impacts energy load demand for commercial and residential buildings in a large city in Northern China [J]. Polish Journal of Environmental Studies,27(5):2133-2141.

Liu L,Zhao J,Liu X,et al,2014. Energy consumption comparison analysis of high energy efficiency office buildings in typical climate zones of China and US based on correction model [J]. Energy,65:221-232.

Lund H,Eidorff S,1980. Selection methods for production of test reference years,appendix D,contract 284-77 ES DK,report EUR 7306 EN. Denmark.

Mahmoud A H A,2011. An analysis of bioclimatic zones and implications for design of outdoor built environments in Egypt [J]. Building and Environment,46(3):605-620.

Meng F C,Li M C,Cao J F,et al,2017. The effects of climate change on heating energy consumption of office buildings in different climate zones in China [J]. Theoretical and Applied Climatology,133(1-2): 521-530.

Neto A H,Fiorelli F A S,2008. Comparison between detailed model simulation and artificial neural network for forecasting building energy consumption [J]. Energy and Buildings,40(12): 2169-2176.

O'Brien L F,1970. Heating degree days for some Austrian cities [J]. Air Conditioning and Heating Journal,24:36-37.

Papakostas K,Mavromatis T,Kyriakis N,2010. Impact of the ambient temperature rise on the energy consumption for heating and cooling in residential buildings of Greece [J]. Renewable Energy,35:1376-1379.

Pardo A,Meneu V,Valor E,2002. Temperature and seasonality influences on the Spanish electricity load [J]. Energy Economics,24:55-70.

Ren G Y,Zhou Y Q,Chu Z Y,et al,2008. Urbanization effects on observed surface air temperature trends in North China [J]. Journal of Climate,21(6):1333-1348.

Ren G Y,2015. Urbanization as a major driver of urban climate change [J]. Advances in Climate Change Research,6:1-6.

Ren H,Zhou W,Gao W,2012. Optimal option of distributed energy systems for building complexes in different climate zones in China [J]. Applied Energy,91(1):156-165.

Shi Y,Gao X J,Xu Y,et al,2016. Effects of climate change on heating and cooling degree days and potential energy demand in the household sector of China [J]. Climate Research,67:135-149.

Si P,Zheng Z F,Ren Y,et al,2014. Effects of urbanization on daily temperature extremes in North China [J]. Journal of Geographical Sciences,24(2):349-362.

Skeiker K,2004. Generation of a typical meteorological year for Damascus zone using the Filkenstein-Schafer statistical method [J]. Energy Conversion and Management,45(1):99-112.

Smith C, Levermore G, 2008. Designing urban spaces and buildings to improvesustainability and quality of life in a warmer world [J]. Energy Policy, 36(12): 4558-4565.

Stathopoulou M, Cartalis C, 2007. Daytime urban heat islands from Landsat ETM+ and Corine land cover data: An application to major cities in Greece [J]. Solar Energy, 81(3): 358-368.

Thom H C S, 1952. Seasonal degree-day statistics for the Unit states [J]. Monthly Weather Review, 80(9): 143-147.

Wallace J M, Fu Q, Smoliak B V, et al, 2012. Simulated versus observed patterns of warming over the extratropical Northern Hemisphere continents during the cold season [J]. Proceedings of the National Academy of Sciences of the United States of America, 109(36): 14337-14342.

Walsh A, Cóstola D, Labaki L C, 2017. Review of methods for climatic zoning for building energy efficiency programs [J]. Building and Environment, 112: 337-350.

Wan K K W, Li D H W, Lam J C, 2011. Assessment of climate change impact on building energy use and mitigation measures in subtropical climates [J]. Energy, 36(2): 1-10.

Wang H, Chen Q, 2014. Impact of climate change heating and cooling energy use in buildings in the United States [J]. Energy and Buildings, 82: 428-436.

Wang J S, Demartino C, Xiao Y, et al, 2018. Thermal insulation performance of bamboo-and wood-based shear walls in light-frame buildings [J]. Energy and Buildings, 168: 167-179.

Wang L, Chen W, 2014. A CMIP5 multimodel projection of future temperature, precipitation, and climatological drought in China [J]. International Journal of Climatology, 34(6): 2059-2078.

Wang M N, Zhang X Z, Yan X D, 2013. Modeling the climatic effects of urbanization in the Beijing-Tianjin-Hebei metropolitan area [J]. Theoretical and Applied Climatology, 113: 377-385.

Wilks D S, 1996. Statistical significance of long-range "optimal climate normal" temperature and precipitation forecasts [J]. Journal of Climate, 9(4): 827-839.

Wong W L, Ngan K H, 1993. Selection of an "example weather year" for Hong Kong [J]. Energy and Buildings, 19(4): 313-316.

Xu P, Huang Y J, Miller N, et al, 2012. Impacts of climate change on building heating and cooling energy patterns in California [J]. Energy, 44(1): 792-804.

Xu Y, Gao X, Shen Y, et al, 2009. A daily temperature dataset over China and its application in validating a RCM simulation [J]. Advances in Atmospheric Sciences, 26(4): 763-772.

Yang H, Yang D, Hu Q, et al, 2015. Spatial variability of the trends in climatic variables across China during 1961—2010 [J]. Theoretical and Applied Climatology, 120(3-4): 773-783.

Yang L, Wan K K W, Li D H W, et al, 2011. A new method to develop typical weather years in different climates for building energy use studies [J]. Energy, 36(10): 6121-6129.

Yang P, Ren G Y, Liu W D, 2013. Spatial and temporal characteristics of Beijingurban heat island intensity [J]. Journal of Applied Meteorology and Climatology, 52: 1803-1816.

Yao R M, Li B Z, STEEMERS K, 2005. Energy policy and standard for built environment in China [J]. Renewable Energy, 30(13): 1973-1988.

You Q L, Sielmann F, Kang S C, et al, 2014. Present and projected degree days in China from observation, reanalysis and simulations [J]. Climate Dynamics, 43(5-6): 1449-1462.

Zhang L, Ren G Y, Ren Y Y, et al, 2014. Effect of data homogenization on estimate of temperature trend: a case of Huairou station in Beijing Municipality [J]. Theoretical and Applied Climatology, 115: 365-373.

Zhang X, Yan X, 2014. Temporal change of climate zones in China in the context of climate warming [J]. Theoretical and Applied Climatology,115(1-2):167-175.

Zhao H,Magoulès F,2012. A review on the prediction of building energy consumption [J]. Renewable and Sustainable Energy Review,16(6):3586-3592.

Zhou D C,Zhao S Q,LiuSG,et al,2014. Surface urban heat island in China's 32 major cities: spatial patterns and drivers [J]. Remote Sensing of Environment,152:51-61.

Zhu D,Tao S,Wang R,et al,2013. Temporal and spatial trends of residential energy consumption and air pollutant emissions in China [J]. Applied Energy,106:17-24.